타이 스트리트 푸드

데이비드 톰슨은 태국 식문화 분야에 있어 매우 권위 있는 인물로 평가받고 있다. 그의 이전 책 *Thai Food*와 방콕에 있는 Nahm 레스토랑(2012 월드 베스트 50 레스토랑 선정 및 6개월 만에 미슐랭 1스타 선정)으로, 그는 진정한 태국 음식의 가치를 세계에 알리는 데 기여했다. 현재 여러 나라에서 태국 식당을 운영하고 있다.

CITRON MACARON

The Kitchen

타이 스트리트 푸드

THAI STREET FOOD

데이비드 톰슨 지음
얼 카터 사진
배재환 옮김

목차

들어가며

음식으로 표현할 수 있는 모든 것이 태국에 있다. 태국에 아주 잠깐 머물렀던 사람이라도 이 사실에는 이견이 없을 듯하다. 거리를 걷다 보면 —태국에 있는 그 어떤 거리라도— 수많은 노점상을 맞닥뜨리게 되고(어떤 경우에는 말 그대로 성가실 정도다) 그 많은 노점상만큼이나 다양한 음식으로 인해 놀라움을 금치 못하게 된다. 태국 사람들은 자국의 음식에 완전히 매혹된 것처럼 항상 음식을 생각하고 또 이야기한다. 그리고 꽤 고민해서 주문한 후 그 음식을 음미한다. 시장은 식재료와 주전부리들로 그득하고, 거리는 교통체증으로 혼잡한 대로가 아닌 인파들로 북적거리는 분주한 식당의 복도처럼 보이는 경우가 더 잦을 정도다.

태국 문화의 많은 것이 음식을 통해 표출되고 있다. 그리고 모든 대소사와 출산, 결혼, 공양, 기부, 보은 등 여러 기념일의 가장 중요한 요소로 안착되어 있다. 음식은 태국 사람들과 떼려야 뗄 수 없는 것으로, 그 다양함과 풍성함은 그들이 일상에서 접하는 먹거리의 소중함을 그대로 드러낸다.

태국 요리의 구성은 크게 두가지로 나뉜다. 첫 번째는 제대로 차려낸 식사의 기본이 되는 쌀밥인 아한 캅 카오arharn gap kao와 함께 먹는 음식으로 태국 요리에서 가장 폭넓은 다양성을 가지고 있다. 샐러드, 커리, 국과 렐리시*처럼 식사의 중심이 되는 쌀밥과 함께 먹는 그 모든 것이다. 몇몇 요리들을 식탁에 올려 쌀밥 주위에 둘러 놓고 함께 나눠 먹는 것이 가정식의 형태이며 태국 사람들은 이러한 방식(가정에서 음식을 차려내어 식사를 하는 방식이자 그들이 음식에 관해 서로 대화를 나누는 '끼니'를 의미한다)을 전통으로 인식하고 있다. 나머지 중요한 구성은 말 그대로 단품 요리들, 아한 얀 띠아우aharn jarn dtiaw인데 일인 분씩 담아내는 요리들이다. 이런 요리들이 나오더라도 일행이 있다면 그들과 나눠 먹는 것

이 좋다. 보통의 태국 음식들과는 달리 이 음식은 매번 쌀밥에 곁들이지 않고 단독으로 먹는다. 이 요리들은 맨 처음 시장에서 만들어진 이후, 때에 따라 식사도 되고 주전부리 역할도 하는 길거리 음식으로 발전했으며 이런 국수와 과자, 다채로운 디저트, 튀김 또는 장시간 푹 익힌 요리들은 가정에서 준비하기에는 쉽지 않아 보이는 특징이 있다. 그리고 이 다양하고 독특한 음식을 소개하는 것이 바로 이 책을 쓴 목적이다.

타이 스트리트 푸드는 태국의 길거리와 시장의 생기발랄한 찰나의 순간, 낮부터 밤까지 이어지는 시간의 흐름과 그 속에 있는 사람들 그리고 그에 따라 개성을 달리하는 음식들을 소개하고 있다. 또한 내가 가장 좋아하는 몇몇 레시피도 소개되어 있는데 철두철미하게 조사된 기록물은 아니다. 이 책은 시장에서 볼 수 있는 묘한 매력의 태국 식문화를 그리고 있으며 태국 길거리 음식의 발달과정을 추적한 발자취와의 조우를 담고 있다. 태국 요리를 만들고 태국 문화에 심취한 내게는, 지금의 길거리 음식을 만들어놓은 과거를 되짚어 그 요리의 조각들을 짜맞추는 작업이 꼭 필요했다. 어쩌면 이 책은 여러분이 요리를 할 때 도움이 되지 않을 수도, 또 더 맛있는 결과물을 담보하지 않을 수도 있지만 요리라는 행위 그 자체에 더 많은 의미를 부여하게 될 것만은 확실하다.

책은 아침부터 밤까지, 현대적인 삶의 속도와는 완전히 다른 흐름인 하루의 전통적인 리듬을 추적한다. 각 챕터는 여러분이 그동안 접할 수 있을 만한 음식을 다루고 있다. 하지만 다른 수많은 태국 문화처럼, 이 요리들은 어느 시간과 공간에 쉽사리 한정되지 않으며 많은 음식 노점들이 시장을 너머 거리로, 늦은 밤까지 확장되고 이어지므로 결국 여러분이 태국에 있다면 하루 종일 만나게 되는 것들이다.

---

* relish : 채소를 다져서 달콤새콤하게 초절임한 양념장.

여러 면에서, 시장과 길거리에서 판매되는 음식은 모든 태국 음식을 통틀어 가장 접하기 쉬운 것들이다. 거리를 가득 메운 좌판과 노점들은 맛있는 음식으로 꽉 채운 장애물 코스라고 할 만하다. 태국 요리를 먹고 즐기는 일은 현지인이나 관광객을 막론하고 전혀 번거롭지 않은 일이고 노점상들이 매일 아침 신선한 음식을 준비하고 또 매일 밤 다시 집으로 돌아갈 짐을 꾸려도 시간은 이들을 비껴가는 듯하다.

현재 널리 퍼져 있는 길거리 음식은 비교적 최근에야 태국 요리의 범주에 포함되었는데 20세기 초 방콕에 있는 중국 이주민들 사이에서 행상 음식들이 널리 유행했음에도 불구하고 1960년대에 들어서야(아마도 조금 더 이른 시기일 수도 있다) 길거리 음식들이 눈에 띄기 시작했으며, 많은 태국 사람이 가족과 농장을 떠나 돈벌이가 나은 일자리가 보장된 도시로 옮겨감에 따라 그 음식들도 점점 거리로 쏟아져 나오게 되었다.

전통적으로 태국 사람들은 가족과 함께 식사할 수 있는 환경이 갖춰진 집에서 끼니를 해결했다. 땅을 일구며 살아가는 농부들에게는 그들의 농장을 떠나야 할 필요성 내지는 욕망이 거의 없었고 꼭 필요할 때만 —장을 보거나 사원의 축제, 마을 행사 등에 참여할 때— 집 밖에서 식사를 했으며 때때로 떠돌이 행상들이 소금, 새우 페이스트(가피gapi), 숯, 간단한 도구나 접시, 약간의 가공 식품처럼 직접 만들거나 재배할 수 없는 생필품으로 구성된 상품들을 싣고 정기적으로 찾아오기도 했다.

농업에 종사하는 남성들의 경우 집을 떠나는 일이 드물었던 반면 여성들은 그런 일이 잦았는데, 자신의 물건을 들고 시장으로 가서 필요한 물품을 구매하거나 물물교환을 했던 것이다. 개중에 더 진취적인 일부 (여성)상인들은 시장에 모인 사람들에게 음식과 포장할 수 있는 주전부리를 팔았다. 여성들은 시장에서나 거리에서나 어마어마한 역량을 발휘했다. 그들의 영역에 남성들이 침범하는 일은 거의 없었는데(남성들은 농부, 군인, 관료, 수도승 같은 직업군에 속해 있었으며 흔히들 여성들의 돈벌이를 못마땅하게 생각했을 뿐만 아니라 경멸하기까지 했다) 역설적이게도 이러한 이유로 역사적으로 또 문화적으로, 여성은 상행위에서 언제나 자유로웠다. 시장에 나온 그 여성들은 말로 빚을 갚을 정도였다. 그들은 저마다 독특한 개성과 특유의 말버릇이 있었으며 주변 상인 또는 뜨내기들과 잡담과 욕지거리, 장난을 즐겼다. 예의

바른 태국 사람은 그처럼 격렬한 유희를 점잖게 거부하면서 슬며시 미소를 짓거나 웬만하면 맞장구를 쳐주면서도 그들이 자라면서 체득한 고상한 관습만큼은 깨트리지 않으려 한다. 태국 문화의 전형적인 특징은 기가 막히게 표현된 단어들의 조합과 재기발랄함이다. 우아함 따위는 제쳐둔, 날카로운 유머로 무장한 수준 높은 재담들이 시장과 길거리에서 무척이나 자유롭게 표현되고 있다. 어쩌면 장사만큼, 아니 장사보다 이러한 담소를 더 좋아하는 것처럼 보이기도 한다.

태국 시장은 태국 사람들과 그들의 음식만큼이나 생기가 넘친다. 시장은 기본적으로 생필품을 제공하지만 그만큼의 즐거움도 함께 제공한다. 날고기(살아 있는 것, 손질해놓은 것, 토막을 낸 것, 잘게 썬 것 등)과 농산물, 이들을 포장해서 한데 묶어놓은 것, 나아가 집으로 가져가거나 그 자리에서 먹을 수 있도록 조리가 끝난 요리까지 단계별로 준비된 음식들을 고를 수 있다. 하지만 시장은 먹거리를 구하는 곳 그 이상의 가치가 있는 장소이다. 그곳에는 늘 남자들이 앉아서 신문을 읽거나 떠도는 풍문을 화제 삼아 대화를 나누는 커피 가게가 있다. 한편 여성들은 시장에 장을 보러 가서 애초의 계획보다 더 많은 시간을 보내며 수다를 떨거나 누군가의 험담을 늘어놓기도 한다.

전통적으로 시장은 사람들이 만나서 떠들고 정보를 교환하는 곳이었다. 아주 최근까지도, 걸어서 왕래할 수 있는 곳에 사는 사람들이라면 하루에 한 번, 어떤 경우에는 두 번씩 시장을 다녔다. 시장은 사원을 제외하고 태국 사회의 가장 중요한 구심점이고 바깥 세상과의 연결고리였다. 하지만 슬프게도 이러한 시장의 역할은 시대의 흐름에 따라 변화하고 있다. 시장에서 물건을 사는 사람들의 수가 점점 줄어들고 있으며 방콕의 신세대 중산층들은 그들이 체득한 서구의 생활 방식이 반영된 새로운 형태의 슈퍼마켓을 더 선호한다. 이러한 슈퍼마켓이 재래 시장에 비해 위생적이라는 사실만은 틀림없지만 시장에서 만날 수 있는 갓 수확한 신선한 식재료나 반가운 환영인사로 가득한 정겨운 분위기는 거의 찾아볼 수 없다.

삶의 대부분을 이웃과 함께 떠들고, 잠을 청하고, 물건을 팔고, 식사를 하는 행위에 늘 집착하며 지내는 노점상들 사이에는 그들이 먹는 음식이야말로 진정한 태국 시장의 것으로, 늘 맛있고 훌륭할 것이라 여기는 강한 유대가 있다. 그들은 그 품질을 믿어의심치 않는다.

가장 정제된 음식이라 할 만한 것들은 내가 '페차부리Phetchaburi'에서 처음 만났던 어느 노련한 국수 장수의 요리처럼 흔히 소박한 형태로 태동해서 방콕 남서부로 넘어가 자리를 잡곤 한다. 그녀는 그 모든 음식을 담아 나르는 대바구니와 고객들이 앉아서 먹고 떠드는 작은 간이 의자에 둘러싸인 채 오직 한 가지 음식만 팔았는데 파인애플과 건새우로 맛을 낸 카놈진Khanom jin*이라는 그 국수는 그녀가 홀로 30년이나 만들어 온 요리였다. 그녀는 냉동고는 말할 필요도 없고 냉장고도 사용해본 적이 없는데 이유는 간단했다. 그럴 필요가 없었던 것이다. 그녀의 요리는 인근 시장에서 매일매일 신선한 상태로 구매할 수 있는 현지의 식재료(잘 익은 파인애플, 건새우, 그린 망고와 고추)로만 만들기 때문이었다. 아마도 그녀는 새벽 5시쯤 일어나 시장에 가서 장을 본 다음 집으로 돌아와 간단한 준비를 할 테고 승려들이 새벽 탁발 공양을 할 때 약간의 음식을 대접한 다음 아침 9시가 되면 다시 그녀의 일터인 길 모퉁이로 향했을 것이다. 10시가 되면 장사를 시작하는데 보통 이른 오후가 되면 음식은 동이 난다. 그녀는 오랜 단골을 포함한 모든 손님들이 누군지 잘 알고 있었으며 그들은 함께 세월의 풍파를 겪어온 가족과 같은 존재들이었다.

대부분의 손님은 일주일에 한 번 정도 음식을 사먹지만 그냥 자주 들러서 특별할 것도 없는 일상의 대화를 나누기도 한다. 그녀와 시장, 또 그 시장의 음식이 그랬던 것처럼 그녀와 고객들 또한 그렇게 서로 친밀한 관계가 되었던 것이다.

태국 길거리 음식에 엄청난 영향을 준 또 다른 요인 하나는 시암Siam 왕국이 현대의 태국으로 변모하는 과정에 수반된 중국 이민자들의 유입이었다. 그 이전에도 태국에는 수백 년 동안 중국 상인들, 모험가들, 막노동꾼들이 드나들었지만 19세기를 통틀어, 특히 20세기 초 방콕의 발전상은 중국 노동자들에 의해 이루어졌다고 해도 과언이 아니다. 이들은 중국 남동부 연안의 그 지긋지긋한 빈곤을 벗어나고 싶었기에 새로운 땅에서 운을 시험하고자 했고 그들 중 일부는 태국에 몇 년 동안만 머물다 떠났지만 또다른 일부는 부두, 공장, 농원 등에서 일자리를 찾아 정착했다. 공용 숙소 생활을 했던 중국인들은 집에서 음식을 만들어 먹을 수가 없었기에 길거리나 수로 주변, 들판이나 공장에서 식사를 했다. 그들이 먹는 것은 기본적으로 국수, 죽, 오향 가루를 넣고 푹 익힌 돼지 내장과 같이 고향에서 먹던 가난한 농민의 음식이었다. 중국인들 사이에서는 남녀간 역할의 구분이 거의 없었기에 남자들도 음식을 만들어서 장사에 나서는 일에 적극적으로 참여했다. 이민자들과 그 자손들은 제대로 된 직업을 갖기가 매우 힘들어서 사실상 선택의 여지가 거의 없는 것이 그 이유이기도 했다.

중국인들과 함께 행상인과 공양 음식 장수들도 유입되었다. 이들은 어깨에 대나무 장대를 걸치고는 그 양쪽에 바구니 두 개를 걸고 짐을 담아 옮겼다. 이들이 가지고 다니는 음식의 대부분은 미리 장만한 다음 익힌 것들이어서 차려내기도 쉬웠고 열대의 무더위에서도 보관성이 우수했다. 그들은 거리와 철길을 따라 걸었고 전국을 떠돌아다녔다. 바구니의 무게에 따라 결정되는 그들의 행동 반경도 좁을 수 밖에 없었다. 실제로 이들은 딱 반나절 동안만 옮겨다닐 수 있었는데 바구니에 담아놓은 음식이 그 이상의 시간을 버티지 못했기 때문이기도 했다.

빠른 현대화의 추이에 따라 수로가 건설되면서 새로운 상권이 생겨났고 다양한 농작물과 쌀, 숯 그리고 설탕이 지역 상인들과 도시에 손쉽게 제공되었다. 제대로 된 도로는 있지조차 않아 우기 동안에는 전국의 철길이 그 기능을 상실했기

---

* ขนมจีน : 태국의 쌀국수로 가는 소면의 형태이며 중국에서 유래했다는 설과 태국 중부의 소수 민족이었던 몬족에서 유래했다는 설로 나뉘고 있다.

에 수로를 따라 작은 지역사회들이 생겨났고 보트들이 물길을 누비며 해당 지역민들에게 식재료와 생필품, 간단하게 조리된 음식들을 공급했다. 보트에는 국수와 간식, 과자와 함께 이 음식들을 장만하고 담아낼 도구들(육수가 끓고 있는 냄비와 그 아래에 있는 작고 녹슨 화로, 운하의 물로 설거지하게 될 그릇과 소도구들)이 실려 있었다.

그러나 방콕이 점점 발전하면서 현대적인 시가지가 구성되고 도로가 수로의 역할을 대신하기 시작했다. 대나무 장대와 바구니는 더 큰 지역 사회와 공장, 건축 현장에 알맞은 수레로 대체되어 길가에 나뒹굴었다. 어느 날 늦은 오후에 중부지역 한가운데에 자리잡은 작은 마을인 수판부리Suphanburi에서, 나는 그러한 변화의 과정에 딱 들어맞는 상황을 마주했다. 당시에 나는 오래된 목조 시장에서 잠시 쉴 곳을 찾아 다녔는데 그늘에 반쯤 가려져서 어두침침하고, 서늘하고 무척이나 조용했던 그곳은 마치 그 효용을 다한 것처럼 보였다. 그러나 거의 예순은 되어 보이는 여인네가 커다랗고 삐걱거리는 손수레를 천천히 밀면서 나타나자 뭔가 요깃거리가 있다는 기대감에 장터는 금세 활기를 되찾았다. 그녀의 손수레에는 커리와 국수, 쌀밥이 담긴 냄비와 그릇들, 샐러드를 만들 때 사용하는 나무로 된 커다란 절구와 절굿공이가 실려 있었다.

처음에 나는 그처럼 잊힌 곳에 양질의 음식이 있을 리가 없다는 생각에 그다지 관심을 두지 않았다. 사실 이미 점심을 먹은 상태였으니 무덤덤하기도 했다. 주변 상가에서 점점 사람들이 모여들어 식사를 주문했는데 한 사람은 남겨놓은 카놈진 국수와 함께 그린 커리를, 또 다른 사람은 그때까지도 온기가 남아 있는 바삭한 스프링 롤을 주문했다. 흥미가 생긴 나는 레드 커리를 한 숟갈 올린 밥과 소금에 절인 소고기를 곁들인 그린 파파야 샐러드 솜탐som tam*를 먹어보기로 했다. 모든 음식은 제대로 만들어져 있었고 양념을 아끼지 않은 훌륭한 맛이었다. 그녀는 40년 동안 매일같이 이런 요리를 만든 것이다. 그야말로 세월과 경험이 그대로 녹아 있는 음식들이었다. 흔치 않은 음식인 것만은 분명했지만 나는 그녀의 재능이 특별하다고 생각지는 않는다. 태국에는 이런 음식들을 아무렇지도 않게 만들어내는 훌륭한 요리사들이 너무도 많기 때문이다. 그녀는 내 눈에 아로새겨진 기쁨을 읽어내고는 어쩌면 다른 것도 팔 수 있겠다는 생각에(그녀는 내 눈을 빤히 쳐다보면서 보란 듯이 디저트를 조금 먹었다. '봤니?' '네…'

그녀의 예상은 적중했으며 나는 결국 몇가지 후식을 조금씩 사먹고 말았다) 더 오래 머물면서 잡담을 나누다가 다음 장소로 이동했다.

약 40년 전, 그러니까 저 여인이 이 손수레 장사를 시작한 시기에 숯불 화로(후에 가스 버너로 바뀌었다)에서 날 재료를 웍wok에다 익혀내는 '주문 요리dtam sang' 노점이 나타나기 시작했다. 이 노점들은 집과 논밭을 떠나 새로이 생겨난 공장의 작업장과 같은 일터로 옮겨간 태국 노동자들이 필요로 하는 음식을 공급했고 도시에서는 취사용 설비가 부족했던 공동 숙소 한쪽에 자리잡게 되었다. 여건상 직접 요리를 만들어 먹을 수는 없었지만 사먹을 돈은 가지고 있었던 이 외지인들에게는 간편하고, 들고 다닐 수 있는 저렴한 음식이 필요했다. 일찍 기반을 잡은 노점들은 값싼 얼음을 이용해서 원재료를 차갑게 유지할 수 있었고 그로 인해 아침부터 밤까지 온종일 가게를 운영할 수 있었다. 쟁반 가득 쌓아 올린 푸짐한 음식들은 지친 태국 사람들을 유혹하기에 충분했으며 이로써 노동으로 힘들었던 하루를 보람차고 행복하게 마무리지을 수 있었다. 또한 비닐 봉투도 사용할 수 있게 되었는데 이는 곧 국이나 커리를 포함한 더 다양한 음식을 포장해서 가지고 다닐 수 있다는 것을 의미하기도 했다. 제법 성공한 노점들의 경우, 인근의 부동산을 매입한 다음 그 자리에서 노점을 하거나 아예 가게를 차리는 경우도 있었다.

커리 전문점도 여러 면에서 그 출발점이 유사하지만 일부 관계자들은 이런 노점들의 음식이 사실은 승려들을 위한 공양 음식을 그대로 반영한다고 믿고 있다. 한편 추진력 있는 여성들은 행인들에게도 이런 종류의 음식을 팔기 시작했다. 이 노점들은 손님이 있을 만한 곳이라면 주요 도로, 교차로, 시장, 번화가 등 장소를 가리지 않고 어디든 등장했다. 이러한 노점들 중 일부는 이를 운영했던 요리사들의 집 앞에 자리를 잡아 노포가 된 반면 일부는 간이 업장의 형태로 남게 되었다. 중국인들과 그 후손들이 차이나타운에 있는 그들의 거주지를 벗어나 더 큰 지역 사회로 옮겨감에 따라 해당 지역 사회에는 그들의 국수 가게도 함께 유입되었고 이렇게 생겨난 노점들은 태국 사람들과 중국 사람들 사이에서 공히 인기를 얻어 태국 사회와 문화에 그대로 통합되었다. 그렇게 1세대 노점상들이 자리를 잡았고 이제 2세대가 그 뒤를 따르게 되었으며 이들이 더 안정적으로 사업을 키워나가기 시작함에 따라 길거리 영업에 대한 그들의 권리 행사를 주장하고 있다.

---

* som tam : 가늘게 채를 썬 그린 파파야와 피시 소스, 고추, 라임 등으로 맛을 낸 태국식 샐러드. 고기와 생선 요리 등에 곁들여 먹는다.

사를 담은 여러 개의 비닐 봉투를 들고 있었기 때문이었다. 그러나 지금은 세상이 바뀌어, 적어도 방콕에서는 하루 종일 집 안에서 음식을 장만하며 시간을 보내는 사람들을 찾아보기란 하늘의 별따기가 되었다. 대부분의 도시인은 남녀 할 것 없이 집 밖에서 일하고 있고, 그들의 조부모들이 그랬던 것처럼 집에서 음식을 만들어 먹을 시간이 거의 없는 삶을 살고 있지만, 대신 길거리의 그 풍요로움을 만끽하므로 아무도 이들의 삶이 불행하다고 생각하지 않는다.

지방의 어느 중소 도시든, 사람들이 붐비는 방콕의 어느 구역이든, 언제나 불야성을 이루는 길모퉁이와 골목, 또는 광장이 한두 곳 정도는 있기 마련이다. 이곳은 태국의 야시장이라 불리는 곳으로 인파와 음식, 소음으로 가득 차 있으며 숯불 화로의 화염이 '웍' 가장자리를 핥고 오르면서 만들어내는 연기가 평온한 밤 공기 속에 고스란히 남아 있는 곳이다.

그 가운데서도 주문 요리 노점상들이 가장 환히 불 밝힌 채 바쁘게 움직이지만 김이 무럭무럭 나는 국물와 함께 그릇에 담아내거나 재빨리 볶아서 만든 국수를 파는 노점과 색색의 커리를 쟁반에다 가지런히 올려놓은 노점 또한 나란히 자리를 잡고 있다. 다른 노점상들은 이슬람식 페이스트리, 마타르바크madtarbark(소고기를 채워 넣은 태국식 팬케이크), 로티Roti(번철에 구워 만드는 얇은 빵류의 총칭), 또는 주문하면 바로 튀겨주는 어묵을 팔기도 한다. 이 요리사들은 손님을 끌기 위해 지금도 다양한 요리를 개발한다. 요리사와 그의 작업대 주위로 테이블이 옹기종기 모여 있는 유명한 가게들은 언제나 손님들로 붐빈다. 이 장소들은 모두 먹고 즐기기 위한 곳이다. 이들은 태국 사람들을 유혹할 만한 그 모든 것, 즉 맛있는 음식과 사람들, 특유의 분위기와 웃음소리를 고스란히 담고 있다. 접시 위에 올려진 태국 그 자체이자 음식으로 표현할 수 있는 모든 것이라 하겠다.

지난 20년간 남 프릭nahm prik*, 맵고 새콤한 수프(톰얌쿵), 샐러드(솜탐) 같은 태국의 정통 요리들도 점차 길거리와 야시장에 그 모습을 드러냈고 그 가짓수도 점점 늘어났다. 이 음식들은 한때 가정 요리의 대명사로 길거리에서는 좀처럼 볼 수 없는 것들이었지만 이러한 양상은 태국 사람들이 예전보다 더 오랜 시간 노동을 하고 점점 더 간편식에 의존하고 있다는 사실을 반영한다. 그렇다 한들 누가 이들을 비난하겠는가? 이 음식들은 맛있고 신선하며 매우 간편하기도 하다. 길거리는 현대 태국 사람들에게 최적화되어 있으며 이제 모든 일품요리들이 수레에 실린 채 팔리고 있다.

● ✸ ✿

내가 1980년대에 처음 태국에 갔을 때는 직접 요리를 해서 저녁을 차리지 않고 음식을 사서 집으로 가져다주는 사람들에 대한 일종의 반감이 있었다. 나는 이들이 무책임하다고 생각했고 그 가족들은 얼굴도 모르는 사람들이 만든 음식에만 그들의 저녁을 내맡겨야 하는 매우 불행한 사람들이라 확신했다. 이 여성들을 두고 "비닐 봉투를 든 주부들"이라 일컬었는데 이들이 일을 마치고 집으로 돌아올 때면 언제나 저녁 식

* 남 프릭 : 고추와 라임 즙, 마늘, 피시 소스 등을 넣고 빻아 만든 태국식 디핑 소스.

MORNING

아침

태국의 아침은 일찍 시작된다. 전국 각지의 시장들은 동이 트기 전에 문을 연다. 새벽이 오면 승려들은 사원을 나서 탁발을 하며 공양 음식을 모은다. 어느 나이에 이르면 거의 모든 태국 사람이 시주를 하게 되는데 이는 그들이 가진 종교적 의무 중 일부이기도 하다. 현명하게도 스님들은 사람들이 가장 많이 모이는 곳 ―이를 테면 시장― 으로 향하곤 하는데 이는 독실한 신자들에게 공덕을 쌓을 기회를 주는 것이다. 많은 사람이 승려를 위한 음식을 직접 준비하고 요리하지만, 누군가는 음식을 구입해서 공양을 하기도 한다. 물론 이런 음식을 파는 노점상들도 자신들의 업보가 나아지기를 바라는 마음에 시주를 한다. 커리와 과자는 카놈진 국수, 밥 주머니와 함께 가장 인기 있는 시주 음식이지만, 먹을 수 있는 것이라면 그 어떤 것도 시주할 수 있다. 탁발을 마친 승려들이 사원으로 돌아가면 하루의 장사가 시작된다. 　대부분의 시장은 서늘한 아침에 장사를 시작해서 점심 때가 되면 문을 닫는다. 시장은 물건을 풀고 노점을 차리는 사람들로 서서히 채워지며 잠시 뒤면 일찍 집을 나선 손님들이 도착한다. 이런 시간의 간극은 굉장히 유동적일 수도 있는데 내 경우에는 아침 9시 정도에 문을 닫은 북서쪽 저 멀리 있는 시장과 한낮이 되어서야 문을 연 치앙마이에 있는 또 다른 시장을 다녀온 적이 있을 정도다. 하지만 느릿느릿 걷는 사람들이 걸리적거리지 않도록 휘파람을 불거나 혀를 차면서 바삐 지나치는 노동자들, 신선한 재료를 고르려는 손님들과 이리저리 밀고 다니는 수레로 북적대는 시간은 주로 아침이다. 　노점들은 보통 쉽게 알아볼 수 있는 순서로 정렬되어 있으며 비슷한 형태의 노점이 몰려 있다. 예를 들어 과일과 채소는 대체로 시장 한가운데에 몰려 있는데 세심한 손길로 예쁘게 진열되어 있으며 주인은 이것들이 싱싱하게 보이도록 규칙적으로 물을 뿌려준다. 마늘, 레몬그라스, 갈랑갈, 생강, 카피르 라임은 물론, 모든 종류의 고추와 같은 익숙한 농산물도 자리를 차지하고 있다. 좀 더 이국적인 것으로는 솜털 같은 뿌리를 가진 수생 아카시아 다발, 신선한 터메릭, 완두콩 가지, 빈랑 잎, 홀리 바질, 레몬 바질, 타이 바질 등이 있다. 그러나 이는 태국 시장이 자랑하는 풍요로움의 극히 일부분일 뿐이다. 　근처에는 요리사들에게 필요한 백후추, 말린 고추, 설탕, 타마린드 펄프, 커민, 고수 씨앗, 생선, 간장, 굴 소스 등이 담긴 작은 비닐 봉투를 잔뜩 실은 노점들이 있고 미리 짜놓은 라임 즙, 고추 페이스트, 코코넛 크림 통조림 등 많은 공산품도 좌판에 다소곳이 자리를 잡고 있다. 그러나 그중에서도 눈길을 끄는 것은 코코넛을 파는 노점으로 최고의 재료를 고집하는 요리사들에게는 이들의 존재가 축복이나 다름없다. 신선한 코코넛을 반으로 가른 다음 갈아서 압착하면 코코넛 통조림과는 차원이 다른 많은 양의 신선한 크림을 얻을 수 있다. 좁다란 통로 아래로 내려가면 가장 싱싱하고 맑은 눈을 가진 생선(농어나 큰입 선농어, 적색 퉁돔, 붉은 점 민대구, 싱싱한 오징어와 살아 숨쉬는 새우와 게 등)을 파는 노점이 있다. 그곳에는 항상 활어를 담아놓은 통이 있는데 보통 민물 메기나 가물치가 들어 있다. 이곳을 지날 때면 험악하게 생긴 한두 마리가 통에서 빠져나와 바닥에서 꿈틀거리는 광경을 심심찮게 볼 수 있다. 이 활어들은 주문과 동시에 잡혀 손질되고 새우와 게는 팔딱거리는 상태 그대로 판매된다. 가장 작은 시장에서조차 해산물의 선도 만큼은 타의 추종을 불허한다. 소고기, 돼지고기 등의 육류와 가금은 살생을 금지하는 불교의 율법으로 인해 꽤 많은 시간이 흐른 후에야 태국 사람들의 식생활에 자리를 잡게 되었는데 육류를 먹는 사람들은 살생을 하는 것이 아니라 이미 죽은 동물의 고기를 먹는다는 논리로 이러한 금기를 피해간다. 하지만 지금도 극소수의 태국 사람들만이 도축업에 종사하고 있으며 이들 중 대부분은 중국 혈통이다. 출구 근처에는 작은 좌판이 있어서 흔히 새장에 들어 있는 '되새'나 작은 물고기, 장어를 그릇에 담아 팔고 있다. 다행히도 이들은 식용이 아니라 사람들이 장을 보고 음식을 먹는 등 그저 평범한 일상을 누린 후 자신의 죄를 사하고 공덕을 쌓기 위해 인근의 강이나 수로에 방생할 목적으로 구매하는 것이다. 시장마다 즉석 식품을 파는 좌판이 서너 개씩은 꼭 있는데 대부분의 노점상은 혹시라도 손님을 놓칠까 봐 자리를 뜨는 일이 거의 없어서 이웃 노점상들이 볶은 국수, 카놈진 국수나 커리를 올린 쌀밥, 태국식 컵케이크나 과자류, 찹쌀 팬케이크 같은 요리를 가져다주곤 한다. 어떤 이들에게는 이른 아침 식사로 즐기는 매운 음식들이 다소 충격적일 수도 있지만 그들 중 많은 사람은 이미 몇 시간 전부터 일찍 일어나 있었기에 그들의 입맛 또한 제대로 깨어나 있는 상태다.

อาหารเช้าและของว่าง
아침 식사와 간식
BREAKFAST AND MORNING SNACKS
ARHARN CHAO LAE KORNG WANG

아침의 소음은 하루의 시작을 알린다. 강아지들이 목덜미를 긁으며 돌아다니기 시작하고, 자동차와 오토바이가 시동을 걸고 사람들은 제각기 하루를 준비하며 뒤섞여 움직인다. 저 멀리 절구를 찧는 소리도 흥겹게 들려온다.

시장은 이미 들썩이고 있으며 요리사들과 행상인들은 재료를 사러 다니느라 바쁘고 장보기를 마친 부지런한 주부들은 잡담에 여념이 없다. 일을 하러 가거나 그저 산책을 하러 거리로 나온 사람들은 지나는 길에 한두 개의 간식을 집어 든다. 그러나 이들의 아침 간식은 서양의 간식과는 전혀 다르다. 아마도 태국식 컵케이크, 커피와 함께 친구들과 나눠 먹을 튀긴 빵 몇 조각, 시장에서 돌아오는 길에 먹을 녹진한 쌀가루 팬케이크 한 봉일 수도 있겠다.

본격적으로 아침이 시작되면서 종종 자전거 한 대에 서너 명까지도 올라탄 학생들이 거리로 쏟아져 나오는데 아이들은 학교에 좀 더 정을 붙일 만한 뭔가가 필요한 상태다. 그러면 등굣길에 만나게 되는 약간의 노란 설탕 푸딩 —그래봐야 자그마한 간이 받침이 달린 커다란 금속 찜기 하나가 전부인 노점에서 집어 든— 이 아이들의 마음을 달랜다.

하지만 화창한 아침이라고 해서 꼭 달콤한 간식만 찾지는 않는다. 거리 쪽으로 문을 연 가게와 그 안에서 튀길 준비가 끝난 채 작업대에 길게 늘어뜨려 놓은 반죽, 그리고 이 빵이 갓 튀겨져서 뜨겁고 바삭바삭할 때 먹으려고 길게 줄지어 선 사람들이 이를 방증한다.

오늘날의 방콕은 대단히 바삐 움직이고 있다. 여성들은 오토바이 뒷자리에 올라타거나 사이드카에 앉아서 사무실로 향하는 동안에 기존의 화장법과 물리학의 법칙마저 무시한 채 꼼꼼하고 우아하게 화장을 해내면서도 간식을 가득 담은 비닐 가방의 균형을 기가 막히게 잡을 정도다. 시간이 지나 기온이 오르고 현대 문명의 이기들이 도로를 메우기 시작하면서 교통 체증은 악화되고 버스는 가쁜 숨을 몰아 내쉰다.

그러나 시장만은 다른 속도로 움직인다. 그처럼 각박하게 돌아가지 않을뿐더러 유머와 인간미를 잃는 법도 없다. 결국 지역 사회에 필요한 삶의 요소들 즉 음식, 웃음, 소통과 만남, 다시 말해 태국식 삶의 원천인 시장이 존재하는 이유인 것이다.

시장 저 안쪽에서는 늙은 여인들이 그늘에 앉아 더위를 식힌다. 그들 중 몇몇은 당신들의 입술을 고대의 붉은색으로 물들인 빈랑 열매를 씹고 있을 수도 있다. 이들은 여러 가지 고명을 올린 찹쌀밥을 바나나 잎으로 솜씨 있게 포장한 다음 동전 몇 닢, 약간의 농담, 이야기 한두 소절과 맞바꾼다. 시장은 그 안에서 고객들이 하루 일과를 시작하고, 웃고, 떠들고, 물건을 사고, 식사를 할 때에 이르러서야 비로소 가장 바쁘고 가장 활기찬 최고의 순간을 맞이하는 것이다.

태국식 컵케이크

THAI CUP CAKES　　KANOM KROK　　ขนมครก

40개 또는 스무 쌍
4~5인분 정도

면포(무슬린, 치즈 거름 천)로 감싼
　　갈아놓은 코코넛 또는 틀에 바를
　　식용유 약간.

반죽

라임 페이스트 작은 1자밤
쌀가루 125g
칡가루(전분) 살짝 모자라는 1작은술
익힌 자스민 쌀 1½큰술
갈아놓은 코코넛 ¼컵
걸쭉한 코코넛 크림 2큰술
소금 넉넉한 1자밤

고명

백설탕 3~4큰술
소금 1자밤
코코넛 크림 1컵
다진 골파(대파) 2큰술 -
　　선택 사항
삶은 옥수수 알갱이 2큰술 -
　　선택 사항
깍둑썰기 한 찐 토란 2큰술 -
　　선택 사항

태국 사람들은 이 멋진 케이크를 하루 온종일 사먹는데 사실 그럴 만도 하다. 무척 중독성이 있기 때문이다. 그러나 중독성이라는 말로도 겉은 바삭하고 속은 크림처럼 부드러운, 노릇노릇한 껍질의 얇고 오목한 이 케이크를 제대로 묘사하기에는 부족한 면이 있다. 갓 만들어져서 뜨거울 때는 매우 조심해야 하는데 한가운데는 마치 용암과 같기 때문이다. 그럼에도 불구하고 나는 여러분이 몇 개를 먹으려 하든 막을 수 없으리라 생각한다. 아니 확신한다.

먼저 반죽을 만든다. 라임 페이스트를 물 ¾컵에 풀어서 완전히 침전될 때까지 약 15분간 그대로 둔다. 걸러서 물만 남기고 침전물은 버린다.

쌀가루와 칡가루를 물 2~3큰술과 함께 섞는다. 빵 반죽 상태처럼 살짝 촉촉해지도록 치댄다. 물 2~3큰술을 조금씩 추가해 넣으면서 걸쭉한 반죽을 만든다. 뚜껑을 덮어서 1시간가량 휴지시킨다.

반죽을 휴지시키는 동안 익힌 쌀, 갈아놓은 코코넛, 라임물 ½컵을 전동 블렌더에 넣고 갈아 퓌레로 만든다(남은 분량의 라임물은 나중에 쓸 수 있도록 남겨둔다). 코코넛 크림, 소금, 약간의 라임물을 넣고 아주 고운 반죽 상태가 될 때까지 갈아준다. 쉽게 흘러내리면서도 숟가락 뒷면에 묻어 있어야 한다. 반드시 멍울이 없는 상태라야 하는데 멍울이 있으면 케이크가 들러붙는다. 반죽이 안정되도록 몇 시간 정도 상온에 두거나 밤새 냉장고에 넣어둔다.

사용하기 전에 반죽의 온도를 상온 상태로 맞춘다. 라임물 두어 스푼을 넣어 반죽을 좀 더 가볍고 묽은 상태로 만들어야 할 텐데 너무 많이 넣으면 컵케이크를 구웠을 때 지나치게 바삭해서 깨지기 쉬운 상태가 된다.

이제 설탕, 소금, 코코넛 크림을 볼에 넣고 완전히 녹을 때까지 저어 고명을 만든다. 한쪽에 둔다.

불꽃이 케이크 틀 바닥에 직접 닿지 않는 상태에서(케이크 링이 있으면 수월하다) 컵케이크 팬을 중고온의 화력으로 매우 뜨거워질 때까지 4~5분간 가열한다. 가스 불이 알맞다. 강판에 갈아서 면포에 감싼 코코넛 또는 식용유로 각각의 틀에 기름을 골고루 바른 다음 반죽을 기름이 지글거리면서 끓고 있는 틀 ¾높이까지 붓는다. 뚜껑을 덮고 컵케이크의 가장자리가 굳기 시작할 때까지 중저온의 화력에서 굽는다. 대체로 3~4분이 걸리지만 틀의 두께, 하부에 미치는 열의 강도에 따라 시간은 달라진다.

뜨거운 팬을 조심해서 들어올린 다음 원을 그리듯 휘저어 반죽이 각각의 오목한 틀 안쪽 맨 윗부분까지 얇게 깔리도록 조절한다. 이때 반죽이 조금 모자라거나 많더라도 염려할 필요는 없다. 틀 가장자리 위로 반죽이 튀었더라도 나중에 잘라낼 수 있다.
다시 불에 올려서 가장자리에 남아 있는 반죽이 다시 틀 안쪽 가운데로 몰리도록 한 다음 굳힌다. 반죽이 굳기 시작할 때까지 다시 뚜껑을 덮어둔다. 각각의 케이크에 코코넛 크림을 한두 스푼씩 조심스럽게 떠 넣는다. 각각의 케이크 속이 거의 다 차 올라야 한다. 그런 다음 뚜껑을 덮고 잠시 익힌다. 이제 코코넛 크림이 걸쭉해지기 시작하면 다진 파, 삶은 옥수수 알갱이, 찐 토란을 1자밤씩 넣는다. 한 번 더 뚜껑을 덮어서 케이크 가장자리가 노릇노릇해지고 가운데가 꾸덕꾸덕해질 때까지만 익힌다.

자그마한 칼로 각각의 컵케이크 틀 안쪽 가장자리를 훑어서 중식 탕 숟가락으로 조심스럽게 분리한다. 숟가락 끝부분으로 틀에서 케이크를 떼어낸 다음 가장자리를 조심스럽게 들어올려서 케이크가 틀에서 완전히 분리될 때까지 안쪽으로 밀어넣는다.

첫 분량의 컵케이크가 생각처럼 바삭하지 않다면 남아 있는 라임물 한두 큰술을 반죽에 넣고 저어준다. 이때 물을 너무 많이 넣으면 반죽의 풍미가 희석되므로 주의한다. 반대로 컵케이크가 너무 쉽게 깨지면 코코넛 크림 몇 큰술을 넣고 저어주면 된다. 매번 틀 안쪽에 기름칠을 해주면서 반죽과 고명을 다 사용할 때까지 반복한다.

하나씩 차려내거나 시암 스타일의 요리처럼 두개를 맞붙여서 차려낸다.

태국식 컵케이크 틀

이 작고 맛있는 악동들을 만들려면 몇 가지 비법이 필요한데 우선 제대로 만든 틀이 있어야 한다. 작은 원형 홈이 파져 있으며 뚜껑이 달린 묵직한 팬이다. 이 틀은 태국 특산품 가게에 가면 구할 수 있지만 구할 수 없다면 바닥이 둥글고 코팅이 된 무거운 틀을 사용하면 된다. 기름이 잘 먹여져 있어야 하는데 그렇지 않을 경우 케이크를 익힌 후에 빼내기 힘들어진다. 틀에 기름을 먹일 때는 가급적 크림을 먼저 추출한 다음 강판에 간 코코넛을 사용하는데 이를 각각의 틀에 채워서 골고루 기름을 먹인다. 아주 약한 불에서 한두 시간가량 틀을 가열한 다음 코코넛에서 기름이 용출될 때까지 그대로 불 위에 둔다. 타지만 않는다면 갈변되거나 구워지는 냄새가 나도 신경쓸 필요 없다. 코코넛을 모두 걷어내고 코코넛 조각이 남아 있지 않도록 각각의 틀을 말끔하게 문질러 닦아낸다. 절대, 어떤 경우라도 틀을 씻지 않는다. 틀을 씻으면 기름 막이 벗겨지게 되고 장담컨대 케이크가 들러붙어 버리게 된다. 반죽을 붓기 전에 각각의 홈 안쪽을 강판에 갈아서 면포로 감싼 코코넛으로 문질러 기름을 발라주면 케이크가 들러붙는 현상을 방지할 수 있다. 일반 기름을 사용해도 무방하다. 틀에 있는 원형 홈은 매번 사용 전후에 기름이나 코코넛으로 문질러줘야 한다. 이런 식으로 세 번 정도 사용하면 갈아놓은 코코넛으로 다시 기름을 먹여야 한다.

중국식 튀김 빵

DEEP-FRIED CHINESE BREAD   PAA TONG GOY   ปาท่องโก๋

빵 25~30개 분량

소금 약 ½작은술
백설탕 1큰술
탄산수소암모늄(베이킹 암모니아)
    ½작은술 또는 탄산수소나트륨
    (베이킹 소다) 1작은술
체에 쳐서 내린 밀가루(중력분) 2컵 –
    필요시 추가할 수 있음
식용유 약 2작은술
튀김용 식용유 적당량

탄산수소암모늄
(Bicarbonate of ammonia)

꼭 써야 되는 건 아니지만 탄산수소암모늄은 빵이 더 바삭거리고, 노릇노릇하고, 포슬포슬하게 만드는 역할을 한다. 빵이 익으면서 간혹 암모니아 냄새가 나는 경우도 있지만 살짝 씁쓸하지만 기분 좋은 뒷맛만 남긴 채 사라진다. 때로는 하츠혼hartshorn(수사슴의 뿔)이라 부르기도 하는 이 화학물질은 중동, 그리스, 스칸디나비아의 일부 식료품점(물론 온라인에서도 찾을 수 있다)처럼 화학자들도 가끔씩 챙겨둘 때가 있다. 일반 암모니아는 독성이 있으므로 사용하면 안 된다. 탄산수소나트륨을 대체품으로 사용할 수 있지만(양을 두 배로 늘려야 한다) 고소하지 않고 윤기도 바삭거림도 없는 빵이 된다.

매일 아침마다, 모든 시장에는 언제나 갓 튀겨낸 빵을 기다리면서 노점 주위를 어슬렁거리며 돌아다니는 사람들이 있다. 아침 내내, 보통은 중국 혈통인 남성이 반죽을 밀고 붙여서 튀기면 큰 이변이 없는 한 그의 부인이 차려내거나 판매한다. 이 빵은 한 시간 내에 급속도로 노화되기 때문에 구매한 즉시 먹어야 한다. 하지만 이 빵은 너무 맛있어서 사람들이 줄을 지어 기다리므로 그럴 가능성은 희박하다.

혹시라도 앉을 자리가 있다면 커피(치커리와 연유를 넣은, 그야말로 태국식)가 제공된다. 신기하게도 대개의 경우 홍차 한 잔이 커피와 함께 제공되는데 커피의 그 씁쓸한 단맛을 홍차가 씻어내기 때문이다. 어떤 곳은 달콤한 두유 한 잔을 내주기도 한다. 이 빵을 파는 노점에는 언제나 신문이 놓여 있는데, 두어 명이 의견을 나누면서 이를 돌려보곤 한다. 커피에 빵을 찍어 먹는 사람들도 많지만 대개의 경우 테이블에는 설탕 종지가 항상 놓여 있어서 원한다면 설탕에 빵을 굴려서 먹을 수도 있다. 내가 즐겨 먹는 방식이기도 하다. 간혹 판단 잎으로 향과 색을 낸 담백한 코코넛 커스터드를 담은 종지를 함께 내는 경우도 있다. 하루를 시작하기에 딱 좋은 태국식 아침 식사다.

좀 더 늦은 시간이 되면, 이 빵을 흰죽이나 그 비슷한 음식에 곁들여 함께 먹기도 한다(303쪽 참조).

커다란 볼에 소금, 설탕, 중탄산염(탄산수소암모늄), 물 1컵을 넣고 저어서 완전히 녹인다. 역시 커다란 볼에 밀가루를 붓고 가운데에 웅덩이를 만든 다음 물 몇 스푼을 붓는다. 수분이 없고 뭉쳐지지 않는 부스러기 상태가 되도록 만든 다음 남은 분량의 물과 기름을 조금씩 넣으면서 매번 치대어가며 뭉친다. 치대는 동안 한번씩 반죽을 공 모양으로 뭉쳐서 들어올린 다음 글루텐이 늘어나도록 몇 번씩 내려친다. 분량의 재료가 다 들어가면 비단결처럼 부드럽고 매끈하며 무르면서도 촉촉한 반죽이 되도록 계속 치대면서 약 5분간 내려친다(시간은 길수록 더 좋다). 반죽은 매우 촉촉한 상태여야 하는데 너무 메마른 상태면 빵이 익으면서 제대로 부풀지 않는다.

뚜껑을 씌워서 반죽이 거의 두 배로 커지고 손으로 눌렀을 때 천천히 올라오는 상태가 될 때까지 따뜻하고 통풍이 되는 곳에 둔 채로 6~8시간 이상 발효시켜서 부풀린다.

거리의 노점에서는 반죽을 두드리고 뒤집어서 다시 친 다음 약 20cm x 5cm x 5mm 크기의 직사각형 모양이 되도록 천천히 잡아당겨서 늘인다. 가정에서라면 밀대를 사용해서 적당한 모양으로 밀어 펴는 방식이 더 나을 수도 있다. 그럴 경우 반죽이 들러붙지 않도록 반죽 표면과 밀대에 밀가루를 듬뿍 뿌려야 한다. 살짝 젖은 천으로 덮어서 10분간 휴지시키면서 부풀린다.

이제 반죽을 각각 5cm x 2cm 크기의 더 작은 조각으로 자른다. 반죽 가운데에 약간의 물을 바른 다음 그 위에 다른 한 조각을 올려서 가운데 부분을 살짝 눌러 붙인다. 나머지 조각들도 동일하게 반복한다. 어떤 요리사들은 밀가루를 뿌린 꼬챙이로 이 작업을 하는데 반죽 한 조각을 들어올린 다음 다른 조각 가운데에 올려놓고 눌러서 쌍으로 붙인다.

크고 안정감 있는 웍 또는 넓고 바닥이 두꺼운 팬의 ⅔ 정도 높이까지 튀김용 기름을 붓는다. 중고온의 화력으로 조리용 온도계가 180~190℃를 표시할 때까지 기름을 가열한다. 온도계를 사용하지 않을 때는 빵 조각 하나를 기름에 떨어트려보면 되는데 10~15초 안에 빵이 갈변하면 충분히 가열된 것이다.

해당 사진은 다음 페이지 >

한번에 4~5조각의 반죽을 기름에 넣고 부풀면서 떠올라 노릇노릇해질 때까지 튀긴다. 반죽이 익으면서 고르게 부풀고 먹음직스러운 색이 나도록 튀기는 도중에 계속 뒤집어준다. 노련한 길거리 요리사들은 한번에 20개 정도까지 튀길 수 있지만 내 경우 4~5개 정도가 다루기에 딱 좋은 양이었다. 대부분의 태국 요리사는 빵 조각을 뒤집을 때 크고 길다란 젓가락을 사용하는데 여러분도 그렇게 할 수 있지만 손잡이가 긴 집게를 사용하는 편이 더 쉽다. 튀긴 빵은 젓가락이나 집게로 집어 올려서 종이 타월 위에 건져낸다. 촘촘한 거름망으로 기름을 탁하게 만드는 찌꺼기를 건져내고 잘라서 모양을 낸 반죽을 모두 튀긴다.

설탕 한 종지 또는 찍어 먹을 커스터드와 신문, 약간의 흥미로운 이야깃거리와 함께 따뜻할 때 차려낸다.

+ 찍어 먹는 커스터드

판단 잎 3~4장	백설탕 1½컵
달걀노른자 2개	옥수수 가루(옥수수 전분) 2큰술
소금 한 자밤	타피오카 가루 3큰술
코코넛 크림 3컵	우유 ½컵

판단 잎을 씻어서 물기를 제거한다. 곱게 다진 다음 물을 최소한으로만 섞어서 전동 블렌더로 갈아 퓌레로 만든다. 진한 녹색의 판단 즙이 많이 나오도록 눌러 짜듯이 체에 걸러서 한쪽에 둔다.

볼에 달걀노른자, 소금, 코코넛 크림, 설탕을 넣고 섞는다. 다른 볼에 밀가루와 우유를 넣고 골고루 섞은 다음 달걀노른자 믹스에 섞어 넣고 작은 냄비에 걸러 담는다.

아주 약불로 달걀이 익으면서 걸쭉해질 때까지 계속 저어가며 가열한다. 이 과정은 약 20분 정도 걸린다. 판단 즙을 넣고 저어주면서 약 1분 정도 뭉근하게 끓인 다음 불에서 내려 식힌다.

중국식 튀김 빵

중국식 튀김 빵

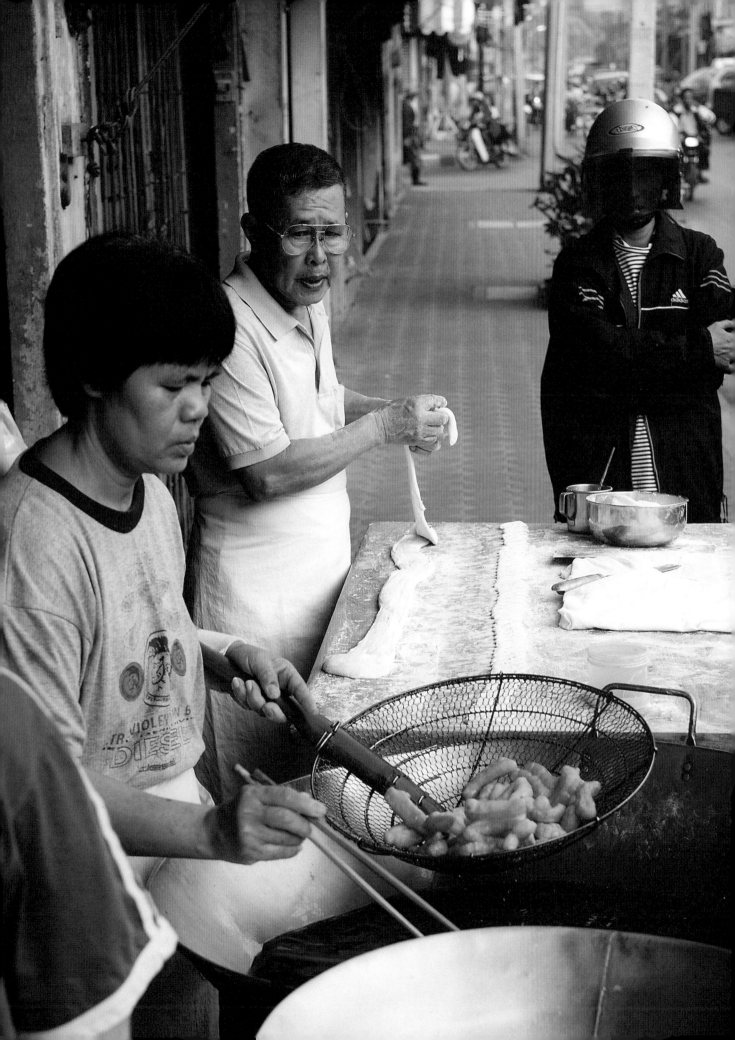

코코넛 가루와 참깨로 맛을 낸 옥수수

CORN WITH GRATED COCONUT AND SESAME SEEDS   KAO PORT KLUK   ข้าวโพดคลุก

2인분

옥수수 2개
묶어놓은 판단 잎 1~2장
강판에 간 코코넛 1컵 –
　약간 덜 익은 코코넛이 적당함.
소금 조금
볶은 참깨 1큰술
백설탕 3작은술

이 음식은 간단하게 만들 수 있는 전통 간식으로, 어느 때 먹어도 상관 없지만 대체로 하루 중 이른 시간에 먹는 경우가 많다. 노점에서는 보통 대나무를 엮어 만든 소쿠리에 삶은 옥수수를 담아 따뜻하게 보관하면서 바로 차려낼 수 있도록 준비하고 있는데 이 소쿠리에 판단 잎을 깔아 옥수수에 그 향을 입히기도 해 바람에 실려 날아간 향이 사람들을 끌어모으곤 한다. 일부 노점들은 이 옥수수에 저마다의 개성을 입히기도 해서 설탕 바나나를 찐 다음 옥수수처럼 양념을 해서 팔기도 한다.

　어떤 품종의 코코넛이라도 이 요리와 잘 어울리지만 가장 이상적인 코코넛은 태국어로 '마프라오우 튼 툭mapraow teun teuk'이라고 하는 것으로 태국 내에서도 찾기가 힘들다. 나는 이 코코넛을 애송이라고 부르는데 속살에 고유의 풍미가 남아 있어서 특히 강판에 갈아서 디저트에 첨가하면 최고의 조합을 자랑한다. 보통 반으로 쪼갠 다음 그때그때 갈아서 사용한다. 이 코코넛도 다른 생코코넛처럼 최대한 빨리 사용해야 하는데 몇 시간만 지나도 시큼해지기 때문이다. 이러한 노화현상을 늦추려면 질감이 물러지고 크림 맛이 덜해지더라도 코코넛을 갈아서 소금을 조금 뿌린 다음 2~3분간 쪄내면 된다(옥수수를 담아 놓는 대나무 소쿠리와 같은 것을 사용하는 것이 일반적이다). 이 과정은 흔히 사용하는 속살이 더 단단한 완숙 코코넛에 그대로 적용해도 애송이 코코넛과 비슷한 결과물을 얻을 수 있다.

옥수수를 손질한 다음 판단 잎을 넣은 넉넉한 양의 소금물에서 부드러워질 때까지 약 10분간 푹 삶는다. 삶는 시간은 옥수수의 선도와 품질에 따라 더 오래 걸릴 수도 있다. 다 삶아졌으면 건져내어 양념을 할 때까지 식힌다.

코코넛, 소금을 섞어서 옥수수와 버무린다. 참깨를 살짝 으스러뜨려서 설탕과 섞은 다음 코코넛을 버무린 옥수수 위에 흩뿌린다.

미니 찹쌀 팬케이크

STICKY RICE PIKELETS   BLAENG JII KAO NIAW   **แป้งจี่ข้าวเหนียว**

<u>15개 분량</u>

녹두 가루 ½컵
검은 찹쌀가루 또는 하얀 찹쌀가루
　½컵
라임 페이스트 넉넉하게 1자밤
백설탕 ¼컵
소금 넉넉하게 1자밤
강판에 간 코코넛 1컵 –
　약간 덜 익은 코코넛이 적당함.
　(24쪽 참조)

누구든 하루를 시작하면서 이 맛있고 앙증맞은 아침 식사를 마주하면 얼굴에 절로 미소가 번지게 된다. 대개의 경우 어린 소녀들이 만드는 이 달콤한 간식은 아침뿐 아니라 하루 종일 팔려 나간다. 팬케이크를 얌전한 모양으로 익히기 위해 평평한 번철을 사용하는데 스푼으로 바로 떠 올려서 모양이 제각각인 팬케이크를 만들기도 하지만 작은 케이크 링을 사용해서 균일한 모양으로 만드는 것이 일반적이다. 이 팬케이크에는 두 가지 형태가 있는데 하나는 검은 찹쌀가루로 만든 것이며 다른 하나는 더 흔한 형태인 하얀 찹쌀가루로 만든 것이다. 이 두가지 팬케이크는 구웠을 때 포도주 색이 나거나 노릇노릇한 색이 나는 각각의 곡물 가루를 사용한 것으로 이 가루를 사용하면 팬케이크가 고소한 맛이 나면서 쫄깃해진다. 녹두(숙주를 싹 틔우는 그린 올리브 같은 색의 콩)를 갈아서 만든 녹두 가루는 특유의 바삭한 식감을 연출한다. 이 가루들은 대부분의 아시아 식료품 전문점에서 어렵지 않게 구할 수 있다.

가루를 모두 섞은 다음 물 ¼컵을 조금씩 부으면서 반죽이 되도록 치댄다. 물이 덜 들어갈 수도 있다. 비닐 랩을 씌워서 냉장고에 넣고 하룻밤 휴지시킨다.

다음 날, 라임 페이스트를 물 ¼컵에 녹여서 침전물이 완전히 가라앉을 때까지 약 15분 정도 그대로 둔다. 걸러서 물만 남기고 침전물은 버린다. 반죽을 냉장고에서 꺼내어 상온 상태가 되도록 치댄다. 갓 갈아놓은 코코넛과 함께 라임물, 설탕, 소금을 넣고 치댄다. 이 단계부터 일반적인 걸쭉한 팬케이크 반죽과 비슷한 농도의 반죽이 되어야 한다.

깨끗한 번철이나 코팅된 프라이팬을 약불로 가열한 다음 팬케이크 반죽을 한 큰술씩 떠올린다. 5분 후에 반대로 뒤집은 다음 5분이 지나면 다시 한 번 뒤집어서 마지막으로 5분 동안 익힌다.

따뜻할 때 바로 먹으면 가장 좋지만 한참 두었다 먹어야 할 경우엔 금세 데워 먹으면 된다.

찹쌀밥과 바나나

BOILED STICKY RICE AND BANANA   KAO DTOM JIM   ข้าวต้มจิ้ม

3~4인분

하얀 찹쌀 1컵
커다란 바나나 잎 1장 –
    약 1m 길이
설탕 바나나 2개
백설탕 1종지

찹쌀을 바나나 잎으로 싸서 밥을 지으면 녹색을 띠게 되는데 이보다 더 놀라운 것은 설탕 바나나가 검붉은 색으로 변한다는 것이다. 식힌 밥을 담그거나 굴릴 수 있는 설탕 종지를 준비하는 것이 매우 중요하다. 어떤 노점에서는 설탕에 볶은 참깨를 약간 첨가하기도 한다.

찹쌀을 씻어서 하룻밤 동안 물에 담가둔다.

바나나 잎을 다듬어서 양쪽 면을 젖은 천으로 닦은 다음 약 35cm 정도의 사각형 모양으로 적당히 잘라서 다시 한 번 닦아둔다. 바나나 잎 한 조각을 반짝이는 면이 아래로 가도록 도마 위에 올려놓는다. 이번에는 다른 바나나 잎 한 조각을 직각으로 돌려서 반짝이는 면이 위로 올라오도록 그 위에 올려놓는다. 세 번째 바나나 잎을 다시 직각으로 돌려서 그 위에 올려놓는다. 이제 아래쪽 잎 두 장이 9시와 3시 방향을 가리키도록 잎을 돌려놓는다.

찹쌀을 건져서 물기를 뺀 다음 그 절반을 준비된 바나나 잎 한가운데에 가로로 올려놓는다.

바나나 껍질을 벗기고 양쪽 끝을 다듬는다. 바나나 잎 위에 올려놓은 찹쌀 위에 바나나를 통째로 올린 다음 나머지 찹쌀로 덮는다.

6시와 12시 방향의 바나나 잎을 찹쌀 위로 한꺼번에 들어올려서 바나나 잎이 둥그스름한 받침이 되도록 살짝 당겨준다. 잎이 맞닿은 부분을 약 2cm 정도 몇 번 반복해서 접어 양쪽 옆면을 조여서 끝이 뚫려 있는 원통 모양으로 만든다. 양끝을 여미려면 종이로 소포를 포장하는 것과 똑같이 양쪽을 접어서 삼각형 모양으로 만든다. 이 삼각형을 원통 위로 접어 올려 여민 끝단 쪽으로 세운 다음 살짝 눌러서 고정한다. 반대쪽도 똑같이 반복한다.

한쪽 끝부분에 노끈을 둘러 묶어서 삼각형이 겹쳐지며 덮이도록 단단히 매듭을 짓는다. 다른 쪽 끝부분도 반복한 다음 가운데를 두 번 돌려서 묶어 바나나 잎과 속 내용물을 단단히 고정한다.

커다란 냄비에 물을 붓고 끓을 때까지 가열한다. 바나나 잎으로 말아놓은 찹쌀을 넣고 뚜껑을 덮은 채 45분 정도 뭉근하게 끓여 익힌 다음 꺼내어 식힌다. 바나나 잎을 벗겨내기 전에 슬라이스해서 설탕에 찍어 먹는다.

찐 카사바 케이크

STEAMED CASSAVA CAKES   KANOM MANSAPALANG   ขนมมันสำปะหลัง

흥미로운 식감과 함께 단맛과 특유의 향이 있는, 작지만 맛있고 고소한 간식으로, 판단 즙을 넣어 만든 연두색의 케이크와 향만 우려낸 물을 넣어 만든 더 연한 색의 케이크 두 종류가 있다. 바나나 잎으로 만든 용기에 넣고, 요즘엔 흔히 스테이플러로 대체해서 사용하기도 하지만 대개는 작은 이쑤시개(실제로는 더 작은 가시 같은 모양이다)로 여민 다음 쪄서 만든다. 이 레시피에는 바나나 잎으로 용기를 만드는 방법도 설명되어 있지만 시장의 소녀들처럼 손이 재빠르지 못한 사람들에게는 타원형의 프리앙friand 틀이 실용적인 대안이 될 수도 있다.

판단 잎을 씻은 다음 다져서 물 ¼컵과 함께 갈아 퓌레로 만든다. 생생한 녹색 즙이 최대한 많이 빠져나오도록 건더기를 계속 눌러주면서 촘촘한 체에 내려 거른다. 한쪽에 둔다.

카사바 껍질을 벗기고 씻어서 4등분한다. 곱게 갈아주기 전에 다시 한 번 씻는다. 갈아놓은 카사바는 1컵 정도가 나와야 한다. 코코넛 ⅓컵(카사바와 같이 곱게 간 다음 필요시 칼로 더 잘게 다진다), 설탕, 소금, 칡가루(구비하고 있을 시)와 함께 섞는다. 설탕이 완전히 녹아 들어갈 때까지 치대어 섞은 다음 두 덩어리로 나눈다. 그 절반에는 판단 즙을 넣어 섞고 나머지 절반에는 자스민 물, 코코넛 크림 또는 물을 넣어 섞는다. 연두색 반죽을 바나나 잎 용기 또는 타원형 프리앙 틀 5개에 나누어 담고 나머지 반죽도 바나나 또는 프리앙 틀에 5개로 나누어 담는다.

찜기에 넣고 투명해지면서 굳을 때까지 20분간 찐다. 남겨놓은 코코넛 가루를 카사바 케이크 위에 뿌리고 1분 더 찐 다음 불에서 내린다. 그대로 식힌다.

틀에서 빼낸 다음 차려낸다. 바나나 잎 때문에 고생한 보람이 없다면 손재주라도 인정받도록 케이크를 빼내지 말고 그대로 두자.

+ 찍어 먹는 커스터드

바나나 잎 그릇을 만들려면 바나나 잎을 각각 10cm x 6cm 정도 크기의 사각형 모양으로 20개 정도 만들어서 젖은 천으로 양쪽 면을 깨끗이 닦는다. 결이 평행한 상태로 반짝이는 면이 마주 보도록 두 장을 겹친다. 컵 한쪽 면이 되도록 가장자리를 위로 올려서 아래쪽 좁은 끄트머리를 따라 3cm 정도 살짝 접는다. 컵 측면 아래쪽과 교차되는 지점을 접어 탄탄한 모서리를 만든다. 작은 이쑤시개나 스테이플러로 고정한다. 나머지 세 모서리도 똑같이 작업해서 약 5cm x 2cm 크기의 개방된 상자 또는 컵 모양을 만든다. 나머지 잎으로 용기를 만들고 젖은 천으로 덮어서 한쪽에 둔다.

10개 분량

판단 잎 1~2장
카사바 450g
강판에 매우 곱게 간 코코넛 약 ½컵
조미용 백설탕 3~4큰술
조미용 소금 1자밤
칡가루 1큰술
　밀가루 – 선택사항
자스민 물 ¼컵(334쪽 참조) 또는
　코코넛 크림 또는 물

노란 설탕나무 푸딩

YELLOW SUGAR PLANT PUDDING   KANOM DTARN   ขนมตาล

팔미라 설탕나무 또는 토디 사탕수수는 태국 만(灣) 근처에서 자란다. 이 나무의 수액은 다양한 형태의 팜슈거를 만들기도 하고 발효시켜서 럼과 같은 강한 술을 만들기도 한다. 이 나무의 열매는 가죽 같은 검은색 껍질과 금빛의 노란 과육을 가지고 있는데 이를 씻어서 추출하면 깊은 맛의 향기로운 펄프가 생산된다. 이렇게 가공된 것은 시장에서 살 수 있는데 이 맛있는 간식의 기본 재료가 된다. 신선한 펄프는 태국에서도 그리 흔치 않아 미리 주문해야 한다. 병에 든 가공품은 태국 또는 아시아 슈퍼마켓에서 구할 수 있다.

　전통적으로 이 푸딩은 말린 설탕 야자나 바나나 잎으로 만든 작은 원형 틀에 넣어 쪄냈지만 요즘 요리사들은 주로 작은 플라스틱 컵이나 컵케이크 틀을 사용한다.

　이 달콤한 간식에 같이 잘 어울리는 코코넛은 마프라오우 튼 툭mapraow teun teuk(24쪽 참조)이라고 하는 부드러우면서 살짝 덜 익은 코코넛이다. 물론 일반 코코넛도 사용할 수 있는데 더 곱게 갈아서 찜기에서 꺼내기 1분 전에 푸딩 위에 뿌리기만 하면 된다.

설탕나무 퓌레와 물 ½컵을 섞는다. 퓌레가 물에 완전히 녹아서 약간의 섬유질만 보일 정도가 되도록 잠시 섞는다. 물에 헹궈낸 면포로 감싸 즙이 모이도록 아래에 그릇을 받친 다음 하룻밤 매달아둔다. —냉장고에 넣지 않아도 된다— 이렇게 모이는 즙의 양이 제법 많다(퓌레는 그 부피가 ⅔ 정도로 줄어들며 단단하게 뭉쳐진 페이스트만 남게 된다).

다음 날 커다란 볼에 쌀가루와 물 ¼컵을 넣고 살살 저어 섞은 다음 완전히 뭉친다. 1분 정도 치댄 다음 비닐 랩으로 덮어서 약 1시간 정도 휴지시킨다.

작은 팬에 코코넛 크림, 설탕, 소금을 넣고 서서히 가열하면서 완전히 녹을 때까지 저어준다. 그대로 식힌다.

이제 쌀가루 반죽에 설탕나무 페이스트 ⅓컵과 베이킹 파우더를 넣는다. 3~4분간 치대어 무르면서 쉽게 부스러지는 반죽 상태로 만든다. 식혀둔 코코넛 크림을 한 번에 몇 스푼씩 넣으면서 잘 섞어 스푼 뒷면에 묻어 있을 정도의 매끈하고, 노릇노릇한 팬 케이크 반죽 같은 상태를 만든다. 뚜껑을 씌워서 약간 따뜻하고 환기가 되는 곳에서 부풀린다. 상황에 따라 약 2~6시간 정도 걸릴 수 있다. 반죽이 약간 부풀어 오르면서 걸쭉해지고 효모 향이 살짝 나면 사용할 준비가 끝난 상태다.

금속 찜기에 물을 채우고 끓을 때까지 가열한다. 반죽을 컵케이크 용기 ⅔ 정도 높이까지 각각 채워 넣는다. 찜기에 넣고 물기를 닦아낸 뚜껑을 덮은 채로 중불로 5분간 찐 다음 불을 줄이고 7~10분간 더 찐다. 완성되면 스펀지 케이크처럼 부풀러 올라서 만지면 탄성이 느껴진다.

찜기에서 케이크를 꺼낸 다음 갈아놓은 코코넛 가루를 뿌려서 식힌다. 컵케이크 용기에서 빼낸 다음 먹는다.

6인분

설탕나무(룩 딴luk dtarn) 퓌레 1컵
쌀가루 1컵
코코넛 크림 1컵
백설탕 ¾컵
소금 넉넉한 1자밤
베이킹 파우더 1½작은술
지름 5cm, 깊이 3cm 크기의
　컵케이크 용기 15~20개
강판에 간 코코넛 가루 3~4큰술 –
　약간 덜 익은 코코넛이 적당함.

왼쪽에서 오른쪽으로 : 찐 카사바 케이크(29쪽 참조),
노란 설탕나무 푸딩(상단 참조),
찹쌀밥과 바나나(28쪽 참조)

세 가지 찹쌀밥

THREE TYPES OF STICKY RICE   KAO NIAW SAHM SII   ข้าวเหนียวสามสี

4~5인분

흰 찹쌀 2¼컵
검은 찹쌀 ¾컵
찔 때 사용할 판단 잎 3~4장 –
   선택 사항

화이트 드레싱

백설탕 ¾컵
소금 1큰술
코코넛 크림 1컵

골든 드레싱

코코넛 크림 ½컵
백설탕 ½컵
소금 1큰술
슬라이스한 터메릭 2큰술 또는 사프란
   넉넉한 1자밤을 물 2큰술에 우려낸
   다음 사용하기 직전에 걸러낸 사프
   란 물 2큰술

새우 고명

껍질을 벗기지 않은 생새우 150g
씻어서 다진 고수 뿌리 수북이 1큰술
소금 ⅓작은술
백 통후추 ¼작은술
식용유 1큰술
강판에 곱게 간 코코넛 ⅓컵
얇게 깎은 팜슈거 2큰술, 추가 2작은술
백설탕 2큰술
필요에 따라 갓 갈아놓은 백후추 1자밤
잘게 채 썬 카피르 라임 잎 1~2큰술
   (약 12장)
다진 고수 1큰술

태국 음식에서 느낄 수 있는 단맛, 짭조름한 맛, 풍부한 맛의 놀라운 조화는 요리에 들어가는 양념류의 복잡 다양함을 잘 드러낸다. 이 주머니에 담긴 밥은 시암 왕국의 궁궐에서 탄생했지만 이 달콤한 먹거리를 장만하는 여성들의 손길을 거쳐 태국 길거리의 노점에 그 보금자리를 틀었다.

이 요리의 모든 구성물들을 조합하기까지는 다소의 시간이 걸리지만 완성하기까지 공이 많이 들어가는 다른 음식들처럼 그 맛은 보장되고도 남는다. 다행히도 시장에서는 미소를 잃지 않는 노련한 여인들이 온갖 정성을 기울여서 만들고 있기 때문에 우리는 그저 즐겁게 사 먹기만 하면 된다. 가정에서라면 여러분은 분명 더 쉬운 방법으로 한두 가지의 밥만 장만하고 싶을 테지만 이 삼연작(삼연전) 요리는 일단 그 맛에 중독되거나 적어도 손에 익어야 제대로 만들어낼 수 있다. 따라서 세 가지 전부가 아니라 한두 가지라도 무조건 레시피를 따라 만들어봐야 한다.

흰 찹쌀과 검은 찹쌀을 분리해서 몇 번에 걸쳐 물을 바꿔가며 헹군다. 흰 찹쌀 2컵을 계량해서 볼에 담는다. 다른 볼에는 남아 있는 흰 찹쌀 ¼컵과 검은 찹쌀을 담는다. 찹쌀을 나눠 담은 볼에 물을 가득 붓고 몇 시간 동안 담가둔다. 밤새 담가두면 더 좋다.

흰 찹쌀을 건져 물기를 뺀 다음 판단 잎(사용할 경우)을 넣은 물이 끓고 있을 때 찜기에 넣는다. 흰 찹쌀의 경우 찜기에 그대로 넣어도 되는데 구멍으로 찹쌀이 약간 빠져나갈 수도 있다. 좀 더 주의를 기울이려면 찜기에 면포를 까는 것이 좋다. 쌀이 익을 때까지 약 45분간 찐다. 쌀이 잘 익었는지 확인한다. 찜기에 물이 없으면 바닥이 타버릴 수 있으므로 물이 충분한지 확인한다.

흰 찹쌀을 찌는 동안, 두 가지 코코넛 드레싱을 만든다. 화이트 드레싱은 백설탕과 소금을 코코넛 크림에 넣고 완전히 녹을 때까지 저어주면 된다. 맛이 풍부하면서도 달콤하고 짭조름해야 하며 흰색의 은은한 광택이 나야 한다. 이 분량을 2등분한 다음 그 절반은 흰 찹쌀밥에 사용하고 나머지 절반은 검은 찹쌀과 흰 찹쌀을 섞어 지은 밥에 사용한다.

골든 드레싱을 만든다. 코코넛 크림과 설탕, 소금을 섞고 터메릭 또는 사프란 물을 넣은 다음 약 30분 동안 우려낸다.

흰 찹쌀밥이 다 익었으면 찜기에서 덜어낸 다음 2등분한다. 그 절반을 작은 볼에 담고 준비된 화이트 드레싱 절반을 부어 버무린다. 뚜껑을 덮고 나머지 찹쌀밥과 고명을 준비하는 동안 따뜻한 곳에 둔다.

나머지 절반의 찹쌀밥을 다른 볼에 담고 골든 드레싱을 부어 버무린다. 뚜껑을 덮고 따뜻한 곳에 둔다.

찜기 아래에 있는 냄비에 물을 넉넉히 보충하고 판단 잎을 그대로 둔다. 검은 찹쌀은 조리 시 서로 뭉치지 않아서 구멍으로 쉽사리 빠질 수 있으므로 찜기에 면포를 깐다. 검은 찹쌀과 흰 찹쌀 섞어놓은 것을 건져서 물기를 뺀 다음 찜기에 넣고 팔팔 끓는 물에 약 1시간 동안 찐다.

그동안 고명을 만든다. 새우의 껍질을 까고 내장을 제거한다. 대가리를 눌러 짜서 가급적 많은 양의 내장을 빼낸 다음 남겨둔다. 새우 살을 곱게 다져서 100g 정도의 양을 만들어 놓는다. 절구에 고수 뿌리와 소금, 백후추를 넣고 빻아 부드러운 페이스트로 만든다. 팬에 기름을 두르고 중불로 가열해서 들러붙지 않도록 계속 저어주며 향이 날 때까지 약 3~4분간 볶는다. 강판에 간 코코넛을 넣고 자주 휘저어주며 볶는다. 4~5분이 지난 다음 코코넛이 물러지면서 향이 짙어지면 팜슈거, 백설탕을 넣고 다 흡수될 때까지 뭉근하게 끓인다. 팜슈거 1~2작은술과 약간의 후추와 소금이 추가로 필요할 수도 있는데 식으면 염도가 높아지므로 간을 과하게 하지 않도록 주의한다. 톡 쏘는 듯하지만 너무 자극적이어서도 안 된다. 잘게 채 썬 카피르 라임 잎을 넣고 다진 고수를 뿌려서 마무리한다. 고명은 딱 기분 좋을 정도로 짭조름하고 깊은 맛이 나면서 달콤하고 후추 향이 나야 하며 카피르 라임 잎과 고수의 향긋함이 올라와야 한다.

코코넛 고명은 팬에 팜슈거를 녹인 다음 코코넛 크림을 붓고 끈적한 거품이 생기면서 ⅓로 졸아들 때까지 중불로 뭉근하게 끓인다. 갈아놓은 코코넛을 넣고 코코넛이 약간 촉촉해지면서 연해질 때까지 10분 더 뭉근하게 끓인다. 달콤하면서 깊은 맛이 나야 한다.

커스터드 토핑은 달걀과 코코넛 크림, 설탕, 소금을 섞은 다음 판단 잎을 넣고 쥐어짜서 향을 빼내고 커스터드를 만들 수 있도록 달걀을 으깬다. 면포나 촘촘한 체에 내려 찜기에 들어가는 내열 도자기에 담는다. 20~30분 정도 그대로 둔 다음 표면에 뜨는 거품을 걷어낸다.

이제 한꺼번에 찐 검은 찹쌀밥과 흰 찹쌀밥을 잘 섞는다. 안쪽까지 잘 익었는지, 각각의 낟알도 연해졌는지 잘 살펴본다. 찹쌀이 잘 익었으면 볼에 옮겨 담고 준비해놓은 골든 드레싱을 부어 잘 버무린다. 뚜껑을 덮어서 따뜻한 곳에 둔다.

다시 냄비에 물을 보충하고 찜기를 올려서 끓인다. 커스터드 표면에 있는 거품을 모두 제거한 다음 중불로 약 10분간 찐다. 한번씩 확인할 때는, 커스터드 위로 물이 떨어지면 망치게 되므로 뚜껑에 있는 결로를 닦아서 건조한 상태로 만들어야 한다. 10분이 지나면 커스터드가 부풀기 시작하면서 자잘한 거품이 생기고 한가운데에는 주름이 잡힌다. 약불로 줄인 다음 5분 더 찐다. 다 익었으면 – 만져보면 탄탄하다– 찜기에서 빼낸 다음 식힌다.

식히는 동안, 양념 코코넛 크림을 준비한다. 작은 팬에 물 2~3큰술과 쌀가루를 섞어서 풀을 만든다. 코코넛 크림, 설탕, 소금, 판단 잎을 넣고 섞는다. 중불로 가열한 다음 걸쭉해질 때까지 계속 저어주면서 3~4분간 뭉근하게 끓인다. 깊고 짭조름하고 달콤한 맛이 나야 한다.

이제 먹기만 하면 된다. 이 모든 걸 해냈다면 정말 장하다. 각각의 찹쌀밥에는 고명을 올리기 전에 양념 코코넛 크림을 약간씩 흩뿌려준다. 흰 찹쌀밥은 커스터드 고명과, 노란 찹쌀밥은 새우 고명과, 검은 찹쌀밥은 졸인 코코넛 고명과 함께 먹으면 된다.

코코넛 고명

얇게 깎은 팜슈거 ½컵
코코넛 크림 ¼컵
눌러 담은 강판에 간 코코넛 ½컵

커스터드 토핑

오리알 1개 또는 달걀 2개 –
    약 ¼컵
코코넛 크림 ½컵
얇게 깎은 팜슈거 ¼컵
소금 1자밤
길게 4~5줄로 자른 판단 잎 1장

양념한 코코넛 크림

쌀가루 1큰술
코코넛 크림 2컵
백설탕 ½컵
소금 수북이 1작은술
묶어놓은 판단 잎 1장

다음 페이지에 계속 >

+ 바나나 잎으로 싸기

태국 사람들은 이처럼 속 끓이는 방식으로 바나나 잎을 접고, 모양을 내고, 그 안에 뭔가를 넣는 데 이골이 났다. 심지어 여인네들은 포장을 하면서 잡담도 나눌 수 있을 정도다. 여기에 그 방법을 소개한다. 하지만 내가 그랬던 것처럼 이 신묘한 기술을 따라 할 수 없다면 그냥 접시 위에다 밥과 고명을 담아서 차려내면 된다.

약 2m 길이의 바나나 잎 두루마리 1개
이쑤시개 또는 매우 작고 가는 대나무 꼬치 20개

바나나 잎을 약 25cm x 12cm 크기의 조각으로 자른다. 모두 합해서 약 20개 정도가 필요한데 몇 번에 걸친 시도와 오류를 감내해야 한다. 모서리를 모두 둥글게 다듬고 양면을 젖은 수건으로 닦는다.

　내 길고 서툰 설명에도 불구하고 실제로는 아주 간단한 과정일 뿐인 이 기술에 익숙해지고 편해질 때까지 성냥갑이나 그 비슷한 것으로 아래에 나오는 설명을 따라서 먼저 연습해보는 것이 현명할 수도 있겠다.

　첫 번째 바나나 잎 조각을 들어서 광이 나는 면이 위로 향하도록 손바닥 위에 가로질러 놓는다. 잎사귀를 쥔 채로 손바닥을 살짝 오므린다. 성냥갑이나 그 비슷한 것이면 뭐든 한가운데에 올려놓아도 된다. 잎사귀 가운데를 따라 흘러내리는 길을 만든다고 상상해보자. 다른 손의 엄지와 검지를 바나나 잎을 따라 만들어놓은 길 양쪽 ⅔ 지점에 가져다 놓는다. 잎사귀를 한꺼번에 집어서 잎사귀 오른쪽 절반을 성냥갑(익숙해지면 밥) 위로 들어올려 중앙으로 옮긴다. 잎이 구부러질 때 잎 바닥 양쪽이 접힌 상태여야 한다. 이 상태에서 작업대에 놓고 엄지와 검지를 성냥갑 위로 지그시 누른 채 다시 집어서 접는 과정을 반복할 동안 고정하고 있는다. 이쑤시개로 포장을 여민다.

　밥으로 만들어보기 전에 위의 방식으로 몇 번 연습해본다. 한 종류의 밥 2~3큰술을 준비된 바나나 잎 한가운데에 놓고 그 위에 양념 코코넛 크림을 약간 뿌린 다음 적당한 고명 2작은술 정도를 올려 마무리한다. 위 설명대로 접는다.

　1인당 꾸러미 세 개씩 돌아가야 하며 각각의 꾸러미는 다른 종류의 밥과 그 밥에 어울리는 고명으로 채워져 있어야 한다. 시장에서는 한 가지 또는 두 가지 아니면 세 가지 모두 기호에 맞게 주문할 수도 있다.

새우 소를 채운 얇고 바삭한 터메릭 전병

CRISPY PRAWN AND TURMERIC WAFERS   KANOM BEUANG YUAN   ขนมเบื้องญวน

약 5인분

튀김용 식용유

반죽

라임 페이스트 작은 1자밤
코코넛 크림 ½컵
쌀가루 ¼컵
녹두 가루 ¼컵
소금 넉넉한 1자밤
터메릭 가루 ¼작은술
식용유 ½작은술
씻어서 찧은 레몬그라스 대
  작은 것 1개 – 선택 사항

새우와 코코넛 소

씻어서 다진 고수 뿌리 2개
소금 1자밤
껍질을 벗긴 마늘 2쪽
백 통후추 약간
식용유 2~3큰술
곱게 다진 생새우 ½컵
새우 머리 내장 2~3큰술 –
  선택 사항
덜 익은 코코넛의 강판에 간
  속살 넉넉한 ⅓컵(24쪽 참조)
백설탕 1큰술
얇게 깎은 팜슈거 2큰술
  또는 조미용 추가 분량
소금 넉넉한 1자밤
피시 소스 2~3큰술
갈아놓은 백후추 ½작은술

이 음식은 원래 베트남인들이 태국에 들여온 것이었다(유안Yuan은 베트남 사람을 뜻하는 태국 고어다). 전병은 일반 웍의 반 정도 크기에 불과한 아주 작은 웍으로 만든다. 어떤 레시피는 반죽에 달걀을 넣어서 두껍고 불투명한 전병을 만들기도 하는데 나는 이 얇고 반투명한 전병이 더 좋다. 만들기는 약간 어려울지 몰라도 그 결과물은 무척이나 매력적이다.

라임 페이스트를 물 ¾컵에 녹인 다음 완전히 침전될 때까지 15분 정도 그대로 둔다. 걸러서 물만 남기고 침전물은 버린다.

반죽을 만든다. 코코넛 크림 몇 스푼과 쌀가루, 녹두 가루를 커다란 볼에 넣고 소금, 터메릭 가루와 함께 치댄 다음 남은 코코넛 크림과 라임물을 넣어 섞고 기름을 넣는다. 찧어놓은 레몬그라스 줄기(사용할 경우)를 반죽에 넣고 그대로 우려낸다. 반죽이 약간 부풀어오르면서 걸쭉해지도록 30분간 그대로 둔다.

그동안 소를 만든다. 절구에 고수 뿌리와 소금, 마늘, 후추를 넣고 빻아서 페이스트를 만든다. 작고 바닥이 두꺼운 팬에 기름을 두르고 향이 날 때까지 페이스트를 볶은 다음 다진 새우, 새우 머리 내장(사용할 경우), 코코넛을 넣는다. 설탕, 소금, 피시 소스, 후추로 간을 한 다음 물 2~3큰술을 넣고 향이 짙어지면서 수분이 없어질 때까지 10분간 뭉근하게 끓인다. 코코넛은 수분이 살짝 남아 있으면서 부드러운 상태로 익혀 놓은 것이어야 한다. 그렇지 않을 경우 물을 약간 보태어 뭉근하게 끓인다. 페이스트는 짭조름하면서도 달콤하며 후추 향이 강하게 나야 한다. 간이 강하게 되어야 하는데 사실 따로 맛보면 상당히 과할 정도다.

반죽을 저어 그릇 바닥에 가라앉아 있을 걸쭉하게 뭉쳐진 가루를 다시 고르게 섞는다. 익힌 반죽은 매우 얇은 막처럼 투명해 보여야 하며 그러려면 거의 예외없이 라임물 몇 큰술이 추가로 필요하다. 그 후에 추가로 넣은 라임물이 반죽과 반응해서 너무 무르고 질척이지 않도록 몇 분간 휴지시킨다.

기름을 잘 먹인 자그마한 웍을 약불로 가열한다(코팅된 웍을 사용하는 요리사들도 있다). 기름 몇 큰술을 넣고 원을 그리며 휘저어 웍 전체에 묻힌다. 여분의 기름을 따라낸 다음 종이로 닦아낸다.

웍을 살짝 식힌 다음 반죽 1국자(약 3큰술)을 붓고 둥글게 휘젓는다. 다시 불에 올리고 반죽 1국자를 더 부어 첫 번째 반죽으로 덮이지 않은 곳을 모두 채워 덮는다. 웍 표면을 빈틈없이 덮을 필요는 없는데 군데군데 구멍이 몇 개 나 있으면 전병이 더 매력적으로 보인다. 전병은 웍 바닥에 있는 중심이 가장 두꺼우면서 웍 전체에 걸쳐 매우 얇게 덮여 있어야 한다.

전병이 전체적으로 열을 고르게 받았는지 확인하면서 웍을 천천히 원을 그리듯 움직인다. 전병은 색이 나기 시작하면서 가장자리가 살짝 들뜨기 시작한다. 인내심을 가지고 조금 더 기다리자. 전병을 너무 빨리 들어내면 바삭해지지 않는다. 가장자리에 주름이 살짝 생기면서 바삭해지기 시작하면 자그마한 주걱으로 웍 가장자리를 훑으며 밀어넣어 전병을 들어올린다. 반죽이 익으면서 곡물 가루와 터메릭 향을 점점 뚜렷하게 느낄 수 있다.

1큰술 정도의 기름을 전병 둘레에 붓고 기포가 생기면서 노릇한 색이 나고, 향이 짙어지면서 바삭해질 때까지 익힌다. 전병이 바삭하지 않으면 라임물 1~2큰술을 반죽에 섞어 넣고 다시 만들어본다.

불을 약간 줄인 다음 숙주 한 줌을 넣고 그 위에 새우와 코코넛 소 1큰술을 흩뿌린다. 숙주가 살짝 숨이 죽을 때까지만 익힌 다음 두부 두어 개와 소금에 절인 무를 조금 넣는다.

잠시 뒤에 소가 전반적으로 따뜻해지면 쪽파, 고수, 땅콩을 1자밤씩 흩뿌린다. 전병을 소가 덮이도록 접은 다음 웍에서 들어낸다.

웍에 남은 여분의 기름을 닦아내고 반죽을 모두 사용할 때까지 반복한다. 실수를 몇 번 하더라도 전병 5개 정도는 충분히 만들 수 있는 양의 반죽이다.

오이 렐리시 한 종지와 함께 차려낸다.

+ 오이 렐리시

백설탕 ¼컵
식초 ½컵
소금 약 1작은술
슬라이스한(얇게 썬) 오이 ½컵

씨를 빼고 다진 홍 고추 ¼개
슬라이스한 붉은 샬롯 ½컵
굵직하게 다진 고수 1큰술

식초와 설탕, 소금 물 ¼컵을 섞어서 뭉근하게 끓인다. 설탕이 완전히 녹으면 불에서 내린 다음 식힌다. 차려내기 직전에 오이, 고추, 샬롯, 고수와 섞는다.

가니시

씻어서 물기를 뺀 숙주 1컵
  – 잔뿌리 제거는 선택 사항
잘게 깍둑썰기 한 노란 두부*
  3~4큰술(약 150g) –
  같은 양의 일반 두부로 대체 가능.
씻어서 물기를 제거한 다음 잘게
  채 썬 염장 무(달콤, 짭조름한 종류)
  수북이 1큰술
다진 쪽파(녹색 부분) 수북이 1큰술
다진 고수 수북이 1큰술
굵직하게 갈아놓은 볶은 땅콩
  수북이 1큰술

* 태국 두부는 달걀 또는 색소를 넣어 물성이
일반 두부와 다르고 노란색을 띠는 것이 있음.

새우 소를 채운 얇고 바삭한 터메릭 전병

부추 떡

CHINESE CHIVE CAKES   KANOM GUI CHAI   ขนมกุยช่าย

9~10개 분량

바나나 잎 1장 – 선택 사항
튀김용 식용유
튀긴 마늘 1~2큰술(333쪽 참조) –
　　선택 사항

반죽

쌀가루 1컵
타피오카 가루 ¼컵과 덧가루 몇 큰술
찹쌀가루 2큰술
소금 넉넉한 한 자밤
식용유 3큰술

소

1cm 길이로 자른 부추 400g –
　　약 6컵
식용유 4큰술
곱게 다진 마늘 1~2큰술, 조미용
　　소금 1자밤
설탕 약 1작은술
연한 간장 2~3큰술
갈아놓은 백후추 1자밤

이 몇 가지 곡물 가루가 섞인(모두 중국 식료품점에서 구할 수 있다) 하얀 반죽은 중국에서 들어왔는데, 조리 기법은 이 페이스트리의 풍부하면서도 비단결 같고 만족스러운 맛을 그대로 드러낸다. 이 레시피에서는 마늘의 풍미가 뚜렷한 부추를 채워 넣었지만 속 재료는 건새우(172쪽 참조)나 콩 감자Yam bean*(177쪽)을 곁들인 잘게 채 썬 죽순으로 대체할 수 있다.

　　일단 떡 모양으로 성형하면 바로 쪄내거나 비닐 랩으로 씌워서 하루 정도 냉장고에 보관할 수 있다. 쪄냈을 경우에는, 그대로 먹어도 되지만 먼저 잠시 식혀두는 것이 좋다. 하지만 나는 기름을 두르고 노릇노릇하게 지지면 더 맛있어진다는 것을 알았다. 태국 길거리의 요리사들은 크고 두꺼운 무쇠 번철을 사용해서 지져낸다. 어느 방식으로 만들어 먹든, 다진 고추를 조금 넣은 맵싸한 향의 진간장 소스는 무조건 곁들이는 것이 좋다.

먼저 반죽을 만든다. 가루와 소금을 모두 섞는다. 기름을 넣어 섞고 물 1½컵을 넣은 다음 되직하면서도 매우 축축한 반죽을 만든다. 반죽을 팬이나 놋쇠 웍에 담고 매우 약한 불 위에 올려서 계속 휘저어 섞는다. 가루가 뭉쳐지기 시작하면 거품기를 사용해야 할 수도 있다. 거품기 살에 반죽이 끼면 안 된다. 페이스트리가 반 정도 익으면 아주 끈적거림과 동시에 불투명한 광택이 난다. 불에서 내린 다음 몇 분간 식힌다.

여분의 타피오카 가루를 도마에 뿌리고 반죽을 그 위에 올린 다음 가루가 따뜻한 반죽 속에 들어가 섞이면서 탄탄하고 매끄러운 상태가 되도록 약 5분 정도 치댄다. 반죽이 너무 두껍지 않게 가루를 너무 많이 사용하지 않도록 주의한다. 10개의 공 모양을 만드는데 각각의 공 모양은 지름이 약 4cm 정도가 적당하다. 남은 반죽은 젖은 면포로 덮어 10분 이상 놔둔다.

소를 만든다. 썰어놓은 부추를 씻어서 물기를 제거한다. 웍이나 팬에 기름을 두르고 마늘과 소금을 넣고 색이 나기 시작할 때까지 볶은 다음 부추를 넣는다. 부추의 숨이 죽으면 설탕, 간장, 백후추로 간을 한다. 너무 짜지 않도록 간을 해야 한다. 식힌다.

각각의 반죽 볼을 손가락 서너 개로 살짝 치댄 다음 도마나 접시에 하나씩 올려서 지름 10cm 정도의 얇은 원판 모양이 되도록 눌러준다. 이 원판을 한쪽 손바닥에 올려놓고 만들어놓은 소를 2큰술 가득 떠서 반죽 가운데에 올린다. 수분이 남아 있어서는 안 된다. 페이스트리 가장자리 전체를 빙 둘러가며 집어 올린 다음 접어서 주름을 잡는다. 집어서 주름을 잡은 가장자리를 가운데로 밀어 올린다. 10번 정도 접는 것이 관행이다. 가운데로 모아놓은 가장자리들을 집어서 한꺼번에 비튼 다음 아래로 눌러서 여민다. 부추 떡의 크기는 각각 지름 약 5cm 정도라야 한다. 만든 떡들은 마르지 않게 젖은 천으로 덮어놓고 남아 있는 반죽에도 모두 소를 채워 넣는다.

바나나 잎 또는 유산지에 올려서 15분간 찐다. 찜기의 형태와 하부 열원에 따라 시간이 더 걸릴 수도 있다. 잠시 뒤에 꺼낸 다음 기름을 약간 발라주고 다시 찜기에 넣고 몇 분간 찐다. 다 익었으면 꺼내어 다시 한 번 기름을 바르고 차려내기 전까지 식힌다.

이 떡은 흔히 앞 페이지 사진처럼 팬에 기름을 약간 둘러서 노릇노릇하게 지져서 데워 먹는데 이렇게 하려면 지질 때 서로 들러붙지 않도록 찐 떡을 한동안 식혀야 한다. 두꺼운 팬을 매우 뜨겁게 가열한 다음 기름 2~3큰술을 붓는다. 중불로 낮추고 떡을 넣은 다음 서로 들러붙지 않도록 팬을 흔들어주면서 위치를 살살 바꿔가며 지진다. 살짝 색이 날 때까지 그대로 둔 다음 짙은 갈색이 나지 않도록 유의하면서 양쪽 면 모두 색이 나도록 2~3번 뒤집는다. 종이 타월 위에 옮겨 담는다.

튀긴 마늘을 떡 위에 흩뿌리고 간장 고추 소스와 함께 차려낸다.

เส้นขนมจีน
카놈진 국수
KANOM JIN NOODLES
SEN KANOM JIN

이 비단결 같은 국수는 태국 문화와 지역사회를 하나로 묶고 있다. 과거에는 승려의 서품, 결혼 피로연, 가옥의 준공, 사당의 건립, 승려들이 참석하는 공덕 쌓기 같은 축하 행사가 있을 때만 만들어서 먹은 음식이 카놈진이었다. 어떤 이들은 국수 가닥들이 승려들이 축복한 후에 손목에 둘러주는 흰색 끈과 비슷하게 생겼다고 믿고 있어서 상서로운 축제 음식으로도 여겼다. 이 국수는 80년 전 아니 어쩌면 그보다 더 오래전부터 격식을 털어버리고 태국의 길거리와 시장으로 나오더니 고상한 의미 따위에 구애받지 않은 채 오로지 맛으로만 인기를 얻기 시작했지만, 오늘날에도 여전히 많은 사람이 제례에 준비하는 음식 가운데 하나이다. 카놈진은 주로 낮에 먹는다. 의식 참여자들이 승려들에게 정오에 음식을 제공할 수 있게끔 대부분의 의식은 아침에 치러지는데 그 이후로 승려들은 금식을 해야 한다. 이러한 관습에 따라 이 국수는 늦은 아침과 연관 짓게 된 것이다.

전통적으로 카놈진은 고된 노동을 수반했고 이는 곧 여러 사람이 모일 수 있는 시간에만 한정적으로 생산할 수 있다는 것을 의미하기도 했다. 대가족과 친구들 또는 마을 전체가 모여 이 지난한 과정을 가벼운 노동으로 분산시켜 만들어낼 수 있었다. 커다란 나무 절구와 긴 절굿공이, 큼직한 웍 한두 개, 그리고 가장 중요하다고 할 놋쇠로 만든 체가 달린 큼직한 면포가 필요했다. 먼저 장립종 쌀을 물에 불렸다가 끈적하게 뭉친 퓌레가 될 때까지 일주일 이상 숙성시킨다. 이 반죽을 데쳐서 치댄 다음 국수틀에 넣고 물이 끓는 커다란 가마솥에 압출해서 넣는다. 드디어 잘 익은 국수를 찬물에 담가 따뜻해진 물을 몇 번씩 갈아주며 헹군 다음 타래로 감는다. 허풍이 아

니라, 이 국수를 만드는 전통적인 제법(製法)은 많은 시간을 필요로 했다.

따라서 너무도 당연히, 카놈진은 특별한 행사에만 만들어졌다. 그러나 지금은 기계가 이 국수를 만들어내게 되면서 격식 따위는 찾아보기 힘들어졌다. 살짝 숙성된 쌀을 치댄 다음 압출해서 데쳐낸다. 놀랍도록 단순화된 과정은 이제 시장에만 가면 누구든 이 국수를 매일 접할 수 있다는 것을 의미한다. 스파게티처럼 생긴 이 미색의 국수 가닥들은 그 매혹적인 전장에서 돌돌 말려진 채 다발로 쌓여 있는데 이들은 곧 다양한 소스, 채소가 곁들여져 훌륭한 용사로 거듭나게 된다.

카놈진을 파는 노점은 일찍부터 영업을 시작하는데 남쪽 지방과 장터에는 새벽부터 시작하는 곳도 있다. 그러나 대부분의 노점은 아침에 문을 열어서 오후 중반이 되면 문을 닫는다. 물론 예외도 있어서 식습관이 진화하고 변화함에 따라 우리는 언제나 인기 있는 이 국수들을 의심할 필요도 없이 하루 종일, 심지어 늦은 밤에도 먹게 될 것이 분명하다. 노점상 자체는 소스를 담은 알루미늄이나 옹기 냄비를 늘어놓고 운영하는 아주 간단한 일이다. 대부분의 노점은 국수와 국수에 곁들일 서너 가지의 소스를 파는데 더 작은 노점들은 한 종류에 특화되기도 한다.

전통적으로 카놈진 국수와 가장 잘 어울리는 소스는 민물 생선, 말린 고추, 샬롯, 마늘, 레몬그라스, 그라차이grachai(야생 생강)으로 만든 남야nahm yaa다. 태국에서는, 누군가가 한 사람을 사랑하고 나아가 결혼까지 하게 되면 농부들은 그들만의 속어로 여자는 '카놈진', 남자는 '남야'라고 일컫는 풍습이 있다. 국수(여자)가 접시 위에서 소스(남자)를 반기며 손짓

한다는 뜻이다.

그러나 '남야'만이 유일한 소스는 아니다. '남야'만큼 인기 있을 뿐만 아니라 아마도 서구의 입맛에는 더 맞을 그 소스는 '남 프릭nahm prik'이라고 한다. 구운 고추와 샬롯, 마늘, 녹두를 넣어 걸쭉하게 만든 그슬린 향과 풍부한 맛을 가진 이 소스는 짓이긴 고추의 고소함, 녹두의 구수한 맛이 더해지면서 깊고 감미로운 맛의 소스로 진화를 거듭해왔다. 이 소스는 언제나 여러 가지 채소와 함께 먹는데 어떤 것은 튀김옷을 묻혀 튀기기도 한다.

카놈진은 태국 사람들이 커리와 함께 먹는 유일한 국수로, 이 커리는 대개 코코넛 크림을 넣어 만들며 다양하게 응용된 것 가운데 주로 많이 먹는 것은 '레드'와 '그린' 커리다. 이 커리는 특히나 기름기가 없는데 일반적인 커리의 경우 몸에 좋은 기름을 넣어 윤기를 낸다 하더라도 이 면과 함께 먹을 때만큼은 아주 적은 양의 기름기만 묻도록 그 양을 조절한다. 나는 카놈진과 함께 차려내는 무슬림 스타일의 그 풍성한 커리는 본 적도 들은 적도 없다(아마도 이 국수가 불교 의식과 관련된 음식이기 때문인 듯하다). 코코넛으로 만든 커리와 함께 먹을 때는, 국수에 추가로 채소 고명을 곁들이는 경우가 드물기 때문에, '남야'나 그 비슷한 것을 곁들여 먹는다.

일단 소스를 선택하면, 그 소스를 느슨하게 말아놓은 면 타래 위에다 숟가락으로 두세 번 끼얹는다. 국수는 항상 상온 상태로 먹는데 소스는 살짝 미지근하게 먹거나 쌀쌀한 날씨에는 더 따뜻하게 데워 먹으면 가장 맛있다. 그렇게 해서 완성된 요리는 손님 앞에 놓이게 된다. 그 옆에는 손으로 따서 뜯어놓은 갖가지 채소나 허브를 담아놓은 그릇이나 쟁반이 있을 테고 손님들은 기호에 맞게 골라 국수에 곁들여 먹으면 된다. 생채소, 데친 채소, 절인 채소 또는 말린 채소 모두 이 요리에 반드시 곁들이는 필수 재료로 마지막 단계에서 음식의 개성을 잘 살려준다. 특히 생채소는 부드러운 면과 소스에 대조적인 맛과 질감을 부여하므로 반드시 필요하다.

소스의 형태와 계절에 따라 각 지역마다 선호하는 채소와 허브가 있는데 시장에서 사야 하는 다른 채소와는 달리 근처에서 자라는 현지의 채소들은 직접 따서 사용할 수도 있다. 숙주는 거의 모든 종류의 소스와 항상 잘 어울리며 레몬 바질은 그 어떤 '남야'를 만들더라도 빠짐없이 들어간다. 잘게 채썬 다음 씻어서 절인 겨자 잎과 삶은 달걀도 가판대에서 흔히 접할 수 있다.

카놈진을 먹을 때는 포크와 스푼을 사용하는데, 접시를 가로질러 긁어서 면을 한입 크기의 가닥들이나 뭉치로 자르고는 그대로 소스, 허브와 잘 버무려서 먹는다. 흔히들 적절한 소스를 얹고 여러 가지 허브를 올려서 마무리한 국수를 추가로 주문하는데, 어떤 손님들은 두 가지 소스(매운 소스와 달콤한 소스)를 주문하는 경우도 있으며 이 경우에는 '남야'와 '남 프릭'을 요청해서 채소와 섞어 먹으면 된다.

생선과 야생 생강 소스의 카놈진 국수

FISH AND WILD GINGER SAUCE WITH KANOM JIN NOODLES   KANOM JIN NAHM YAA   ขนมจีนน้ำยา

4인분

뼈가 붙어 있는 가물치(플라촌),
　　머레이 대구, 잔더 200g
플라 인시리 켐(삼치) 또는
　　플라 굴라오 50g
코코넛 크림 2 ½ 컵
소금 1자밤
백설탕 1자밤
구운 고춧가루 1자밤 – 선택사항
피시 소스 2~3큰술
껍질을 벗긴 그라차이(야생 생강)
　　2~3줄기
새눈고추 2개
생 카놈진 국수 600g,
　　또는 말린 카놈진 국수 500g

남야 페이스트

씨를 빼내고 15분간 물에 불렸다가
　　건져낸 말린 홍고추 4개
말린 새눈고추 2개
소금 넉넉한 1자밤
슬라이스한 갈랑갈 ½큰술
굵직하게 다진 레몬그라스 1 ½큰술
다진 그라차이(야생 생강) 4큰술
껍질을 벗긴 붉은 샬롯 6개
껍질을 벗긴 마늘 6쪽

이 소스는 카놈진에 곁들이는 가장 일반적인 것으로, 남야는 약용수 또는 액체를 뜻한다. 소스를 만들거나 담아내기도 하는 옹기 냄비에서 유래한 이름인데 그 생김새도 민간에서 약을 달이는 냄비와 매우 유사하다. 이 소스에는 여러 가지 형태가 있지만 필수적인 한 가지가 있는데 그것은 바로 놀랄 만큼 엄청난 양이 사용되는 그라차이로, 남야 페이스트의 20%나 차지한다. 실제로 일부 관계자들은 남야라는 단어가 이 얼얼한 맛의, 때로는 치료 효과가 있는 뿌리줄기의 용도에서 비롯되었다고 믿고 있으며 실제로도 약 맛이 난다.

태국 사람들은 이 요리에 가장 잘 어울리는 생선이 플라촌(가물치)이라고 생각한다. 이 힘찬 생선은 산 채로, 또 몽둥이로 때려서 기절시킨 채로도 판매되는데 일단 구매가 이루어지면 곧장 배송된다. 이 생선은 뱀과 비슷하게 생긴 대가리에 사나운 모습을 하고 있어서 영어식 이름 '서펀트 헤드 피시serpent-head fish'도 그런 이유로 붙여졌다. 그러나 짙은 색의 비늘이 덮인 피부 아래에는 놀랍게도 풍성하고 탄탄하며 깔끔하면서도 달콤한 속살이 자리잡고 있으며, 이 살이 남야 소스 특유의 질감을 부여한다. 태국 외에서는 이 생선을 신선한 상태로 구할 수 없으므로 양식 머레이 대구 또는 농어, 유럽 강꼬치고기 또는 잔더와 같은 민물고기를 사용하면 된다.

플라 인시리 켐plaa insiri kem(삼치)과 플라 굴라오plaa gulao(열대 날가지숭어)는 깊은 맛이 나면서 짙은 색을 띠며 약한 발효취가 나는 염장 건조 생선이다. 솔직히 이 생선들은 다소 퀴퀴한 냄새가 나기도 하고 악취를 풍길 때도 있는데, 더 쉽게 받아들일 수 있는 건조 생선으로는 만들어낼 수 없는 깊고 풍성한 풍미를 부여하므로 절대 빠트릴 수 없는 재료다(냄새가 난다고 해서 꺼리면 안 된다). 이 재료들 없이 만든 요리는 훨씬 만족감이 덜하다. 이 두 종류의 염장 생선은 아시아 식료품점의 말린 생선 코너에서 쉽게 구할 수 있다. 아마도 플라 인시리는 기름과 함께 병에 담겨 있을 테고 굴라오는 조각을 내어 걸어놓았을 것이다. 온라인에서도 쉽게 찾을 수 있다.

이 소스는 몇 시간 그대로 두면 향이 은은해지면서 그 맛이 눈에 띄게 나아진다. 태국에서는 국수처럼 소스가 상온 상태로 나오는 경우가 많은데 낮 평균 기온을 감안하면 괜찮은 발상이다.

물 4컵에 남야 페이스트 재료를 모두 넣고 끓여서 생선을 삶는다. 생선이 다 익으면 건져내어 한쪽에 두고 나머지 향신채들이 부드러워지도록 약 5분간 뭉근하게 끓인다. 건져낸 다음, 삶은 물은 따로 남겨둔다. 생선과 향신채를 식힌다.

그동안 플라 인시리 켐 또는 플라 굴라오를 호일이나 바나나 잎에 싸서 짙은 향이 날 때까지 그릴에 올려 몇 분간 굽는다. 태우면 생선과 소스에 쓴맛이 배게 되므로 타지 않게 주의한다.

절구에 익힌 향신채를 넣고 빻아 입자가 고운 페이스트로 만든 다음 구운 염장 생선을 넣고 잘 섞는다. 페이스트를 볼에 옮겨 담고 한쪽에 둔다. 삶아놓은 생선살을 발라내어 절구에 넣고 포슬포슬한 퓌레가 되도록 살짝만 빻아준다. 이 생선살을 페이스트를 담아놓은 볼에 넣고 잘 섞는다. 걸쭉하고 향이 짙은 상태라야 한다.

다음 페이지에 계속 >

레몬 바질 몇 줄기
다듬어놓은 숙주
잘게 썬 줄콩, 붉은 강낭콩 – 일반 껍질 콩(그린 빈스)
    또는 좀 더 이국적인 날개콩도 사용할 수 있음.
잘게 썰어서 절인 겨자 잎
반숙 달걀
날것 또는 삶아서 익힌 여주 – 안쪽의 하얀 과피와
    씨를 반드시 긁어내야 한다.
잘게 채 썬 바나나 꽃
새눈고추 튀김

코코넛 크림 2컵을 향신채 삶은 물 2컵, 소금 1자밤과 함께 살짝 농도가 나면서 분리되지 않을 정도로만 뭉근하게 끓인다. 페이스트를 넣고 완전히 풀어질 때까지 저어준 다음 향이 날 때까지 뭉근하게 끓인다. 약 20분 정도 소요된다. 너무 되직하거나 분리되려 할 때는 향신채 삶은 물을 조금씩 넣어 묽게 만든다. 설탕, 고춧가루, 피시 소스로 간을 한다. 몇 분 더 뭉근하게 끓인 다음 남아 있는 코코넛 크림 ½컵을 넣는다.

마지막으로, 절구에 깨끗하게 다듬은 그라차이와 새눈고추를 넣고 빻아 페이스트로 만들어서 소스에 섞어 넣는다. 간을 확인한다. 깊은 맛이 나면서 맵고 짭조름하며 그라차이와 생선의 냄새가 강하게 나야 한다. 필요시 조절한다. 이 소스는 만들어서 30분 정도 그대로 두면 맛이 나아진다.

차려낼 때는, 각각의 면 타래를 네 손가락에 둘러 감아서 느슨한 고리 모양으로 만들어 한 사람당 면 타래 두 개씩 넉넉하게 볼에 담아낸다. 소스를 국수 위에 끼얹는데 이 역시 넉넉하게 올린다. 약간의 곁들임과 함께 차려낸다. 레몬 바질과 숙주를 빠트리지 않았는지 꼭 확인한다. 둘 다 거의 필수적이다.

카놈진 국수와 생선 완자, 죽순, 바질을 넣은 그린 커리

GREEN CURRY OF FISH DUMPLINGS, BAMBOO AND BASIL WITH KANOM JIN NOODLES

KANOM JIN GENG KIAW WARN LUK CHIN PLAA   ขนมจีนแกงเขียวหวานลูกชิ้นปลา

4인분

생죽순 1개 – 약 200~300g
코코넛 크림 1½ 컵
코코넛 밀크 2컵
필요할 경우 1컵 정도의 닭 육수
    또는 물
레몬그라스 1~2줄기
    – 선택 사항
찢어놓은 카피르 라임 잎 2~3장
잘게 채 썬 그라차이(야생 생강) 2큰술
기호에 따라 씨를 빼거나 그대로 남긴
    홍고추 또는 풋고추 2개
빻은 새눈고추 1~2개
타이 바질 잎 한 줌
생 카놈진 국수 600g 또는
    말린 카놈진 국수 500g

생선 완자

껍질을 벗긴 왕관칼고기(plaa graai),
    강꼬치고기, 농어, 부시리 또는
    삼치 살 200g
소금 약 1작은술
각 얼음 3~4개

그린 커리는 카놈진과 함께 내는 커리 중 가장 인기 있는 것이다. 이 커리를 만들 때 주의할 점은 너무 기름지지 않도록 하는 것이다. 또한 쌀밥과 함께 먹는 일반적인 커리보다 조금 더 걸쭉하게 만들어야 한다. 태국에서는 생선 완자를 보통 시장에서 구입하며 직접 만드는 경우는 거의 없다고 보면 된다. 하지만 다른 나라의 경우, 이처럼 없는 것이 없는 시장을 만날 가능성은 극히 희박하다. 생선 퓌레를 판매하는 곳이 있겠지만 품질에 유의해야 한다. 손쉬운 대안은 생선을 완자로 만들지 말고 잘게 써는 것이다. 태국 변방에서는 이 경우 다진 메기를 주로 사용한다.

죽순 대신 4등분한 사과 가지, 완두콩 가지 또는 어린 옥수수를 사용하기도 하는데 이 재료들을 사용하려면 커리에 넣고 2분 정도 더 뭉근하게 끓이면 된다.

하얀 순이 드러나도록 죽순의 단단하고 섬유질이 많은 바깥쪽 층을 벗겨낸다. 피부에 자극을 줄 수 있는 검은 털에 주의하며 죽순의 거친 밑단을 다듬는다. 꼼꼼하게 씻은 다음 소금물에 담가둔다. 죽순을 굵직한 막대 모양으로 썰어서 냄비에 담고 소금물을 넉넉하게 붓는다. 끓을 때까지 가열한 다음 뭉근하게 끓인다. 물을 따라 버린 다음 소금물을 다시 붓고 끓을 때까지 가열해서 1분간 뭉근하게 끓인다. 한 조각을 손을 데지 않게 주의해서 꺼내어 맛을 본다. 고소하면서 기분 좋을 정도의 쓴맛이 나야 한다. 먹을 만한 맛이 아니라면 다시 데쳐서 찬물에 담가둔다. 죽순은 냉장고에서 며칠 동안 보관할 수 있으므로 미리 준비해둘 수 있다.

생선 완자를 만들려면 생선살을 푸드 프로세서로 갈아 매우 고운 퓌레 상태로 만든다(생선을 촘촘한 체에 내려 섬유질을 제거한 다음 푸드 프로세서에 다시 옮겨서 단백질이 최대한 많이 빠져나오도록 한 번 더 갈아주면 좀 더 나은 결과물이 만들어진다). 소금을 넣고 각 얼음을 한 번에 한 개씩 넣으면서 생선살에 고운 윤기가 나면서 탄탄하고 탄성이 있는 질감이 될 때까지 갈아준다. 생선살을 볼에 옮겨 담고 젖은 손으로 공 모양으로 뭉친 다음 단백질이 좀 더 활성화되어 더 단단해질 때까지 몇 분간 볼 바닥에 내리친다.

커다란 볼에 얼음물을 담고 한쪽에 둔다. 젖은 손으로 손바닥 안에 편하게 쥘 수 있을 정도의 생선 페이스트를 떠서 부드럽게 굴린다. 그런 다음 생선 페이스트가 길쭉한 타원형이 되도록 엄지와 검지 사이의 공간으로 짜내어 엄지와 검지를 모아 집는다. 다른 손의 검지와 중지로 약 1cm 정도의 작은 공 모양으로 잘라낸다. 더 꼼꼼하게 하려면 숟가락을 사용해도 된다. 어떤 요리사들은 이 공을 굴려서 더 매끈한 모양으로 다듬지만 나는 투박하게 마무리하는 것을 더 좋아한다. 완자를 얼음물에 담근다. 나머지 생선살로 이 과정을 반복해서 완자를 만든다.

커다란 웍 또는 냄비에 물을 가득 채우고 끓지 않을 정도로만(약 60℃) 가열한다. 생선 완자를 넣고 표면에 떠오를 때까지 삶은 다음 10분 더 익힌다. 조심스럽게 들어내어 얼음물에 담근다. 완전히 식으면 건져서 물기를 뺀다.

해당 사진은 다음 페이지 >

물기를 없앤 바닥이 두꺼운 프라이팬에 고수와 팬을 따로 넣고 향이 날 때까지 팬을 흔들어가며 덖는다. 통후추, 메이스 또는 넛멕과 함께 전동 그라인더에 넣고 가루로 분쇄한다. 절구에 고추와 소금을 넣고 빻은 다음, 목록에 있는 나머지 재료들을 하나씩 순서대로 넣으면서 빻아 입자가 고운 페이스트로 만든다. 전동 블렌더에 재료들을 넣고 갈아서 퓌레로 만들어도 되는데 이때 분쇄가 원활하도록 약간의 물이 필요할 수도 있지만 지나치게 많을 경우 페이스트를 희석해서 커리 맛이 변하는 결과를 초래하므로 필요 이상으로 넣으면 안 된다. 블렌더를 끄고 주걱으로 옆면을 긁어서 안쪽으로 모은 다음 다시 작동시켜서 페이스트가 완전히 퓌레 상태가 될 때까지 갈아준다. 바질을 다듬을 때 씨앗, 꽃, 꽃봉오리가 보이면 함께 넣어 페이스트로 만든다. 마지막으로 갈아놓은 향신료를 잘 저어 섞는다.

코코넛 크림 1컵을 가열한 다음 잠시 뭉근하게 끓인다. 커리 페이스트를 넣고 5분 더 뭉근하게 끓이거나 향이 짙어지면서 기름기가 살짝 보일 때까지 들러붙지 않도록 계속 저어주며 뭉근하게 끓인다. 코코넛 크림이 심하게 분리되면 안 된다. 그럴 경우 물을 약간 첨가한다. 피시 소스로 간을 하고 코코넛 밀크와 닭 육수 또는 물로 수분을 조절한 다음 5분 더 뭉근하게 끓인다. 나는 이때 커리 향이 좋아지도록 레몬그라스 한두 조각을 넣곤 하는데 차려내기 전에 빼낸다. 카피르 라임 잎과 미리 준비한 죽순을 넣고 생선 완자, 그라차이, 청/홍 고추를 넣는다. 남아 있는 코코넛 크림 ½컵, 빻은 고추와 타이 바질을 넣고 마무리한 다음 숙성되도록 몇 분간 휴지시킨다.

차려낼 때는, 각각의 면 타래를 네 손가락에 둘러 감아서 느슨한 고리 모양으로 만들어 한 사람당 면 타래 두 개씩 넉넉하게 볼에 담아낸다. 국수 위에 커리를 끼얹는다.

그린 커리 페이스트

구운 고수 씨앗 1자밤
구운 커민 씨앗 1자밤
흰 통후추 10알
메이스 약간 또는 넛멕 1자밤
녹색 새눈고추 10~20개
씨를 뺀 풋고추 1개
소금 넉넉한 한 자밤
다진 붉은 샬롯 2큰술
다진 마늘 2큰술
다진 레몬그라스 1 ½큰술
다진 갈랑갈 2작은술
강판에 곱게 간 카피르 라임 껍질
　1작은술
다진 터메릭 ½작은술
다진 그라차이(야생 생강) 1큰술
태국 새우 페이스트(가피) ½작은술

카놈진 국수와 생선 완자, 죽순, 바질을 넣은 그린 커리

카놈진 국수와 새우, 고추 잼

PRAWN AND CHILLI JAM WITH KANOM JIN NOODLES　KANOM JIN NAHM PRIK　ขนมจีนน้ำพริก

4인분

씻어서 껍질을 벗기지 않은
　　중간 크기 새우 6마리
코코넛 크림 1컵
얇게 깎은 팜슈거 2큰술
조미용 타마린드 액 1~2큰술,
　　추가 1큰술
피시 소스 1큰술 – 맛에 따라 가감
반으로 갈라서 씨를 빼낸
　　카피르 라임 1개
카피르 라임 즙 2~3큰술
튀긴 샬롯 1큰술
튀긴 마늘 1큰술
튀긴 새눈고추 5~10개
생 카놈진 국수 600g 또는
　　말린 카놈진 국수 500g

남 프릭 페이스트

녹두 수북이 1큰술
물에 30분간 담근 대나무 꼬치
껍질을 벗기지 않은 붉은 샬롯 4개
껍질을 벗기지 않은 마늘 4쪽
슬라이스한 갈랑갈 5개
태국 새우 페이스트(가피) ½작은술
씻어서 다진 고수 뿌리 1개
　　– 약 1작은술
소금 1자밤
고추 잼 3큰술(다음 페이지 참조)

곁들임

레몬 바질 몇 줄기
다듬어 놓은 숙주
잘게 채 썬 바나나 꽃
줄기가 붙어 있는 작은 고추 튀김
껍질 콩 또는 오이 등의 슬라이스한
　　생채소
채소 튀김(다음 페이지 참조)

이 깊은 맛의 달콤한 소스는 19세기에 대중화되었다. 가장 오래된 조리법은 태국 요리에서는 흔치 않은 재료인 녹두를 갈아서 듬뿍 넣어 만든다. 일부 태국 요리사들은 녹두를 땅콩으로 대체하거나 땅콩을 통째로 또는 굵직하게 갈아서 완성된 소스에 그저 섞기만 하는데 유감스럽게도 땅콩만으로는 녹두가 주는 그 복잡한 맛을 내지 못하지만 다들 알고 있듯이 태국에서는 땅콩을 더 쉽게 구할 수 있으며 그것이 녹두가 땅콩으로 대체되는 이유이기도 하다.

　　이 조리법은 방콕에 있는 요리 대학인 수안 두시트Suan Dusit에서 은퇴한 교사인 갑게이유 나즈피니즈Gobgaew Najpinij의 조리법을 차용한 것이다. 페이스트에 고추 잼을 사용한다는 점이 이례적이긴 하지만 입맛 도는 결과물을 만들어낸다. 예전 조리법들은 구운 고춧가루를 기름에 튀겨서 사용했는데 페이스트가 뭉근하게 끓을 때 첨가했다. 카피르 라임은 양념과 결과물의 맛에 살짝 씁쓸하면서도 기분좋은 시큼함을 부여한다. 그러나 이 라임은 찾기가 쉽지 않아서 일반 라임을 사용하기도 하지만 최종 결과물까지는 비용이 좀 더 들어가야 한다. 이것은 고급 소스로 매우 깊은 맛을 낸다. 적어도 15분 동안은 뭉근하게 끓여야 하며 녹두에서 내뿜는 고소한 고기 냄새가 날 때까지 꽤 긴 시간을 끓이기도 한다.

먼저 페이스트를 만든다. 녹두를 넉넉한 양의 물에 약 30분간 담가 불린 다음 물기를 빼고 잠시 말린다. 웍이나 팬에 넣고 고소한 향이 날 정도로 익을 때까지 저어가며 덖는다. 절구나 전동 그라인더를 사용해서 고운 가루로 분쇄한 다음 한쪽에 둔다.

샬롯, 마늘, 갈랑갈을 각각 다른 대나무 꼬치에 꿰어놓는다. 새우 페이스트를 바나나 잎이나 호일로 감싼다. 샬롯과 마늘 껍질이 거뭇하게 타면서 속살이 연해질 때까지 그릴에 굽는다. 갈랑갈은 훨씬 빨리 타버리므로 재빨리 굽는다. 새우 페이스트는 시간이 더 오래 걸리지만 타지 않도록 주의한다. 완전히 식힌 다음 샬롯과 마늘은 껍질을 벗기고 갈랑갈은 다진다. 절구에 이 재료들을 소금, 고수 뿌리와 함께 넣고 빻아 부드러운 페이스트로 만든다. 갈아놓은 녹두와 고추 잼을 넣고 섞는다. 이 페이스트를 작은 볼에 옮겨 담는다.

소금물 1컵을 끓을 때까지 가열해서 새우를 데친다. 새우를 꺼낸 다음(데친 물은 남겨둔다) 식혔다가 껍질과 내장을 제거한다. 절구에 새우살을 넣고 약간 거친 듯한 상태의 페이스트가 되도록 빻는다. 새우 데친 물을 거른다.

코코넛 크림과 남겨둔 새우 데친 물 ½컵을 냄비에 넣고 끓을 때까지 가열한 다음 남 프릭 페이스트를 넣고 섞는다. 약 10분 동안 뭉근하게 끓이다가 설탕, 타마린드 액, 피시 소스를 넣고 간을 한다. 카피르 라임 반쪽을 넣는다. 풍미가 좋아졌는지 맛을 본다. 그슬린 향이 나면서 풍부하고 짭조름하고 달콤한 맛이 나야 한다. 향이 짙어지고 표면에 기름이 뜰 때까지 뭉근하게 끓인다. 녹두와 고추 잼이 익으면서 나오는 고소하고 풍부한 맛이 나야 한다. 새우를 넣고 뭉치지 않도록 저어준 다음 표면에 기름 막이 다시 생길 때까지 뭉근하게 끓인다. 이 과정은 5분 정도 더 소요된다. 조리하는 동안 소스가 너무 걸쭉하거나 기름지면 물이나 새우 데친 물을 조금 더 넣어야 할 수도 있다.

다음 페이지에 계속 >

소스가 완성되면, 여분의 타마린드 액과 카피르 라임 즙을 넣고 저어준다. 이제 향긋하게 새콤하고 짭짤하면서도 달콤하며 살짝 씁쓸하면서 고소한 맛이 나야 한다. 튀긴 샬롯, 마늘, 고추를 듬뿍 뿌린다.

차려낼 때는, 각각의 국수 타래를 손가락에 돌돌 말아서 1인당 국수 타래 두 개씩 볼에 담아 낸다. 남 프릭 소스를 넉넉하게 끼얹고 남아 있는 샬롯, 마늘, 고추 튀김을 뿌린다. 약간의 곁들임과 함께 차려낸다.

+ 고추 잼

고추 잼은 용도가 다양하다. 남 프릭 소스의 재료로 사용할 뿐만 아니라 볶음 요리나 매콤 새콤한 수프(톰 얌)의 기본 재료 또는 샐러드 드레싱의 재료로도 사용할 수 있다. 냉장고에 넣어두면 거의 영구적으로 보관할 수 있으므로 두 배로 만들어서 항상 곁에 두자. 매우 유용하게 사용할 수 있다.

약 ½컵 분량

튀김용 식용유
잘게 슬라이스한 붉은 샬롯 1컵
잘게 슬라이스한 마늘 ½컵
슬라이스한 갈랑갈 2개 - 선택 사항
씨를 빼고 물에 10분간 담근 다음 물기를 빼고 다진 말린 홍고추 ¼컵
헹궈서 물기를 제거한 건새우 2⅔큰술
얇게 깎은 팜슈거 2~3큰술
진한 타마린드 액 3큰술
소금 넉넉한 1자반 또는 피시 소스 1큰술

크고 안정감 있는 웍이나 넓고 바닥이 두꺼운 팬의 ⅔ 정도 높이까지 튀김용 기름을 붓는다. 중고온의 화력으로 조리용 온도계가 180℃를 가리킬 때까지 기름을 가열한다. 온도계를 사용하지 않을 경우에는 빵 한 조각을 기름에 떨어트려보면 되는데, 기름이 충분히 가열되었다면 15초 안에 갈변된다.

샬롯, 마늘, 갈랑갈(사용할 경우), 고추를 튀긴다. 샬롯과 마늘은 노릇노릇해질 때까지, 고추를 바삭해질 때까지 따로따로 튀겨서 식혀둔다. 절구에 샬롯, 마늘, 고추, 갈랑갈, 건새우를 넣고 빻아서 입자가 고운 페이스트로 만든다. 절구를 사용하지 않는 경우에는 모든 재료를 푸드 프로세서에 넣고 분쇄가 용이하도록 사용한 튀김 기름(약 ½컵)을 넣어 촉촉하게 한 다음 퓌레로 만든다.

혼합된 재료를 작은 소스팬에 옮겨 담고 끓을 때까지 가열한다. 촉촉해지도록 튀김 기름 2~3큰술을 넣고 이미 넣었다면 생략한다. 팜슈거, 타마린드 액, 소금 또는 피시 소스로 간을 한다. 계속 저어주면서 1분 정도 또는 살짝 농도가 날 때까지 뭉근하게 끓이는데 강한 불에 오래 노출시킬 경우 설탕이 타버리기 때문에 너무 오래 가열하지 않는다. 이 결과물인 고추 잼은 그슬린 향이 나면서 기름지고 달콤하며 새콤하고 짭조름한 맛이 나야 하며 표면에 두터운 기름 층이 깔려 있어야 한다.

+ 채소 튀김

씻은 다음 3cm 길이로 자른 시암 물냉이(물 시금치) 100g
다듬어 놓은 베틀betel* 잎 10장 정도
씻어서 줄기를 다듬어 놓은 아시아 병풀pennywort** 50g
다듬어 3cm 길이로 자른 줄콩 6개
튀김용 식용유

튀김 옷

라임 페이스트 최소 자밤
쌀가루 ½컵
코코넛 크림 2~3큰술
소금 ½작은술

먼저 튀김 옷을 만든다. 물 ¼컵에 라임 페이스트를 풀고 완전히 침전될 때까지 약 15분 정도 그대로 둔다. 걸러서 라임물을 그대로 두고 침전물은 버린다.

물 2~3큰술과 쌀가루를 단단해질 때까지 치댄 다음 30분간 휴지시킨다. 코코넛 크림, 소금, 라임물 2~3큰술과 섞어서 팬케이크 반죽 같은 상태로 만든다. 이 반죽은 몇 시간 전에 미리 만들어둘 수 있으며 뚜껑을 덮어서 보관한다. 가루가 팽창하면서 반죽이 걸쭉한 상태가 되면 라임물 또는 코코넛 크림을 약간만 추가해서 희석해줄 수도 있다.

채소를 씻어서 물기를 모두 제거한 상태로 준비한다.

크고 안정적인 웍이나 넓고 바닥이 두꺼운 팬의 ⅔ 정도 높이까지 튀김용 기름을 붓는다. 중고온의 화력으로 조리용 온도계가 180℃를 가리킬 때까지 기름을 가열한다. 온도계를 사용하지 않을 경우에는 빵 한 조각을 기름에 떨어트려보면 되는데, 기름이 충분히 가열되었다면 15초 안에 갈변된다. 필요시 반죽에 라임물 한두 큰술을 넣고 잘 섞어서 다시 팬케이크 반죽 같은 상태로 만든다.

튀김 기름의 온도가 떨어지지 않도록 여러 번 나눠서 조금씩 튀긴다. 채소를 반죽에 담가 튀김옷을 골고루 묻힌 다음 노릇노릇해질 때까지 튀긴다. 종이 타월에 건져낸다.

채소 튀김은 뜨겁거나 상온 상태일 때 먹는다. 길거리에서는 후자의 경우가 더 일반적이다.

* betel : 인도와 동남아에서 기호품으로 재배되고 있는 후추과의 식물. 특유의 향미가 있는 잎은 하트 모양으로 두꺼우며 7~25cm 정도의 길이다.

** pennywort : 세계적으로 몇몇 다른 종이 있는 식물로 아시아에서는 흔히 centella로 알려져 있으며 한국에서는 '병풀'이라고 한다. 약용으로도 사용하며 독성이 있는 것으로 알려져 있다.

파인애플과 건새우를 곁들인 카놈진 국수

PINEAPPLE AND DRIED PRAWNS WITH KANOM JIN NOODLES   KANOM JIN SAO NAHM   ขนมจีนซาวน้ำ

이 요리는 약 150년 전에 승려들이 무더운 계절을 날 때 먹을 수 있도록 창안된 깔끔하고 산뜻한 음식이지만 현재는 태국 전역의 시장에서 일년 내내, 특히 더운 날씨가 이어지면 언제든 맛볼 수 있는 음식이되었다. 특히 페차부리와 남쪽 외곽의 파인애플이 자라는 곳에서 인기를 끌고 있는데 모든 재료는 상온으로 제공되며 각각의 재료를 원하는 양만큼 떠서 면 위에 끼얹는다.

어떤 노점들은 계절이나 지역에 따라 그린 망고를 놓는 자리에 시큼한 녹색 돼지사과 마크록makrok 또는 새콤한 오이 마단madan을 대신 올리기도 한다. 일부 고급 요리를 만드는 요리사들은 새콤한 뱀가죽 배 살락salak을 조금 놓기도 한다. 나는 포멜로*가 들어가는 옛날 조리법을 접하기도 했지만 길거리에서는 이렇게 만드는 경우는 본 적이 없다.

먼저 드레싱을 만든다. 냄비에 설탕과 물 1컵, 소금, 피시 소스, 고추를 넣고 살짝 졸아들 때까지 몇 분간 뭉근하게 끓인다. 불에서 내린 다음 라임 즙을 넣는다. 식으면서 드레싱이 약간 더 걸쭉해진다. 매우 달면서 짭조름하고 약간 씁쓸하면서도 매콤한 맛이 나야 한다. 완전히 식힌다.
코코넛 크림에 소금 1자밤을 넣고 분리되지 않으면서 살짝 걸쭉해질 때까지 뭉근하게 끓인다. 한쪽에 두고 식힌다.

차려낼 때는, 각각의 국수 타래를 손가락에 돌돌 말아서 1인당 국수 타래 두 개씩 볼에 담아낸다. 그 위에 파인애플, 생강, 그린 망고, 잘게 썬 마늘을 올린다. 드레싱을 끼얹고 갈아놓은 건새우와 고추를 뿌린 다음 피시 소스를 약간만 붓는다.

마지막으로 뭉근하게 끓인 코코넛 크림을 끼얹는다.

4인분

코코넛 크림 1컵
소금 넉넉한 1자밤
생 카놈진 국수 600g 또는
    말린 카놈진 국수 500g
파인애플 ¼ 분량의 잘게 다진 과육
    2컵
잘게 채 썬 어린 생강 1컵
그린 망고 작은 것 1개 분량의
    잘게 채 썬 과육 1컵
슬라이스한 햇마늘 2~3큰술
굵직하게 갈아놓은 건새우 ½컵
다진 새눈고추 5개 정도 –
    맛에 따라 가감
피시 소스 약간

드레싱

백설탕 1컵
소금 1작은술
피시 소스 4큰술
잘게 슬라이스하거나 빻은
    새눈고추 5~6개
갓 짜낸 라임 즙

* pomelo : 자몽과 비슷하게 생긴 감귤류. 샐러드, 음료, 마멀레이드, 잼의 재료.

페차부리 어묵을 곁들인 카놈진 국수

FISH CAKES FROM PHETCHABURI WITH KANOM JIN NOODLES

KANOM JIN TORT MAN PLAA PHETCHABURI   ขนมจีนทอดมัน ปลาเพชรบุรี

4인분

부시리 또는 삼치 살 300g
얇게 깎은 팜슈거 1자밤 – 선택 사항
피시 소스 2큰술 – 맛에 따라 추가
달걀 1개 – 전통적으로는 오리알 ½개
잘게 썬 풋강낭콩, 줄콩, 날개콩
     수북이 2큰술
잘게 채 썬 그라차이(야생 생강) 1큰술
잘게 채 썬 카피르 라임 잎 6~8장
소금 1자밤
구운 고춧가루 1자밤 – 선택사항
튀김용 식용유
말린 홍고추 1~2개
홀리 바질 또는 타이 바질 잎 한 줌
생 카놈진 국수 600g 또는
     말린 카놈진 국수 500g
담아낼 때 슬라이스한 오이

소스

씨를 뺀 홍고추 2개
새눈고추 1~2개
소금 넉넉히 1자밤
다듬어놓은 고수 뿌리 작은 것 2개
껍질을 벗긴 큼직한 마늘 1쪽
백설탕 ⅓컵
식초 ⅓컵

이것은 카놈진으로 만든 음식 중 가장 독특한 것으로 방콕의 최남단으로 뻗은 고대 무역로 상에 위치한 페차부리 근처에서만 볼 수 있다. 페차부리에는 매일 아침 거리를 따라 장이 서는 멋지고 번잡한 구시가지가 있는데 어묵은 이 시장에서 매우 인기 있는 간식이었으며 약 60~70년 전에 이 마을에 있던 어느 기발한 요리사가 카놈진 국수와 함께 먹는 법을 만들어냈다.

태국에서 어묵용으로 가장 많이 쓰이는 생선은 민물 왕관칼고기plaa graai로 그 단단하면서도 탄력 있는 살로 만든 퓌레가 어묵에 독특한 질감을 구현해낸다. 그러나 페차부리 주변과 연안 지역에서는 바다 생선도 사용하는데 부시리와 삼치가 가장 적합하다. 대부분의 조리법에서는 매우 높은 온도에서 튀긴 어묵이 가장 좋다고 하지만 나는 중간 정도의 온도에서 튀긴 것이 더 낫다고 생각한다. 상대적으로 낮은 온도에서 튀기면 어묵이 더 연해질 뿐만 아니라 식어도 덜 질기다.

먼저 소스를 만든다. 절구에 고추, 소금, 고수 뿌리와 마늘을 빻아서 작은 소스팬에 옮겨 담는다. 설탕, 식초, 물 ⅓컵을 붓고 매우 끈적한 시럽이 될 때까지 뭉근하게 끓인다. 이 소스는 새콤달콤하면서 살짝 매콤한 맛이 나야 한다. 너무 걸쭉하거나 약간 덜 익은 맛이 나면 물을 조금만 더 넣고 잠시 뭉근하게 끓인다. 완성되면 한쪽에 둔다. 미리 만들어서 냉장고에 넣어두면 며칠 동안 보관할 수 있다.

다음은 커리 페이스트를 만든다. 말린 홍고추의 꼭지를 떼어낸 다음 길이대로 잘라서 씨를 긁어낸 후 부드러워질 때까지 물에 약 15분 정도 담가둔다. 고추를 건져서 물기를 최대한 짜내고 굵직하게 다진다. 말린 새눈고추를 씻어서 먼지를 모두 없앤다. 절구에 고추와 소금을 넣고 빻은 다음 목록에 있는 나머지 재료들을 하나씩 순서대로 넣으면서 빻아 입자가 고운 페이스트로 만든다. 전동 블렌더에 재료들을 넣고 갈아서 퓌레로 만들어도 되는데 이때 분쇄가 원활하도록 약간의 물이 필요할 수도 있지만 지나치게 많을 경우 페이스트를 희석해서 커리 맛이 변하는 결과를 초래하므로 필요 이상으로 넣으면 안 된다. 블렌더를 끄고 주걱으로 옆면을 긁어서 안쪽으로 모은 다음 다시 작동시켜 페이스트가 완전히 퓌레 상태가 될 때까지 갈아준다. 볼에 옮겨 담고 한쪽에 둔다.

생선살을 곱게 간다. 전통적인 방법은 숟가락 끝으로 껍질에 붙어 있는 살을 긁어낸 다음 이 생선살을 절구에 넣고 끈적거리지만 탄탄함이 남아 있을 정도로 빻는 것인데 이때 생선살이 너무 들러붙으면 소금물을 담은 볼을 곁에 두고 절굿공이를 적셔가며 빻는다. 좀 더 현대적인 방식을 선호하는 요리사들은 생선살을 푸드 프로세서에 넣고 갈기도 한다. 커리 페이스트를 절구에 넣고 –또는 푸드 프로세서에 넣고– 생선살과 함께 빻은 다음 설탕과 피시 소스로 간을 한다. 달걀을 넣고 모든 재료가 골고루 섞이도록 빻아서 콩, 그라차이, 라임 잎을 넣고 섞는다.

간을 확인해본다. 나는 날것 그대로 간을 보는데 떫은맛이 강할 경우에는 약간만 튀겨서 간을 봐도 된다. 소금과 고춧가루가 더 필요할 수도 있다. 손에 물을 살짝 적셔서 어묵 반죽을 2~3cm 크기의 원판 모양으로 성형한다. 생바질 잎을 사용해서 넉넉하게 집어 뭉쳐도 된다.

해당 사진은 다음 페이지 >

크고 안정감 있는 웍이나 넓고 바닥이 두꺼운 팬의 ⅔ 정도 높이까지 튀김용 기름을 붓는다. 중고
온의 화력으로 조리용 온도계가 180℃를 가리킬 때까지 기름을 가열한다. 온도계를 사용하지 않
을 경우에는 빵 한 조각을 기름에 떨어트려보면 되는데, 기름이 충분히 가열되었다면 15초 안에
갈변된다. 말린 고추를 바삭해지면서 탄 듯한 색이 날 때까지 튀긴 다음 종이 타월 위에 건져낸다.
바질 잎을 살짝만 튀긴다. 기름에 넣을 때 뜨거운 기름이 튈 수 있으므로 주의한다. 건져서 한쪽에
둔다.

이제 어묵을 튀긴다. 익어가는 동안 한두 번씩 뒤집어주면서 한 번에 적은 양만 튀긴다. 살짝 부풀
어 오른 상태로 색이 나기 시작하면서 위로 떠오르면 잠시만 더 튀겨서 완전히 익힌다. 종이 타월
에 건져내고 과정을 반복해서 나머지 어묵 반죽을 모두 튀긴다.

차려낼 때는, 각각의 국수 타래를 손가락에 돌돌 말아서 볼에 1인당 국수 타래 두 개씩 넉넉하게
담아낸다. 그 위에 소스를 끼얹고 튀긴 고추와 바질을 뿌린다. 오이를 썰어서 함께 차려낸다.

페차부리의 레드 커리 페이스트

말린 홍고추 5개
말린 새눈고추 10개
천일염 넉넉한 1자밤
다진 갈랑갈 1큰술
다진 레몬그라스 2큰술
강판에 곱게 간 카피르 라임 껍질
　1작은술
다진 그라차이(야생 생강) 1큰술
다진 마늘 2½큰술
태국 새우 페이스트 가피 1작은술

ตอน NO

점심

날이 더워지면서, 시장의 부산함은 소강 상태에 접어든다. 흥정은 거의 다 끝났고 상품의 상당수는 이미 팔려나갔다. 몇몇 노점만이 남아서 늦은 고객들에게 남아 있는 물건을 판매할 뿐이다. 모든 지역민들은 언제 장이 서는지 또 어디서 늦게까지 음식을 팔고 있는지를 잘 알고 있다. 한낮이 되어 지독하게 더워지면 무력감이 시장을 엄습한다. 차양막이 내려져 어두침침해진 그곳에서 더위에 지친 고양이들은 낮잠에 빠지고 노점상들은 피곤한 몸을 기대어 잠시 눈을 붙인다. ❋ 하지만 이로써 하루 동안의 음식 장사가 끝났다는 말은 아니다. 오전 10시가 되면 점심과 오후 손님들을 맞이하려는 음식 장수들이 수레를 밀며 거리로 나서기 시작한다. 국수 가게의 셔터가 열리고 주인들은 그날 하루 매상을 점쳐보며 바삐 돌아가는 거리를 살핀다. 육수가 끓기 시작하고 그 뒤에서는 나중에 유리판 뒤쪽에 보기 좋게 매달릴 고기가 구워진다. 완자를 만들고 고수와 쪽파를 썬다. 카놈진 국수를 좀 더 말아서 바나나 잎 위에 올려놓거나 레몬 바질, 숙주, 다른 채소 고명들을 씻어서 다듬고 소스를 끓여서 미리 준비해놓은 옹기 항아리에 붓는다. 커리 가게들은 황금색 파인애플, 새콤한 오렌지, 그린 커리와 레드 커리가 가득 담긴 쟁반과 그릇을 화려해 보이는 용기들과 함께 진열한다. 자그마한 그릴에 불이 지펴지고 사테*, 돼지고기 꼬치, 양념한 닭고기가 서서히 익으면서 연기가 피어오르기 시작한다. 묵직한 주물 팬도 바삭한 홍합 오믈렛이나 통통한 콩감자 얌 빈^yam bean 전을 만들기 위해 달궈진다. ❋ 태국인들의 마음을 달래줄 달콤한 간식들도 눈에 띄

* satay : 양념한 다진 고기를 꼬치에 꿰어 불에 구운 동남아 요리.

70

기 시작한다. 아침 일찍 쪄낸 선명한 녹색의 판단 케이크도 쟁반 위에 차분히 자리잡은 채 손님을 기다린다. 한낮의 솟아오르는 열기를 달래주기에는 검은 찹쌀밥을 곁들인 판단 국수 한 그릇이 제격일 수도 있겠다. 혹독한 뙤약볕 아래에서 시장을 누비는 수레 중에서도 단연 최고는 과일 수레인데, 사실 바퀴를 단 유리 진열장이라는 표현이 더 어울릴 이 수레는 작고 달콤한 바나나, 부드러운 맛의 파파야 또는 아삭하고 즙이 많은 그린 망고 같은 감미로운 과일과 이를 식히기 위한 얼음으로 채워져 있다. 주문을 받으면 즉시 껍질을 벗겨서 한입 크기로 얇게 썰어주는데 과일을 살 때면 상인들은 언제나 과일을 찍어 먹을 프릭 갑 글루아^{prik gap gleua}, 즉 고춧가루를 섞은 소금과 갈아놓은 건새우가 필요한지 물어본다. ✱ 그 모든 것이 시장 어귀에서 주변 거리로 쏟아져 나온 것 같다. 시간이 지날수록 노점들은 시장에서 점점 더 멀리 나아가 종종 인근의 좁은 골목길에 죽 늘어서면서 시장을 완전히 벗어나게 된다. 색색의 커다란 파라솔은 태양을 가려주고 비를 막아준다. 그러니까 그 무수히 많은 먹거리를 위한 다채로운 가리개인 셈이다. 방콕의 현대적인 상업 중심지에서는 고층 빌딩의 지하나 상층부에 있는 쇼핑몰에 노점이 들어선다. 위생적이며 냉방이 되고 안전해서 상대적으로 길거리 음식을 접할 기회가 부족한 사람들이 시식할 수 있는 완벽한 장소라고 하겠다. 그러나 이곳에서는 길거리의 그 맛있는 세상에서 만날 수 있는 현란한 색감과 궁극의 풍미, 그 어느 것과도 비교할 수 없는 풍성함은 찾아보기 힘들다.

อาหารกลางวัน
점심 식사

LUNCH
ARHARN GLANG WAN

점심 식사는 재빨리 치르는 일과 가운데 하나다. 정오가 되면 거의 모든 넥타이 부대들과 공장 노동자들이 먹거리를 찾아 거리로 쏟아져 나온다. 대부분의 태국인에게 점심시간이란 수레에 차려진 음식을 고를 수 있는 현지의 시장이나 노점을 찾아가는 시간을 의미하며 커리, 국수, 샐러드, 달콤한 후식 등 엄청나게 다양한 음식을 골라 먹을 수 있는 시간이기도 하다. 기다릴 여유가 없거나 시간이 부족한 사람들을 위해 스프링롤, 바삭한 새우 어묵, 절대 지나칠 수 없는 돼지고기 꼬치구이 같은 간식도 한가득 준비되어 있다. 몇몇 노점상은 이른 오후 장사를 준비하느라 기물들을 펼쳐놓고 있겠지만 어딘가엔 이들이 아침에 팔던 간식들이 남아 있을지도 모를 일이다.

이런 태국이지만 대부분의 사람은 적어도 한 시간 정도는 점심시간에 할애하는 편이다. 모든 태국인은 식사하기에 좋은 장소가 새겨진 가상의 지도를 머릿속에 그리고 있다. 음식은 괜찮지만 딱히 끌리지 않는 식당이나 노점이 있더라도 그 근처의 몇몇은 분명 그들의 까다로운 욕구를 충족시키기 마련이어서 결국 그날의 (점심을 찾아 나선) 급습을 승리로 이끌어준다. 아마도 늙은 요리사가 그가 살아온 세월만큼이나 낡은, 여기저기에 반죽 자국이 묻은 웍으로 게살 볶음밥, 소금친 생선, 염장 돼지고기나 잘게 썬 닭고기를 볶아낼 테고 그게 아니라면 쌀밥에 새우 페이스트로 양념을 해서 달콤한 돼지고기, 그린 망고 고명을 올리고 신선한 채소를 반찬 삼아 그야말로 태국식 점심을 만들어낼 수도 있겠다. 또다른 곳에서는 태국인들이 가장 좋아하는 고추인 새눈고추를 소고기와 함께 듬뿍 넣고 푹 익혀 만들어서 맛과 그 의미 또한 깊은 그린 커리를 갓 만든 로티와 함께 팔기도 한다. 여기에는 분

명 '팟타이'라고 하는 발군의 국수 요리를 파는 노점들도 있게 마련이다. 좌판에 커다란 나무 절구가 놓여 있다면 그린 파파야 샐러드(솜탐)를 팔고 있음을 의미한다. 건새우, 토마토, 콩, 고추와 함께 잘게 채 썬 과일로 만든 이 새콤달콤한 요리는 도시에 일하러 온 북서부 사람들이 가장 좋아하는 즉석 식품이다. 물론 여기에 달콤한 과자도 빠지지 않는다.

이처럼 사람들이 즐겨 찾는 곳들은 주로 대로에서 갈라져 나온 좁은 골목길에서 만날 수 있는데 그중 많은 곳은 움직이기조차 힘들 정도로 좁다. 아주 가끔씩 차들이 지나며 길을 트기도 하지만 간이 의자와 좌판, 요란한 소리를 내는 오토바이와 식사를 하는 손님들로 꽉 들어차 있는 혼잡한 상태가 점심때까지 이어진다. 상인들은 단단히 준비한 채 자리를 지키며 곧 몰려올 손님들을 기다린다.

점심시간에는 태국인들을 함부로 건드리지 않는 게 좋다. 정신 없이 바빠질 먹거리 골목을 피해가는 것 또한 경험에서 우러난 지혜다. 이들에게 점심 식사는 매우 중요한 행위이며 주어진 시간이 짧기 때문에 매우 급하게 치러진다. 유달리 인내심이 많은 태국 사람들일지라도 이때만큼은 방해하지 말아야 한다. 오후 2시가 되어 마침내 숨가쁜 점심 시간이 끝나면 그 누구의 방해도 없이 다시 그 골목길을 돌아다닐 수 있게 된다.

일찍부터 문을 연 상인들 중 몇몇은 하루를 마무리하고 지친 몸을 이끌며 집으로 돌아가기도 한다. 이들은 보통 신선한 재료를 그날 사용할 만큼만 준비하기 때문에 음식이 동이 나면 그대로 문을 닫는다. 이들의 하루가 점심으로 마무리되는 것이다.

스프링 롤 튀김

DEEP-FRIED SPRING ROLLS ■ POPIA TORT ■ ปอเปี๊ยะทอด

12개, 3~4인분

타피오카 가루 4큰술
가로세로 8cm 크기 사각형 모양의
   큼직한 스프링 롤 피 12장
튀김용 식용유
중국 상추 잎 몇 장(그린 코랄 상추)
다듬어서 얇게 썬 작은 오이 1개
타이 바질 넉넉하게 1~2다발

소

물에 헹궈낸 작은 크기의
   건표고버섯 5장
굴 소스 또는 연한 간장 1작은술
건당면 50g
껍질을 벗긴 마늘 2쪽
소금 넉넉한 1자밤
식용유 2큰술
갈아놓은 생새우살 ¼컵 -
   껍질을 벗기지 않은 생새우 약 100g
   분량
   또는 갈아놓은 돼지고기 ¼컵
다듬어놓은 숙주 ¼컵
백설탕 ½큰술
갈아놓은 백후추 넉넉한 1자밤
연한 간장 1큰술
다진 쪽파 ¼컵
다진 고수 ¼컵

최고의 스프링 롤은 작고, 노릇노릇하며 바삭하게 튀긴 것으로, 사실 이 음식은 약간의 소를 채운 짭조름한 페이스트리에 가깝다. 냉동 제품을 사용하면 색이 고르게 나지 않고 기름을 더 많이 흡수하므로 가급적 냉장된 스프링 롤 피(皮)를 사용하는 것이 좋다.

나는 스프링 롤에 주로 새우를 채워 넣지만 길거리에서는 보통 갈아놓은 돼지고기를 넣어 만든다. 잘게 채 썬 콩감자와 죽순을 조금씩 넣은 것도 먹어본 적이 있는데 감칠맛이 아주 좋았다. 태국 현지에서는 갓 만든 당면('콩 가닥bean thread 국수'라고도 한다)을 사용하지만 그 외의 지역이라면 중국 식료품점에서 말린 당면을 쉽게 구할 수 있다.

일부 노점에서는 바삭한 껍질의 단면이 보이면서도 먹기 쉽도록 스프링 롤을 두세 조각으로 잘라서 내기도 하며 대부분의 경우 대조적인 식감을 주면서 느끼함을 가리기 위해 약간의 생채소를 곁들여서 제공한다.

먼저 소를 만든다. 작은 냄비에 표고버섯과 물 1컵, 굴 소스 또는 간장을 넣고 물러질 때까지 약 5분 정도 뭉근하게 끓인다. 시간이 충분하다면 조리 액에 담근 채 그대로 식힌 다음 줄기를 제거하고 갓을 잘게 썬다. 조리 액은 따로 남겨둔다. 당면이 구부러질 때까지 따뜻한 물에 15분 정도 담가둔다. 건져낸 다음 가위로 4cm 길이로 자른다. 마늘이 거친 페이스트 상태가 되도록 소금과 함께 으스러뜨린다. 절구에 넣고 빻거나 칼로 곱게 다져도 된다.

작은 웍이나 팬에 기름을 두르고 가열한 다음 마늘 페이스트를 넣고 중불에서 노릇한 색이 날 때까지 볶는다. 갈아놓은 새우살을 넣고 잠시 볶다가 표고버섯을 넣고 1분간 뭉근하게 익힌다. 이제 온도를 높이고 당면을 넣는다. 당면이 알맞게 부드러워지지 않은 상태라면 버섯 삶은 물 1~2큰술을 넣고 국수가 부드러워지면서 다른 재료들의 수분이 마를 때까지 뭉근하게 끓인다. 숙주를 넣고 설탕, 후추, 간장, 피시 소스로 간을 한다. 쪽파, 고수를 넣고 골고루 섞어준 다음 불에서 내리고 완전히 식힌다.

타피오카 가루와 물 2큰술을 섞어 걸쭉한 상태로 만든다. 스프링 롤 피를 작업대에 놓고 미리 만들어 둔 소를 티스푼으로 수북이 떠서 피 가운데를 따라 길게 올려놓는다. 소 위로 피를 덮어 단단히 말아준 다음 절반 정도 말았을 때 양쪽 옆을 봉투 모양처럼 안쪽으로 접어 넣고 끝까지 말아서 끄트머리에 타피오카 반죽을 발라서 여민다. 소를 다 사용할 때까지 반복해서 만든 다음 촉촉하고 깨끗한 천으로 완성된 스프링 롤을 덮어놓는다.

크고 안정적인 웍이나 넓고 바닥이 두꺼운 팬의 ⅔ 정도 높이까지 튀김용 기름을 붓는다. 중고온의 화력으로 조리용 온도계가 180°C를 표시할 때까지 기름을 가열한다. 다른 방법으로는 빵 조각 하나를 기름에 떨어트려보면 온도를 알 수 있는데 10~15초 안에 빵이 갈변하면 충분히 가열된 것이다. 가열된 기름에 스프링 롤을 한 번에 조금씩만 넣고 골고루 익도록 계속 돌려가며 노릇노릇한 색이 나면서 바삭해질 때까지 튀긴다.

찍어 먹는 자두 소스와 함께 상추, 오이, 타이 바질을 곁들여서 차려낸다.

+ 찍어 먹는 자두 소스

나는 너무 맵지 않은 자두 소스를 좋아하기 때문에 매운 정도를 낮춰서 만들곤 하지만 원할 경우 고추 양을 늘리면 된다. 태국에서는 이 소스를 냉장고에 넣고 보관하지 않지만 미리 만들어서 며칠 동안 보관하고 싶다면 냉장하는 편이 좋다.

조미용 홍고추 ¼~½개
소금 1작은술
백설탕 3큰술
식초 3큰술
중국 자두 소스 ¼컵

고추는 씨를 제거하고 굵직하게 다져서 절구에 소금과 함께 넣고 빻아 입자가 고운 페이스트로 만든다. 작은 냄비에 설탕, 식초, 자두 소스, 물 ¼컵과 함께 옮겨 담는다. 소스가 매우 걸쭉해지고 생고추의 작열감이 사라질 때까지 약 10분간 계속 저어주면서 뭉근하게 끓인다. 소스를 식힌 다음 새콤달콤한 자두 맛이 나면서 맵고 짭조름한 맛이 나는지 간을 본다.

돼지고기 꼬치구이

GRILLED PORK SKEWERS ■ MUU BING ■ หมูปิ้ง

고백컨대 나는 이 음식에 중독됐다. 거리를 따라 걷다보면 작은 화로들을 볼 수 있는데, 그저 오목하게 생긴 커다란 철제 용기 위에다 망을 올려놓은 것들이 대다수다. 나는 멈춰 서서 그 노동의 결실, 즉 불 향을 풍기고 있는 돼지고기 꼬치구이를 바라본다. 그런 다음 나 혼자만 알고 있는 부도덕한 비밀이라도 간직한 듯 아무도 모르게 이 음식을 집에 가져오기로 한다. 그러나 때로는, 사실 대부분의 경우 집으로 오는 도중에 그 비밀을 모조리 풀어헤치고 만다.

직화 구이는 길거리에서 제일 유명한 기술 가운데 하나인데, 길에는 대충 조각을 끼워 맞춰 만든 장비들이 즐비하고, 화로는 가장 흔히 볼 수 있는 것이다. 어디에서나 돼지고기, 사테, 완자, 오징어를 굽고 있다. 숯불 화로를 사용하면 도저히 먹지 않고는 못 배길 직화 구이 돼지고기처럼 육류에 깊은 풍미를 입힐 수 있는데 숯은 사용하기 30~60분 전에 점화해서 은은한 불이 올라올 때까지 태우는 것이 중요하다. 숯불 화로를 사용해본 경험이 있는 사람이라면 적당한 화력에 도달할 때까지 걸리는 시간을 알고 있을 텐데 너무 높은 화력에서 구우면 고기에 불 향이 입혀지지도 않고 제대로 익기도 전에 새카맣게 타버리고 만다.

꼬치 맨 밑에는 자그마한 돼지비계 조각이 끼워져 있는 것을 흔히 볼 수 있는데 꼬치를 구울 때 이 지방이 녹으면서 고기를 촉촉하게 만들어주는 역할을 한다.

태국 사람들은 차오프라야Chao Phraya강 상류 근처에서 나온 맹그로브 숯을 사용한다. 하지만 모든 사람이 숯불 화로를 사용하지는 않기에 레인지 위에 불판을 올려서 굽거나 브로일러에 구울 수도 있다. 이 경우에도 숯이 주는 복합적인 풍미만 덜할 뿐 그 맛은 매우 만족스럽다.

돼지고기를 가로세로 2cm 크기의 얇은 사각형으로 썰어 놓는다. 돼지비계를 2cm x 2cm x 5mm 크기의 작은 사각형으로 썰어서 준비한다(사용할 경우).

이어서 재움장(마리네이드)을 만든다. 절구에 고수 뿌리, 소금, 마늘, 후추를 넣고 빻아서 입자가 고운 페이스트로 만든다. 설탕, 간장, 피시 소스, 기름을 넣고 골고루 섞는다. 돼지고기와 비계를 혼합한 재료에 넣고 약 3시간 정도 재워둔다. 냉장고에 넣어두면 좀 더 안심할 수 있겠지만 이 경우에는 밤새 재워야 맛이 더 좋아진다.

대나무 꼬치를 물에 30분 정도 담가두면 돼지고기를 굽는 동안 그슬리거나 타지 않는다. 어떤 요리사들은 돼지고기에 기름을 바를 때 판단 잎으로 만든 붓을 사용하기도 한다. 판단 잎으로 붓을 만들려면 각각의 판단 잎을 반으로 접어서 끝단을 가지런히 다듬고, 다듬어놓은 끝을 세로로 네다섯 번씩 잘라서 붓 '털'을 만든다. 이렇게 자른 판단 잎을 모아서 실 또는 고무줄로 묶어 붓을 만든다. 당연히 일반 붓을 사용해도 된다.

화로를 준비하는 동안 돼지비계 한 조각을 먼저 꼬치에 꿰고 양념에 재워놓은 돼지고기 두세 조각씩 이어서 꿰어놓는다. 반복해서 남은 꼬치를 모두 꿴다. 숯불이 잦아들면, 정확하게는 거의 꺼지기 시작할 때쯤 꼬치를 올리고 서서히 굽는다. 꼬치를 자주 돌려가면서 구우면 타지 않고 고르게 캐러멜화되면서 고기가 골고루 익는다. 구우면서 코코넛 크림을 바른다. 이렇게 하면 순간적으로 숯에 불꽃이 일면서 고기에 불 맛이 스며들게 된다. 준비된 꼬치를 모두 굽는다.

길거리에서는 화로에 다시 올려 따뜻하게 데워서 내는 것이 일반적이지만 이 요리는 식어도 맛있기 때문에 어디까지나 선택 사항이다.

12~15개, 4~5인분

돼지 등심 또는 목살 300g
돼지 등쪽 지방 50g – 선택 사항
대나무 꼬치 12~15개
판단 잎 3장 – 선택 사항
코코넛 크림 약 ¼컵

재움장

깨끗하게 다듬어서 다진
　고수 뿌리 1작은술
소금 1자밤
다진 마늘 1작은술
갈아놓은 백후추 ½작은술
얇게 깎은 팜슈거 2큰술
진한 간장 약간
피시 소스 2큰술
식용유 2큰술

바삭한 새우 어묵

CRUNCHY PRAWN CAKES ■ GUNG FOI TORT ■ กุ้งฝอยทอด

4~5개

튀김용 식용유
수염을 제거한 다음 헹궈서 물기를 뺀
  작은 생새우 약 600g – 수북이 3컵
  또는 껍질을 벗기고 다진 생중하
  1kg
다진 고수 1큰술

튀김 옷

라임 페이스트 아주 작은 1자밤
쌀가루 1컵
코코넛 크림 ¼컵
소금 1작은술

뜨거운 기름으로 채워진 커다란 웍이 보인다면 이곳이 바로 곧 바삭한 새우 어묵을 만들어내는 노점임을 암시하는 숨길 수 없는 신호다. 생선 어묵과 새우 어묵을 함께 만들어 쌓아놓고 손님을 기다리는 노점도 흔하다. 이 요리에는 껍질을 벗길 필요가 없는 작은 크기의 새우가 가장 알맞지만 의심 많은 누군가가 이 새우의 껍질을 벗긴 채 어묵을 만들면 바삭함이 덜하고 결국 치감도 떨어지는 결과를 초래한다. 가능하면 작은 새우를 구하고, 구하지 못했을 때는 큰 새우를 다져서 사용하면 된다.

먼저 튀김 옷을 만든다. 라임 페이스트를 물 ⅓컵에 풀어서 완전히 침전될 때까지 약 15분간 그대로 둔다. 걸러서 물은 남기고 침전물은 버린다. 쌀가루와 물 ¼컵을 치대어 된 반죽을 만든다. 30분간 휴지시킨 다음 이 반죽에 코코넛 크림, 라임 물 ¼컵, 소금을 넣고 섞어서 튀김 옷을 만든다. 팬케이크 반죽처럼 걸쭉한 상태가 된다. 튀김 옷을 얼마간 그대로 두게 되면 쌀가루가 팽창하므로 여분의 라임 물 또는 코코넛 크림을 섞어서 희석해야 한다.

크고 안정감 있는 웍이나 넓고 바닥이 두꺼운 팬의 ⅔ 정도 높이까지 튀김용 기름을 붓는다. 중고온의 화력으로 조리용 온도계가 180℃를 가리킬 때까지 기름을 가열한다. 온도계를 사용하지 않을 경우에는 빵 한 조각을 기름에 떨어트려보면 되는데, 15초 안에 갈변된다면 기름이 충분히 가열된 것이다.

가열된 기름에 튀김 옷을 조금 떠넣고 튀겨서 질감과 간을 확인한다. 잠시 튀긴 다음 건지개로 건져서 기름을 빼고 식혀서 맛을 본다. 너무 퍽퍽하거나 딱딱하지 않고 딱 좋을 정도로 짭조름한 맛이 나야 한다. 필요시 라임 물 또는 소금을 첨가해서 튀김 옷 농도와 간을 조절한다.

튀김 옷 절반에 새우 절반 분량을 넣고 섞는다. 커다란 스푼으로 새우 반죽을 떠서 조심스럽게 기름에 떠 넣는다. 이 새우 반죽의 양이 어묵 2~3개 분량이다. 어묵이 골고루 익으면서 전체적으로 노릇노릇한 색이 나도록 두세 번씩 뒤집어주면서 튀긴다. 건지개로 건져낸 다음 종이 타월에 올려서 기름을 뺀다. 반복해서 남은 새우와 튀김 옷을 모두 튀긴다.

고수를 뿌리고 고추와 땅콩으로 만든 달콤한 소스를 곁들여낸다.

+ 고추와 땅콩으로 만든 달콤한 소스

씨를 빼고 다진 홍고추 1~3개
소금 넉넉한 1자밤
껍질을 벗긴 마늘 ½~1쪽
식초 ½컵
백설탕 ½컵
구워서 갈아놓은 땅콩 2큰술

절구에 고추와 소금을 넣고 빻은 다음 마늘을 넣고 부드러운 페이스트로 만든다. 작은 냄비에 식초, 설탕과 함께 옮겨 담고 농도가 날 때까지 뭉근하게 끓인다. 식힌 다음 땅콩을 넣고 섞는다.

바삭한 홍합 오믈렛

CRUNCHY OMELETTE OF MUSSELS ■ HOI MALAENG PUU TORT ■ หอยทอด

1인분

튀김용 기름
껍질을 벗긴 생홍합 ¼컵
　－ 껍질을 벗기지 않았을 때 약 500g
다진 쪽파 1큰술
살짝 풀어놓은 달걀 1개
소금 약간과 함께 곱게 다진 마늘 1쪽
다듬어놓은 숙주 1컵
피시 소스 1큰술
백설탕 1자밤
갈아놓은 백후추
고수 잎 넉넉한 1자밤
함께 차려낼 스리라차 소스 1종지

튀김 옷

녹두 가루 ¼컵
쌀가루 2큰술 정도
소금 1자밤

이 요리를 제대로 만들려면 홍합이 날것일 때 껍질을 제거해야 한다. 조개 칼을 사용해서 굴 껍질을 제거할 때와 같은 방식을 적용하면 된다. 사실 굴은 1세기 또는 그 이전에 하이난에서 넘어온 최초의 중국 이민자들이 이 요리에 맨 처음 사용했던 조개류였을 수도 있는데 지금도 홍합 대신 많이 사용하고 있다.

이 요리의 성공 여부는 부드럽고 풍부한 맛의 달걀과 바삭한 튀김 옷의 대비되는 질감, 쫄깃한 홍합과 아삭한 숙주의 치감에서 판가름난다.

이 오믈렛을 만들 때는 바닥이 두꺼운 프라이팬이나 주물 팬을 사용하는 것이 가장 좋다. 길거리의 상인들은 손님들에게 즉시 만들어낼 수 있도록 가장자리가 솟아오른 커다란 주물 팬을 항상 달궈놓아, 한 번에 서너 개의 오믈렛을 만들기도 한다. 또한 조리 과정에서 상당히 많은 양의 기름(개당 반 컵 이상)을 사용하는데, 기름을 자작하게 붓고 만드는 튀김 요리라 할 수 있지만 이 기름은 오믈렛을 접시에 담기 전에 모두 걸러준다.

나는 가끔 이 요리가 스리라차 소스를 위해 탄생한 게 아닐까 하는 생각이 들 때가 있는데 이 둘이 너무도 완벽하게 어울리기 때문이다. 스리라차 소스는 아시아 식료품점이라면 어디서든 구매할 수 있는 엄청난 맛의 칠리 소스로, 이 소스의 이름은 태국만의 동쪽 연안에 있는 해안 마을에서 유래되었는데 이 지역에 널리 퍼져 있는 아주 맛있는 해산물 요리에 곁들일 용도로 만들어진 것이었다. 나는 가급적 이 지역에서 생산된 더 좋은 품질의 제품을 구매하기를 권한다. 우선 몇 가지 사용해본 후에 기호에 맞는 상품을 찾으면 되는데 내 취향은 이 오믈렛에 더 많이 곁들여 먹을 수 있는 순하게 매운맛이다. 또한 한 번에 하나씩 만들어야 좋다고 생각하기 때문에 레시피도 딱 1개 분량이다. 더 많이 만들려면 분량의 배수를 곱하면 된다.

녹두 가루와 쌀가루, 소금, 물 ¼~½컵을 섞어서 덩어리지지 않고 너무 걸쭉하지 않은 반죽을 만든다. 팬케이크 반죽 정도의 상태가 알맞다.

두꺼운 팬을 아주 뜨겁게 가열한다(웍은 사용 불가). 기름 3큰술을 넣고 원을 그리듯 팬에 두른다. 반죽이 약간 분리될 수 있으므로 잘 섞어준다. 반죽을 떨어트려서 기름이 충분히 가열됐는지 확인한다. 지글거리는 소리가 나면 반죽 ⅓컵을 붓고 팬을 휘돌려서 반원 모양으로 만든다. 그 위에 홍합과 쪽파를 흩뿌리고 반죽에 색이 나기 시작하면서 가장자리가 바삭해질 때까지 중고온의 화력에서 익힌다. 익히는 동안 반죽이 들러붙지 않도록 팬을 흔들어주고 바삭해지면 주걱을 이용해서 두세 조각으로 부러뜨린다. 반죽에 닿을 때쯤 뜨거워질 수 있도록 기름 1큰술을 팬 가장자리에 두른다. 반죽이 없거나 약간만 남아 있는 공간에 달걀을 붓되 팬을 기울여 반죽 위에 약간 겹쳐지도록 한다.

달걀이 굳기 시작하면 주걱으로 저어 스크램블한 다음 반죽 위로 고르게 접어 올린다. 달걀이 과조리되지 않은 상태로 익고 반죽에 골고루 색이 나면서 바삭해지면 오믈렛을 서너 조각으로 부러뜨려서 팬 한쪽으로 밀어놓는다. 팬에 기름 1큰술을 더 넣고 뜨거워지면 마늘을 넣고 향이 짙어지면서 색이 나기 시작할 때까지 볶다가 숙주를 넣고 잠시 후에 피시 소스, 설탕, 후추 1자밤을 넣어 섞는다. 골고루 섞어서 오믈렛에 올린다.

남아 있는 다진 쪽파와 후추 1자밤을 뿌리고 스리라차 소스를 곁들여서 차려낸다.

새우 페이스트로 맛을 낸 쌀밥

RICE SEASONED WITH SHRIMP PASTE ■ KAO KLUT GAPI ■ ข้าวคลุกกะปิ

깨끗하게 다듬어서 다진 고수 뿌리
　　1큰술
껍질을 벗긴 마늘 1쪽
식용유 2큰술
태국 새우 페이스트 가피 수북이
　　1큰술
자스민 라이스로 지은 밥 2컵
식초 1½큰술
백설탕 약 1큰술

곁들임 재료

라임 웨지 2~4개
달콤한 돼지고기(오른쪽 참조)
헹궈낸 건새우 ½컵 -
　　너무 건조한 경우 따뜻한 물에 물러
　　질 때까지 약 3분간 담근 다음 건져
　　낸다.
작은 그린 망고 1개 분량의
　　잘게 채 썬 그린 망고 1컵
굵게 썬 붉은 샬롯 2~3개
잘게 썬 작은 크기의
　　레몬그라스 2줄기
고수 잎 1큰술
가늘게 자른 새눈고추 2~4개 -
　　두려우면 조금 적은 양으로.
15분간 삶아서 껍질을 까고 반으로
　　가른 염장 오리알 1~2개
차옴(Cha-om)을 넣은 지단 또는
　　일반 달걀 지단(옆 페이지 참조)
오이 슬라이스, 하얀 터메릭 슬라이스,
　　그린 빈스(껍질 콩), 배추 등의
　　생채소

이것은 아주 맛있으면서도 만들기도 쉬운 점심 식사용 요리다. 길거리 노점에서는 몇 시간 전에 미리 만들어놓지만 나는 식으면서 안정화되기에 적당한 시간인 30분이 지난 상태가 가장 좋다는 사실을 알아냈다. 미리 만들어두려면 밥이 마르지 않도록 뚜껑을 덮어서 따뜻한 곳에 보관해야 한다.

　　이 요리에는 다양한 형태가 있지만 아마도 지금 소개하는 것이 가장 단순하면서도 정제된 형태일 것이라 생각한다. 이 요리는 재료의 품질에 따라 그 결과물이 좌우되는데 특히 새우 페이스트 가피는 태국 요리의 영혼과도 같은 존재다. 많은 요리에서 중요한 역할을 담당하며 그 어떤 요리에 사용하더라도 특유의 깊고 풍성한 맛을 낸다. 발효된 새우로 만들었음에도 불구하고 짙고 풍부하며 구수한 풍미를 발산한다. 일부 공산품 페이스트는 너무 짜고 아리는 맛이 거슬리므로 다채로우면서도 달콤한 맛이 나는 품질 좋은 제품을 찾아야 한다.

절구에 고수 뿌리, 마늘, 소금을 넣고 빻아서 입자가 고운 페이스트로 만든다. 작은 팬이나 웍에 기름을 두른 다음 페이스트를 넣고 향이 짙어지면서 색이 나지 않을 정도로만 볶는다. 새우 페이스트 가피를 넣고 눌어붙지 않도록 저어주면서 서서히 뭉근하게 끓인다. 새우 페이스트가 골고루 흩어진 채로 덩어리지지 않아야 한다.

밥을 넣고 페이스트가 쌀과 잘 섞이도록 나무 스푼으로 골고루 부드럽게 저어준다. 밥알은 온전하게 형태를 유지하되 새우 페이스트가 입혀져 향이 나야 한다. 이때 밥을 너무 많이 넣지 않도록 주의한다(어떤 사람들은 늘 그렇게 하긴 한다). 식초와 설탕으로 간을 한다(새우 페이스트의 염도로 인해 소금은 넣지 않아도 된다). 풍성하고 톡 쏘는 듯하면서도 향기롭고 짭조름한 맛이 나야 하지만 간을 과하게 하면 안 된다. 약 30분에서 1시간 정도 식힌다.

곁들임 재료와 함께 차려낸다. 먹을 때는 밥을 개별 접시에 덜어 담고 라임 즙을 약간 짜서 뿌린 다음 달콤한 돼지고기, 건새우, 그린 망고, 샬롯, 레몬그라스, 고수, 고추, 염장 오리알과 달걀 지단 등을 곁들여서 약간의 생채소와 함께 먹는다.

+ 달콤한 돼지고기

이 음식는 몇 시간 전에 미리 만들어둘 수 있지만 고기가 부드러운 상태를 유지할 수 있도록 따뜻하게 보관해야 한다.

삼겹살 100g
얇게 깎은 팜슈거 3큰술
피시 소스 ½큰술
팔각 1개 - 선택 사항
잘게 썬 다음 튀긴 붉은 샬롯 2개 - 선택 사항

돼지고기가 익을 때까지 약 10~15분간 뭉근하게 삶은 다음 식혔다가 1cm 크기로 다진다. 작은 냄비에 설탕을 녹이고 돼지고기, 피시 소스, 팔각을 넣고 고기가 흑갈색이 나면서 연해질 때까지 매우 천천히 뭉근하게 끓인다. 30분이나 1시간 또는 그 이상이 걸릴 수도 있다. 설탕이 끓으면 타버릴 수 있고 고기또한 더 질겨지기 때문에 가능한 가장 낮은 온도로 조리해야 한다. 설탕이 캐러멜화되거나 고기가 조리 액에 완전히 잠기지 않게 되면 물(뭉근하게 끓이는 과정에서 다시 증발한다)을 조금 추가한다. 고기가 준비되면 튀긴 샬롯을 넣고 섞는다.

+ 달걀 지단

차옴Cha-om은 강한 미네랄 맛이 나면서 향기도 강한 섬세한 질감의 식용 양치식물이다. 구할 수 없을 경우에는 기본 지단을 만들어서 식힌 다음 잘게 썰어 사용한다.

차옴 ¼컵
달걀 1개
소금 1자밤, 백설탕, 갈아놓은 백후추
식용유 1작은술

달걀과 차옴을 섞어서 소금, 설탕, 후추로 간을 한다. 작고 나지막한 팬에 기름을 두르고 가열한 다음 달걀을 붓고 색이 과하게 나지 않도록 주의하면서 천천히 익힌다. 지단이 굳으면 그 즉시 팬에서 옮겨 담고 식힌 다음 2cm 크기의 사각형으로 썰어서 사용한다.

돼지고기를 곁들인 롤 국수

ROLLED NOODLES WITH PORK ■ GUAY JAP NAHM KON ■ ก๋วยจั๊บน้ำข้น

푸짐하게 4인분

식용유 또는 정제 돼지 지방 2큰술
2cm 크기의 조각으로 자른 삼겹살
소금 1자밤
얇게 깎은 팜슈거 1큰술
진한 간장 1작은술
오향 가루 1작은술
육수 6컵
묶어놓은 판단 잎 2장
삶은 달걀 2개
튀긴 두부 100g
선지 100g - 선택 사항
말린 구웨이잡 국수(쌀국수 부스러기)
　　100g
쌀가루 1큰술
작은 조각으로 다진 구운 돼지고기 -
　　100g(선택사항이긴 하나 강력히
　　추천)

향신료 주머니

4cm 길이의 계피
팔각 1개
고수 씨앗 1작은술
커민 씨앗 ½작은술
카다멈 잎 또는 말린 월계수 잎 2장
정향 2개
헹궈서 물기를 짜낸 면포

지극히 중국풍의 이 요리는 태국 요리 목록에 당당히 오른 최초의 국수 요리 중 하나였다. 국물은 두 가지 형태가 있는데 하나는 다른 국수 국물과 마찬가지로 맑은 육수이고 다른 하나는 아래 레시피에 나오는 것처럼 색이 탁하고 맛이 풍부하며 향이 짙은 육수다. 이 둘은 모두 시장과 공장에서 일하는 중국인 노동자에게 아침 식사로 제공되던 것들이었다.

　　이 국수들은 태국 시장을 제외하고는 생면으로 구입하기가 거의 불가능하고 심지어 태국 내에서도 건면을 주로 사용하는데 태국 이외의 국가에서는 '쌀국수 부스러기'라는 명칭으로 흔하게 유통되고 있다. 돼지 피를 쪄서 만든 선지(피 떡)는 차이나타운에 있는 대부분의 도축업자에게서 구할 수 있는데 듣기엔 좀 그렇지만 일단 익숙해지기만 하면 맛있게 먹을 수 있다. 이를 두고 '검은 두부'라 부르기도 한다.

　　돼지 간, 허파, 위장, 창자로 정통 요리는 만드는 일은 흔하다. 일단 깨끗하게 씻어서 갈랑갈, 거칠게 빻은 백후추, 약간의 카피르 라임 잎, 판단 잎과 함께 물에 넣고 연해질 때까지 삶는데 보통 2시간 정도 걸린다. 상인들은 항상 몇 조각을 꺼내 들고 어느 부위를 좋아하는지 물어보곤 하지만 반드시 추가해서 먹을 필요는 없다. 사실, 여러분이 그러하듯 태국인들도 내장을 넣은 구웨이잡*을 그리 달가워하지 않을 텐데 대신 돼지고기 구이를 추가하지 않는 사람은 거의 없다. 차이나타운에 있는 바비큐 전문점에서 쉽게 구할 수 있긴 하지만, 그와는 별개로 286쪽에 레시피를 따로 실어 두었다.

　　자그마하게 돌돌 말려 있는 이 국수를 먹을 때 젓가락은 굳이 필요치 않으며 일반적으로 국물과 함께 중국식 탕 스푼으로만 먹는다.

먼저 향신료 주머니를 만든다. 각각의 향신료를 향이 짙어질 때까지 적당히 덖어서 식힌 다음 면포로 감싸서 고무줄로 매듭을 지어 묶는다. 한쪽에 둔다.

페이스트를 만든다. 절구에 모든 재료를 넣고 빻아서 살짝 거친 질감으로 만든다.

팬에 기름을 두르고 가열한 다음 페이스트를 넣고 향이 짙어지면서 색은 나지 않을 정도로만 볶는다. 삼겹살을 넣고 먹음직스러운 색이 날 때까지 자주 뒤집어주며 천천히 지진다. 소금, 설탕, 간장, 오향 가루로 간을 한 다음 향긋한 냄새가 날 때까지 몇 분간 뭉근하게 끓인다. 육수를 붓고 향신료 주머니, 판단 잎 1장을 넣은 다음 떠오르는 불순물을 걷어주면서 삼겹살이 거의 다 익을 때까지 약 20분간 뭉근하게 끓인다.

달걀, 두부, 선지(사용할 경우)를 넣고 약 20분간 뭉근하게 끓인다. 식힌 다음 달걀은 4등분, 삼겹살과 두부, 선지는 작은 조각으로 잘라서 준비한다.

* guay jap : 쌀 또는 찹쌀로 만든 국수로 중국에서 전해졌으며 길이가 짧고 돌돌 말려 있는 모양이다. 이 국수로 만든 탕면을 통틀어 칭하기도 한다.

국수를 준비한다. 중간 크기의 냄비에 물 2컵과 소금, 남아 있는 판단 잎을 넣고 끓을 때까지 가열한 다음 국수를 넣고 부드러워져서 휘어질 때까지 약 5분간 뭉근하게 끓인다. 쌀가루와 물 2큰술을 섞어서 걸쭉하게 만든 다음 국수에 넣고 풀어서 4~5분간 더 뭉근하게 끓인다.

국수와 걸쭉해진 조리수를 국자로 떠서 각각의 그릇에 담고 다져 놓은 돼지고기 구이, 달걀, 두부, 선지를 올린다. 그 위에 육수와 삼겹살을 붓고 다진 쪽파와 고수, 돼지 껍질과 함께 튀긴 마늘, 갈아놓은 백후추를 뿌린다.

기호에 맞게 양념하도록 피시 소스를 담은 종지, 백설탕, 구운 고춧가루, 칠리 소스를 같이 차려낸다.

+ 칠리 소스

홍고추 또는 오렌지색 고추 4개
깨끗하게 다듬어서 다진 고수 뿌리 1큰술
소금 약 ½작은술
껍질을 벗긴 마늘 2쪽
식초 3~4큰술
백설탕 1작은술

꼬치에 고추를 꿰어 겉을 까맣게 태운 다음 식힌다. 절구에 고수 뿌리, 소금, 마늘을 넣고 빻은 다음 고추를 넣고 다시 빻아 거친 질감의 페이스트로 만든다. 식초, 설탕을 넣고 섞어서 풍미가 좋아지도록 몇 시간 동안 그대로 불린다. 며칠간 냉장 보관할 수 있다.

페이스트

깨끗하게 다듬어서 다진 고수 뿌리
   1큰술
소금 넉넉한 1자밤
껍질을 벗긴 마늘 3~4쪽
다진 생강 1큰술
흰 통후추 ¼작은술

가니시

다진 쪽파(대파) 2큰술
다진 고수 2큰술
튀긴 마늘 또는 돼지 껍질과 함께
   튀긴 마늘 2큰술(333쪽 참조)
갈아놓은 백후추 넉넉하게 1~2자밤
차려낼 때, 피시 소스, 백설탕, 볶은
   고춧가루

소고기 그린 커리와 로티

GREEN CURRY OF BEEF WITH ROTI ■ ROTI JIM GENG KIAW WARN NEUA ■ โรตีจิ้มแกงเขียวหวานเนื้อ

5~6인분

코코넛 크림 2컵, 추가로 2~3큰술
소금 넉넉한 1자밤
가로세로 2cm x 1cm, 두께 5mm로
　자른 소고기 치마살, 양지머리 또는
　우둔 250g
두들겨놓은 레몬그라스 1줄기
두들겨놓은 붉은 샬롯 – 선택 사항
볶아놓은 태국 카다멈 꼬투리 2개
　또는 녹색 카다멈 꼬투리 1개 –
　선택 사항
볶아놓은 2cm 길이의 계피
볶아놓은 태국 카다멈 잎 또는
　말린 월계수 잎 1장
코코넛 밀크 또는 물 3컵
큼직하게 뜯어놓은 카피르 라임 잎
　3~4장
구운 고춧가루 1자밤
작은 녹색 새눈고추 10~15개

그린 커리 페이스트

고수 씨앗 1작은술
커민 씨앗 ½작은술
태국 카다멈 꼬투리 4개 또는
　녹색 카다멈 꼬투리 2개
흰 통후추 10알
갈아놓은 넛멕 넉넉한 1자밤
작은 녹색 새눈고추 20~30개 –
　약 1큰술
씨를 제거하고 굵직하게 다진 풋고추
　1개 – 선택 사항
소금 넉넉한 1자밤
다진 레몬그라스 2큰술
다진 갈랑갈 1큰술
다진 붉은 샬롯 3큰술
다진 마늘 2큰술
강판에 곱게 간 카피르 라임 껍질 1큰술
다진 터메릭 2작은술
깨끗하게 다듬어서 다진 고수 뿌리
　1작은술
태국 새우 페이스트 가피 ½작은술

이렇게 먹는 방식은 소스와 약간의 고기를 로티와 함께 제공하는 무슬림 스타일의 커리에서 유래된 것으로 태국 남부의 깊숙한 곳에서 타 지방으로 전해졌다. 말레이시아와 싱가포르에서는 이 요리를 가리켜 로티 샤나roti chana라고 하는데 아래에 나오는 레시피는 방콕식으로 변형된 풍성한 맛의 매운 그린 커리다. 커리 전문점에서 밥과 함께 먹기도 하지만 보통 오전 중에 간식으로 먹는다.

　지방이 거의 없는 소고기를 코코넛 크림에 넣고 물러질 때까지 뭉근하게 끓이는 방식은 현대에 와서 찾아보기 어려워졌지만 매우 유서 깊은 방식이다. 이 방식은 질긴 고기(솔직히 말하자면 태국에서 구할 수 있는 대부분의 고기)를 익히기에 이상적인 방식으로, 야들야들하고 깊은 풍미의 결과물을 만들어낸다. 코코넛 크림이 너무 진해지거나 기름이 분리되지 않도록 주의해야 하는데 필요시 물을 조금 넣어 연하게 만들기도 하고 분리 현상을 방지할 수 있다. 소고기는 미리 푹 익혀둘 수도 있지만 고기가 식으면 섬유질이 탱탱해져서 질겨지므로 익힌 고기는 차게 식지 않는 것이 가장 좋다. 다행스럽게도 소고기를 코코넛 크림에 넣어두면 보존성이 좋아지기 때문에 약간의 위험 부담(자꾸만 손이 가서 고기가 줄어드는 것과는 별개의 문제)은 있지만 상온에서도 몇 시간 정도는 버틸 수 있다.

　길거리 음식을 좀 더 고급스럽게 즐기고자 한다면 얇게 썬 오이와 타이 바질 한 줌을 접시에 담아 커리와 함께 내면 된다.

먼저 페이스트를 만든다. 바닥이 두꺼운 팬에 고수, 커민, 카다멈을 따로따로 넣고 타지 않도록 팬을 흔들어가며 향이 짙어질 때까지 덖는다. 카다멈 겉 껍질을 제거한 다음 전동 분쇄기 또는 절구로 고수, 커민, 통후추, 넛멕와 함께 고운 가루로 만든다.

절구에 고추와 소금을 넣고 빻은 다음 목록에 있는 나머지 재료를 순서에 따라 하나씩 넣으면서 고운 입자의 페이스트로 빻은 후 다음 재료를 넣도록 한다. 전동 블렌더에 재료들을 넣고 갈아서 퓌레로 만들어도 되는데 이때 분쇄가 원활하도록 약간의 물이 필요할 수도 있지만 지나치게 많을 경우 페이스트를 희석해서 커리 맛이 변하는 결과를 초래하므로 필요 이상으로 넣으면 안 된다. 블렌더를 끄고 주걱으로 옆면을 긁어서 안쪽으로 모은 다음 다시 작동시켜서 페이스트가 완전히 퓌레 상태가 될 때까지 갈아준다. 마지막으로 갈아놓은 향신료를 넣고 섞는다.

소고기를 천천히 푹 익히려면, 코코넛 크림 1컵에 소금을 넣고 약간 걸쭉해지면서 분리되기 시작할 때까지 뭉근하게 끓인 다음 소고기, 레몬그라스, 샬롯, 향신료를 넣는다. 코코넛 밀크나 물을 부어 수분을 보충해주고 피시 소스 1큰술을 넣는다. 꾸준히 저어주면서 소고기에 코코넛 크림이 흡수되어 탄력이 남아 있으면서도 연해질 때까지 계속 뭉근하게 끓인다. 이 과정은 약 20분 정도 걸리는데 소고기가 너무 건조해지지 않도록 코코넛 밀크나 물로 수분을 보충해야 할 수도 있다. 소고기가 뭉그러지거나 섬유 같은 질감이 되지 않도록 주의해서 익힌다. 소고기가 다 익으면 표면에 있는 기름을 제거하고 잠시 그대로 둔 채 레몬그라스와 향신료를 빼낸 다음 뚜껑을 덮어서 한쪽에 둔다. 몇 조각 맛만 보고 더 이상 집어 먹지 말아야 한다. 따라서 차라리 손이 닿지 않는 곳에 두는 편이 낫다!

이어서 커리를 만든다. 냄비에 남은 기름 몇 큰술과 코코넛 크림 1컵을 넣고 가열한 다음 페이스트를 넣고 들러붙지 않도록 자주 저어주면서 중불로 5분간 볶는다. 향이 풍부해지면서 기름기가 돌면 피시 소스 1~2큰술을 넣고 잠시 뭉근하게 끓인 다음 코코넛 밀크 또는 물 1컵을 붓는다.

다음 페이지에 계속 >

2~3분간 뭉근하게 끓인 다음 소고기, 카피르 라임 잎을 넣고 커리가 매우 걸쭉해지면서 진한 크림처럼 될 때까지 10분 정도 뭉근하게 끓인다. 농도에 따라 코코넛 밀크, 육수 또는 물을 추가해야 할 수도 있다. 간을 본다. 커리는 맵고 알싸하고 짭조름하고 풍부한 맛이 나야 한다. 20분 정도 휴지시킨다.

길거리에서는 이 커리를 상온 상태로 먹는데 사실 더 맛있게 먹는 방식이기도 하다. 데워서 먹고 싶다면 약간의 코코넛 크림, 구운 고춧가루, 새눈고추를 추가로 넣어서 적당히 데운다. 로티와 함께 차려낸다.

+ 로티

로티를 처음부터 만드는 일은 전문가에게조차 쉽지 않은 작업이기에 아마도 만들어놓은 로티를 사고 싶을 텐데 맛 없어서 미칠 정도야 아니겠지만 그다지 권하고 싶지 않다. 갓 만들어서 구운 로티는 아주 맛있기에 나는 그 어떤 대가를 치르더라도 만들어 먹을 정도의 가치는 충분하다고 생각한다. 레시피 분량의 절반만 만들어도 그린 커리와 함께 먹기에는 충분한 양이지만 들어가는 노력을 감안하면 한번 만들 때 넉넉하게 만들어두는 게 낫다.
　　로티를 더 부드럽게 만들어주는 박력분(케이크 또는 과자를 만드는 밀가루)를 구한다. 여기에 마가린을 사용한다는 사실이 놀라울 수도 있겠지만 적어도 태국에서는 이 마가린으로 최고의 로티를 만들어낸다. 버터를 사용하면 풍미가 너무 진해서 유제품 맛이 두드러지게 된다.

약 10개 분량

소금 1작은술
박력분 500g
살짝 풀어놓은 달걀 큰 것 1개 – 약 60g
1cm 크기로 조각 낸 마가린 40g
정제 코코넛 오일(nahm man bua) 같은 무미무취의 기름 2컵
다진 쪽파(대파) 3큰술

물 1컵에 소금을 녹인다. 밀가루를 체에 쳐서 볼에 담고 가운데에 홈을 만든다. 달걀을 넣고 부스러기 같은 반죽이 되도록 섞은 다음 소금물을 조금씩 넣으면서 반죽이 말랑하고 매끄러운 상태가 될 때까지 약 15분 정도 치댄다. 안쪽에 마가린을 문질러 바른 커다란 볼에 옮겨 담고 뚜껑을 덮어서 1시간 정도 휴지시킨다.

양손을 오므려서 반죽을 굴려 커다란 타원형 모양으로 만든다. 지름 약 4cm 크기의 작은 공 모양으로 분할한 다음 오므린 손으로 굴려서 표면을 매끈하게 만든다. 적어도 10개 정도는 만들어야 한다.

이 반죽을 다시 볼에 담고 반죽이 덮이도록 기름을 부은 다음 마가린 조각들을 여기저기 뿌린다. 기름에 담근 채로 뚜껑을 덮어서 따뜻한 곳에(마가린이 완전히 녹을 정도로 따뜻하면 안 된다) 3시간 또는 하룻밤 그대로 둔다.

볼에 묻어 있는 기름을 작업대와 손에 골고루 바른다. 반죽 하나를 꺼내어 작업대에 올려 놓고 손가락 두세 개로 눌러서 지름 15cm 크기의 원판 모양이 되도록 늘인다. 이제 이 원판 한쪽 끄트머리를 쥐고 반죽 자체의 무게를 이용해서 던지는 듯한 동작으로 스트루델 또는 필로 페이스트리와 같은 얇은 막처럼 늘어날 때까지 반죽을 내리친다. 자신이 새가슴이거나 손재주가 없다고 생각하는 사람들은 밀대를 사용해도 된다.

다진 쪽파를 약간 뿌린 다음 한 손으로 늘여놓은 반죽 한쪽 끝을 들어서 반대쪽 끝을 다른 손의 손바닥에 원을 그리듯 조심스레 걸쳐놓고 달팽이 모양의 과자처럼 손바닥 한가운데부터 바깥쪽으로 비틀면서 말아준다. 천으로 덮어놓고 남은 반죽으로 이 과정을 반복한다.

그 다음, 각각의 달팽이 모양 반죽을 지름 약 10cm, 두께 약 5mm 정도의 납작한 원판 모양으로 만든다. 바닥이 두꺼운 팬에 기름을 두르고 중불로 가열한 다음 튀겨내듯 익힌다. 로티가 들러붙지 않도록 팬을 흔들어 준다. 한쪽 면을 색이 날 때까지 충분히 익힌 다음 기름을 조금 더 넣고 뒤집어서 반대쪽 면을 튀긴다. 잘게 자른 마가린 조각을 수시로 넣어주면 로티의 풍미가 더 좋아진다. 아주 넓은 팬을 사용한다면 한번에 로티 두세 개씩 튀길 수 있다. 완성된 로티는 나머지 로티를 튀기는 동안 따뜻한 곳에 보관하되 눅눅해지지 않도록 뚜껑은 덮지 않는다.

모두 튀겨냈으면 각각의 로티를 3~4조각의 웨지로 썰어서 차려낸다. 만드느라 고생했으니 그전에 먼저 한 조각 정도는 먹자.

그린 파파야 샐러드
GREEN PAPAYA SALAD ■ SOM DTAM MALAKOR ■ ส้มตำมะละกอ

전통적으로 모든 재료를 절구에 넣고 빻아 양념을 입혀서 만드는 이 매콤한 북동부의 채소 샐러드에는 여러 가지 형태가 있다. 오이, 그린 망고, 깍지 콩, 파인애플 또는 하얀 구아바 등이 조합할 수 있는 재료이고 소금에 절인 참게, 건새우 또는 발효 생선 플라라+을 넣어 풍미를 돋우기도 한다.

방콕 길거리에서 볼 수 있듯이 파파야를 잘게 채 써는 전통적인 방식은 한 손으로는 파파야를 고정한 채 다른 한 손으로는 크고 날카로운 칼을 쥐고 힘차게 내리쳐서 쪼개는 것이다. 이런 방식으로 파파야를 깎아서 썰기 때문에 썰어놓은 파파야가 다소 굵거나 고르지 않은 경우가 허다하다. 하지만 가정에서는 채칼을 사용하므로 전통적인 방식에 비해 확실히 더 쉽고 빠르기도 하지만 균일하게 썰어놓은 파파야는 그 고유의 매력을 잃었다는 의미이기도 하다.

이 샐러드를 만들 때는 특수하게 제작된 절구와 절굿공이가 필요한데 옹기 재질의 절구는 깊고 벽이 높은 원뿔 모양이라 내용물이 튀지 않으며 절굿공이는 나무 재질이다. 가정에서는 대부분 화강암으로 만든 절구를 사용하겠지만 토마토를 빻을 때는 특히 주의하시길!

그린 파파야 샐러드는 항상 쌀밥과 같이 먹는데 찐 찹쌀밥 또는 코코넛 크림과 설탕을 뿌린 자스민 라이스와 먹기도 한다. 근처에는 구운 돼지고기 또는 달콤한 돼지고기를 파는 좌판이 있는 경우가 많은데 이 둘의 조합이 기가 막히기 때문이다.

먼저 페이스트를 만든다. 바닥이 두꺼운 팬에 고수, 커민, 카다멈을 따로따로 넣고 타지 않도록 팬을 흔들어가며 향이 짙어질 때까지 덖는다. 카다멈 겉 껍질을 제거한 다음 전동 분쇄기 또는 절구로 고수, 커민, 통후추, 넛멕와 함께 고운 가루로 만든다.

절구에 마늘과 소금을 넣고 빻은 다음 땅콩과 건새우를 넣고 빻아서 입자가 거친 페이스트로 만든다. 라임을 넣고 짓이긴 다음 방울토마토, 콩을 넣고 모든 재료가 골고루 섞이도록 조심스럽게 빻는다. 이어서 새눈고추를 넣고 적당히 짓이긴다. 빻을수록 더 매워지므로 얼마나 맵게 먹을지는 여러분에게 달린 것이다. 누군가에게 복수를 하고자 한다면 고추를 더 일찍 넣으면 된다.

이제 큼직한 스푼으로 섞어놓은 재료들을 뒤집고 버무리면서 그린 파파야를 넣고 절굿공이로 살짝 빻아 짓이긴다. 팜슈거, 피시 소스, 라임 즙, 타마린드 물로 간을 한다. 새콤달콤하면서 맵고 짭조름한 맛이 나야 한다.

접시에 쌀밥을 1컵씩 담고 그 위에 그린 파파야 샐러드를 올린 다음 양배추, 깍지 콩, 빈랑 잎 같은 생채소를 곁들여 먹는다.

2인분

껍질을 벗긴 마늘 3쪽
소금 넉넉한 1자밤
굵직하게 빻은 구운 땅콩 2큰술
씻어서 물기를 뺀 건새우 2큰술
얇게 썬 라임 2조각 또는
　작은 웨지 2조각 – 선택 사항
4등분한 방울토마토 6개
1cm 길이로 자른 줄 콩 2개
새눈고추 4~6개
작은 파파야 1개 정도 분량의
　잘게 채 썬 그린 파파야 2컵
얇게 깎은 팜슈거 3~4큰술
피시 소스 2~3큰술
라임 즙 2~3큰술
타마린드 물 1큰술
함께 차려낼 쌀밥, 생채소

칠리 타마린드 소스를 곁들인 염장 소고기 튀김

DEEP-FRIED SALTED BEEF WITH CHILLI AND TAMARIND SAUCE ■ NEUA KEM TORT JIM JAEW ■ เนื้อเค็มทอดจิ้มแจ่ว

3~4인분

우둔 또는 등심 300g
피시 소스 또는 연한 간장 2큰술
소금 1자밤
갈아놓은 백후추 1자밤
백설탕 1자밤
굵직하게 빻은 고수 씨앗 1작은술 –
   선택 사항
튀김용 식용유

소금에 살짝 절여서 굽거나 튀긴 소고기는 아마도 소고기가 태국 식단에 맨 처음 그 이름을 올린 방식이 아니었을까 한다. 소금에 절인 소고기 조각을 햇볕에 그대로 놓아두면(현재도 그 방식 그대로다) 문자 그대로 소금에 절인 소고기의 태국식 이름인 누아 땃 띠아우neua dtat dtiaw가 된다. 고기를 말리기 전에 고수 씨앗을 빻아서 뿌리는 요리사들도 있다. 나는 이 요리에 알맞은 부위가 우둔 또는 등심이라고 생각하고 그 외에도 지방이 약간 붙어 있는 부위를 주로 사용하는데 이건 순전히 내가 지방을 좋아하기 때문이다. 어떤 이들은 앞다리살이나 부채살처럼 지방이 없는 부위를 더 좋아할 수도 있다. 칠리 타마린드 소스는 맛이 아주 좋아서 고기 튀김과 생선튀김에 무척 잘 어울린다. 나는 묵직한 향을 내기 위해 맹따maengdtaa 피시 소스를 사용하지만 품질 좋은 다른 피시 소스를 사용해도 무방하다.

소고기를 가로세로 5cm x 2cm, 두께 5mm 크기로 자른다. 피시 소스, 간장, 후추, 설탕에 약 30분만 재워둔다. 고수 씨앗을 넣는다(사용할 경우).

햇볕에 반나절, 맑은 날이 아니면 그 이상 말리고 날씨가 추울 경우에는 점화용 불씨만 켜둔 오븐에 넣고 밤새 말린다.

크고 안정감 있는 웍이나 넓고 바닥이 두꺼운 팬의 ⅔ 정도 높이까지 튀김용 기름을 붓는다. 중고온의 화력으로 조리용 온도계가 180℃를 가리킬 때까지 기름을 가열한다. 온도계를 사용하지 않을 경우에는 빵 한 조각을 기름에 떨어트려보면 되는데, 기름이 충분히 가열되었다면 15초 안에 갈변된다. 중불로 낮춘 다음 가열된 기름에 소고기를 넣고 고르게 익도록 뒤집어주면서 약 4분간 튀긴다.

종이 타월에 건져서 얇게 썰기 쉽도록 살짝 식힌다. 찐 찹쌀밥 또는 자스민 라이스, 칠리 타마린드 소스와 함께 차려낸다.

+ 칠리 타마린드 소스

대나무 꼬치 5개
말린 홍고추 6개
말린 새눈고추 2~3개
생홍고추 1개
껍질을 벗기지 않은 붉은 샬롯 4개
껍질을 벗기지 않은 큼직한 마늘 3쪽

타마린드 과육 3큰술
피시 소스 2~3큰술 – 맹따 추천
깨끗하게 다듬어서 다진 고수 뿌리 2개
백설탕 넉넉한 1자밤
구운 고춧가루 넉넉한 1자밤

대나무 꼬치를 물에 담가둔다. 말린 홍고추의 꼭지를 떼어낸 다음 길이대로 잘라서 씨를 긁어낸다. 새눈고추와 함께 물에 약 15분간 담가둔다.

그동안 숯불 화로 또는 가스 그릴에 불을 붙이거나 넓고 바닥이 두꺼운 팬을 중불로 가열한다.

말린 고추를 건져내어 물기를 가능한 많이 짜내고 생고추, 말린 고추 두 종류, 붉은 샬롯, 마늘을 각각의 꼬치에 꿴다. 고추를 불에 살짝 그슬린다. 샬롯과 마늘은 물러져야 하므로 시간이 더 오래 걸린다. 식힌 다음 샬롯과 마늘 껍질을 벗기고 생고추는 씨를 제거한다.

피시 소스에 타마린드를 풀면서 손으로 과육을 쥐어짜 씨와 섬유질을 빼낸 다음 걸러준다. 절구에 고수 뿌리, 소금을 넣고 빻아서 페이스트로 만든다. 고추, 샬롯, 마늘을 차례대로 넣으면서 입자가 매우 고운 페이스트가 되도록 빻아준다. 타마린드를 풀어놓은 피시 소스와 설탕을 넣고 섞는다. 간을 본다. 물을 몇 큰술 넣어서 약간 희석해야 할 수도 있다. 고춧가루를 넣고 마무리한다. 소스는 신맛, 매운맛, 짠맛이 비슷한 강도로 느껴져야 한다.

팟타이

PAD THAI ■ ผัดไท

2인분

생 팟타이 국수 125g 또는
    얇은 건면 쌀국수 100g
얇게 깎은 팜슈거 3큰술
타마린드 물 2큰술
식초 약간 – 선택 사항
피시 소스 1큰술
기름 3큰술
소금 1자밤과 함께 굵직하게 다진
    붉은 샬롯 4개
달걀 2개 – 어떤 요리사들은
    오리알을 사용하기도 함.
작은 직사각형, 정사각형으로 썰어놓은
    노란 두부 또는 단단한 두부 30g –
    수북이 2큰술 정도
씻어서 물기를 제거한 건새우
    1큰술
씻어서 물기를 제거한 잘게 채 썬
    염장 무 ½작은술
굵직하게 부수어 구운 땅콩 1큰술
다듬어놓은 숙주 한 줌
약 2cm 길이로 썰어놓은
    중국 부추 한 줌
차려낼 때 추가할 숙주, 부수어 구운
    땅콩, 라임 웨지, 구운 고춧가루,
    생채소(병풀, 바나나 꽃, 양배추
    또는 줄콩)

팟타이는 태국 요리의 대명사로 잘 알려져 있지만 실제로는 그 이름을 알리기 시작한 지가 얼마 되지 않았는데, 피분Phibun 장군의 군사정권이 집권했던 1930년대에서 1940년대 초반까지의 초국가주의 시절에 탄생한 요리다. 그는 태국 국민들이 국수를 먹는 식습관을 가지도록 노력해야 한다고 선언했고 이에 따라 학교, 정부 기관, 여러 보수 단체에서는 새로운 국수 레시피를 만들어내기 위한 경연이 열렸는데 결국 타마린드와 팜슈거로 맛을 낸 국수 요리가 우승을 차지했다. 이 요리에는 맹목적인 애국심을 고취하던 당시의 시대상이 반영되어 팟타이라는 이름이 붙여졌으며 숙주, 두부, 염장 무, 중국 부추를 사용하고 특히 국수 그 자체에 공통점이 많았음에도 불구하고 중국의 면 요리와는 다르다는 점을 강조했다.

그 이후로, 팟타이는 유명세를 타기 시작했고 현재는 태국인들 사이에서도 값싸고 맛있고 간편한 길거리 음식으로 전폭적인 지지를 얻고 있지만 지금 외국인들에게는 태국의 고전 요리쯤으로 받아들여지고 있다.

이 요리에는 얇으면서도 쫄깃한 쌀국수가 잘 어울리는데 생면을 사용하면 훨씬 더 맛있지만 아쉽게도 태국 이외의 나라에서는 구하기 어렵다. 그러나 라이스 스틱이라고 알려져 있는 건면은 구하기 쉽다.

이제는 생새우를 사용해서 만든 고급 팟타이도 유행하고 있는데 좁은 골목길 노점 스타일이 아니라 대로를 따라 거닐다 들어간 식당에서 먹는 수준의 팟타이를 만들 생각이라면 샬롯을 볶기 시작할 때 레시피 후반에 나오는 건새우 대신 손질한 중간 크기 생새우 6마리를 넣으면 된다.

건면을 사용할 경우에는 부드러워질 때까지 약 15분간 물에 담가두되 너무 오래 담가두면 안 된다. 그동안 냄비에 물을 붓고 끓을 때까지 가열한 다음 면을 건져내어 물기를 빼고 끓는 물에 잠시만 데쳐서 다시 물기를 뺀다(이렇게 하면 볶을 때 면이 서로 들러붙지 않는다).

볼에 팜슈거, 타마린드, 식초(사용할 경우), 피시 소스, 물 1~2큰술을 넣고 설탕이 완전히 녹을 때까지 잘 저어 섞는다.

웍에 기름을 두르고 중불로 가열한 다음 샬롯을 넣고 향이 짙어지면서 색이 나기 시작할 때까지 볶는다. 달걀을 깨트려 넣고 오믈렛처럼 될 때까지 잠시 휘저어 볶는다.

화력을 높여서 물기를 뺀 면을 넣고 달걀을 쪼개면서 약 30초간 볶는다. 타마린드 시럽을 넣고 졸아들 때까지 뭉근하게 끓인다. 콩, 두부, 건새우, 염장 무, 땅콩을 넣고 바싹 졸아들 때까지 휘저어주면서 끓인다. 숙주와 중국 부추를 넣고 잠깐만 볶는다.

간을 본다. 팟타이는 새콤달콤하면서 짭조름한 맛이 나야 한다. 접시 두 개에 나눠 담고 여분의 숙주와 땅콩을 뿌린다. 라임 웨지, 구운 고춧가루, 생채소를 곁들여낸다.

닭고기와 쌀밥

CHICKEN AND RICE ■ KAO MAN GAI ■ ข้าวมันไก่

4인분

뼈가 붙어 있는 닭 가슴살 약 750g
소금 넉넉한 1자밤
흰 식초 1큰술
함께 차려낼 얇게 썬 오이, 고수 잎,
　얇게 썬 쪽파, 튀긴 마늘, 갈아놓은
　흰 후추, 황두장 소스(다음 페이지
　참조)

닭고기 삶을 육수

닭 육수 약 4컵
소금 ½~1작은술
부숴놓은 황빙당 2큰술 – 선택 사항
묶어놓은 판단 잎 1장
말린 귤 또는 오렌지 껍질 작은 조각
　– 선택 사항
껍질을 벗기지 않은 마늘 2쪽
고수 줄기 약간
2cm 길이의 생강 조각 1개

쌀밥

묵은 자스민 라이스 또는 자스민
　라이스에 백찹쌀 1~2큰술을
　섞어서 3컵
깨끗하게 다듬어놓은 고수 뿌리 2개
소금 넉넉한 1자밤
껍질을 벗긴 마늘 2쪽
얇게 썬 생강 1큰술
녹인 닭 지방 또는 땅콩 기름 2큰술
판단 잎 또는 바삭한 닭 껍질 조각
　약간 – 선택 사항

국

소금
백설탕 1자밤
껍질을 벗기고 씨를 빼낸 다음
　2cm 크기의 조각으로 자른 박 또는
　여주 200g 또는 씻어서 얇게 썬
　절인 겨자 잎 100g
연한 간장 약간

하이난 태생의 이 요리는 19세기 또는 20세기 초, 중국 변방의 이민자들과 함께 유입되었는데 대부분 남자들로 구성된 후손들이 아직도 만들어 팔고 있다. 그 옛날부터 언제나 몇 가지 요리를 모아서(닭고기, 쌀밥, 국, 소스) 차려내는 그 모습 그대로인 이 요리는 묵은 쌀로 만들어야 그 진미를 맛볼 수 있다. 일반적인 자스민 라이스보다 더 깊은 맛이 나는 묵은 쌀은 대부분의 중국 식료품점에서 구할 수 있다. 녹인 닭 지방은 이 요리의 깊은 맛을 더욱 풍성하게 만들어준다. 만들기도 간단해서 내 입장에서는 추천하지 않을 수 없지만 그러려면 지방이 많은 자투리 고기를 넉넉하게 모아두어야 한다. 그러나 아쉽게도 주로 묵은 일반 기름을 사용하는 방콕 길거리에서는 이와 같은 방식으로 만든 요리를 만나기가 쉽지는 않은 듯하다.

먼저 닭고기를 삶을 육수를 만든다. 냄비 또는 육수 전용 냄비에 닭 육수와 향신료를 넣고 끓을 때까지 가열한다.

닭 가슴살을 깨끗하게 손질한 다음(녹여서 기름으로 만들 지방과 여분의 껍질을 따로 보관한다) 소금과 식초를 문질러 바른다. 이 과정을 거치면 껍질이 하얗게 유지된다. 헹궈서 말린다. 끓고 있는 육수의 부유물을 걷어낸 다음 닭 가슴살을 넣고 완전히 익히되 과조리되지 않도록 20분 정도 뭉근하게 삶는다. 닭고기를 건져내고 –육수는 따로 남겨둔다– 쌀밥과 국을 준비할 동안 휴지시킨다(일부 노점에서는 과조리를 방지하고 껍질이 탄탄해지도록 삶아낸 닭고기를 그 즉시 얼음물에 담그기도 한다).

물을 몇 번씩 갈아주면서 쌀을 씻고 물기를 뺀다(전분이 더 많이 빠져나오도록 1시간 30분 정도 물에 담가두는 요리사들도 있다). 절구에 고수 뿌리, 소금, 마늘, 생강을 넣고 빻아서 입자가 고운 페이스트로 만든다. 딱 맞는 뚜껑이 있는 소스팬에 닭기름 또는 기름을 두른 다음 페이스트를 넣고 색이 나기 시작할 때까지 볶다가 물기를 뺀 쌀을 넣고 낟알이 부서지지 않도록 뒤섞어주면서 몇 분 더 볶는다. 따뜻한 육수를 쌀 표면에서 검지손가락 첫마디까지 올라오도록 넉넉하게 붓는다. 뚜껑을 덮고 끓을 때까지 가열한 다음 화력을 약하게 줄이고 쌀이 익을 때까지 끓인다. 필요시 약간의 소금으로 간을 한다. 불에서 내린 다음 뚜껑을 덮고 따뜻한 곳에서 20~30분 정도 뜸을 들인다(뜸 들일 때 쌀밥 속에 판단 잎을 넣거나 바삭한 닭 껍질 조각을 넣는 요리사들도 있다).

국을 만든다. 남아 있는 육수를 끓을 때까지 가열한 다음 소금과 설탕으로 간을 한다. 준비해놓은 박(여주를 사용한다면 쓴맛이 빠져나오도록 그 조각들을 약간의 소금으로 문질러서 20분 정도 체에 밭쳐둔 다음 잘 헹궈준다)을 넣고 완전히 익어서 연해질 때까지 10~15분 정도 끓인다. 국은 간이 잘 되어야 하며 필요시 약간의 소금과 연한 간장을 더 넣어도 되지만 국이 담백하고 맑은 상태를 유지하도록 과하게 넣지 않는다.

닭 가슴살의 모양이 통째 잘 유지되도록 뼈와 고기를 분리한다. 나는 껍질이 그대로 있는 것이 좋지만 여러분의 경우 기호에 따라 제거해도 무방하다. 닭고기의 결을 가로질러 살짝 어슷하게 잘라서 조각을 낸다.

해당 사진은 다음 페이지 >

그릇 4개에 쌀밥을 수북이 담고 닭고기 몇 조각을 그 위에 올린 다음 얇게 썬 오이 1~2조각을 올려 장식한다. 그릇에 국을 담고 고수 잎, 튀긴 마늘, 흰 후추, 쪽파를 뿌린 다음 황두장 소스 1종지와 함께 차려낸다.

+ 녹인 닭 지방

닭 지방과 껍질 3~4큰술
소금 넉넉한 1자밤

지방과 껍질을 씻어서 굵직하게 다진다. 작은 냄비에 소금과 함께 넣고 물을 붓는다. 물이 증발하고 지방이 녹을 때까지 약 10분간 끓인다. 껍질과 지방이 노릇하게 변하면서 고소한 냄새가 진하게 풍기면 걸러서 금속 그릇에 담는다. 이렇게 하면 약 3큰술 정도가 만들어진다. 바삭해진 껍질은 따로 보관한다.

+ 황두장 소스

깨끗하게 다듬은 고수 뿌리 2~3개
소금 1자밤
껍질을 벗긴 마늘 3쪽
껍질을 벗긴 2cm 크기의 생강 1조각
헹궈낸 황두장 3큰술
흰 식초 1큰술
얇게 깎은 팜슈거 1자밤
매우 가늘게 썰어놓은 황, 녹 또는 홍고추 ½개
진한 간장 약간
연한 간장 약간
헹궈내지 않은 황두장 1작은술 – 선택 사항

절구에 고수 뿌리, 소금을 넣고 빻은 다음 마늘, 생강을 넣고 계속 빻아서 입자가 고운 페이스트를 만든다. 헹궈낸 황두장을 넣고 잘 섞어준 다음 식초를 넣어 수분을 보탠다. 설탕을 넣고 녹인 다음 고추와 간장으로 맛을 낸다. 간을 봤을 때 짠맛이 강하고 시며 맵고 살짝 달콤한 맛이 나야 한다. 설명에 따라 맛을 조절한다. 황두장 맛이 더 필요할 경우 헹궈내지 않은 황두장을 1작은술 넣는다.

게살 볶음밥

FRIED RICE WITH CRAB ■ KAO PAT BPUU ■ ข้าวผัดปู

2인분

껍질을 벗긴 마늘 2~3쪽
소금 넉넉한 1자밤
식용유 3~4큰술 - 땅콩 기름 추천
달걀 2개 - 오리알 1개, 달걀 1개 추천
쌀밥 2컵 - 갓 지어서 따뜻하되
　뜨거운 김이 나지 않는 상태
연한 간장 2~3큰술
백설탕 1자밤
갈아놓은 흰 후추 1자밤
익힌 게살 약 100g -
　푸짐하게 내려면 더 많이
다듬어서 곱게 다진 쪽파 3줄기
함께 차려낼 고수 잎, 라임 웨지,
　얇게 썬 오이
함께 차려낼 피시 소스에 담근 고추
　(다음 페이지 참조)

볶음밥용 달걀(오리알)

가장 맛있는 볶음밥은 동량의 오리알 또는 달걀을 넣어 만든 볶음밥이라 주장하는 요리사들이 있는데 그 논란의 시작은 따로 있다. 알이 먼저일까 아니면 밥이 먼저일까? 요리사마다 각자의 입장이 있겠지만 나는 알이 먼저라고 생각한다. 특히 오리알 1~2개를 사용할 경우 나중에 넣으면 볶음밥이 질척거리면서 서로 들러붙고 결국 식감이 무거워진다.

이 볶음밥은 아주 고전적인 요리일 뿐만 아니라 최고의 볶음밥 중 하나다. 태국식 볶음밥은 80여 년 전 길거리에서 첫선을 보였는데 이보다 훨씬 더 오랫동안 볶음밥을 먹어온 중국 지역사회에서는 전통적으로 결혼식 또는 중국의 새해를 기념하는 축연에서 가장 마지막에 등장하는 음식 중 하나이므로 하객들의 주린 배를 채워주기에 아주 그만인 음식이었다.

대부분의 요리사가 밥을 완전히 식혀야 한다고 주장하지만 나는 밥이 너무 차가우면 뭉쳐져서 이를 억지로 떼어내려는 과정에서 밥알이 깨진다는 사실을 알아냈다. 실제로 나는 약간 온기가 남아 있는 밥을 더 선호하는데 갓 지어서 1~2시간 정도 식힌 밥이 가장 좋았다. 반대로 너무 뜨거우면 볶음밥이 질척이게 되며 너무 차가우면 약간 단단해져서 밥알이 깨지게 되고 결국 요리를 망칠 수도 있는 것이다. 뭐든 적당해야 된다.

태국 꽃게는 살이 달아서 볶음밥용으로는 더할 나위가 없지만 게살은 원래 달게 마련이다. 가장 신선하고 육즙이 많은 게살을 구하고 싶다면 직접 게를 익혀서 껍질을 깨고 살을 빼내야 한다(238쪽 참조). 그 차이는 확실하다. 생돼지고기, 닭고기, 새우, 중국식 바비큐 돼지 또는 오리를 포함해서 거의 모든 '살'을 사용할 수 있으며 생게살 또는 해산물을 사용한다면 동시에 익을 수 있도록 마늘을 웍에 넣을 때 함께 넣어야 한다.

태국에서는 볶음밥에 항상 얇게 썬 오이 몇 조각과 토마토를 곁들이고 밥 위에 그 즙을 짜서 뿌릴 라임 웨지를 함께 낸다. 나는 오이의 그 아삭함을 좋아하며 라임까지는 문제 없다고 생각하지만 토마토는 좀 과하다고 생각한다.

마늘을 소금과 함께 으깨어 입자가 약간 거친 페이스트로 만든다. 절구에 넣고 빻거나 칼로 곱게 다져도 된다.

기름을 잘 먹인 웍을 중저온의 화력으로 가열한다. 기름 2큰술을 두른 다음 마늘 페이스트를 넣고 생마늘의 아린 향이 없어지고 고소한 냄새가 나면서 색이 변하기 시작할 때까지 볶는다. 타지 않도록 주의해야 하는데 마늘이 타면 볶음밥이 거뭇거뭇해지고 결국 망치게 된다. 달걀을 깨트려 넣고 잠시 그대로 뒀다가 휘저어서 큼직하고 부드럽게 덩어리지도록 스크램블한다. 달걀이 과조리되어 메마르지 않도록 주의한다.

밥을 넣고 화력을 줄여서 밥알에 달걀과 기름이 살짝 입혀지도록 잘 섞고 버무리면서 볶는다. 너무 메마르다고 느껴지면 약간의 기름을 웍 가장자리에 흘려 넣으면 되는데 너무 많이 넣지 않도록 주의한다. 기름은 밥알에 살짝 입혀져야 하며 밥알이 잠길 정도면 곤란하다.

간장, 설탕, 후추로 간을 하고 간장이 모두 흡수될 때까지 계속 볶는다. 맛을 본다. 심심하게 간이 되어야 하며 맛있지만 짜지 않고 딱 좋을 정도의 무난한 풍미가 느껴져야 한다. 밥에 간이 덜 되면 맛이 겉돌고 뭔가 부족한 것처럼 느껴지므로 필요에 따라 간장을 약간 더 넣는다. 이제 게살과 쪽파를 넣고 섞어주는데 둘 다 차려낼 때 볶음밥 위에 뿌리도록 약간만 남겨둔다.

볶음밥을 접시 2개에 나눠 담고 남겨둔 게살과 쪽파를 뿌린다. 고수 잎, 얇게 썬 오이, 라임 웨지를 곁들이고 피시 소스에 담근 고추 1종지와 함께 차려낸다.

+ 피시 소스에 담근 고추

피시 소스 ¼컵
매우 얇게 썬 새눈고추 5~10개
매우 얇게 썬 마늘 1쪽 - 선택 사항이지만 추천
갓 짜낸 레몬 즙 - 선택 사항
다진 고수 넉넉한 1자밤

그릇에 피시 소스, 고추, 마늘을 넣고 섞어서 한쪽에 둔
다. 잠시 그대로 둔다. 사실 하루 정도 숙성되면 맛이 더
깊어지면서 순해진다. 미리 만들어두려면 반드시 뚜껑
을 덮어서 보관한다. 피시 소스가 증발하면 동량의 물을
넣어서 보충해준다. 내기 직전에 라임 즙과 고수를 넣고
골고루 섞는다.

터메릭과 향신료로 맛을 낸 닭고기 밥

CHICKEN BRAISED IN RICE WITH TURMERIC AND SPICES ■ KAO MOK GAI ■ ข้าวหมกไก่

4인분

피시 소스 2큰술
백설탕 1자밤
요거트 또는 사워 밀크(젖산발효유)
　　약 ½컵
소금
각각 3~4조각으로 자른 닭
　　3마리 분량의 다리와 넓적다리
튀김용 식용유 또는
　　기ghee(인도식 정제버터)
얇게 썬 붉은 샬롯 ½컵 –
　　붉은 샬롯 약 8~10개
기ghee 2~3큰술
카다멈 잎 또는 말린 월계수 잎 2장
살짝 구운 3cm 길이의 계피
태국 카다멈 꼬투리 2개 또는
　　살짝 구운 녹색 카다멈 꼬투리 1개
반으로 잘라서 씨를 빼내고 굵직하게
　　다진 큼직한 토마토 1개
다진 민트 잎 1컵
다진 고수 잎 1컵, 여분으로 1큰술
씻어서 물기를 뺀 묵은 자스민 라이스
　　3컵
닭 육수 4컵
사프란 넉넉한 1자밤을 따뜻한 물
　　3큰술에 넣어 몇 분간 우린 물
묶어놓은 판단 잎 1장
함께 차려낸 얇게 썬 오이

페이스트

깨끗하게 다듬어서 다진 고수 뿌리 2개
다진 생강 1큰술
다진 마늘 1큰술
다진 터메릭 ½작은술
소금 1자밤
닭고기용 커리 가루 또는
　　순한 커리 가루 수북이 2큰술

이것은 태국식 비리야니biryani*로 원래 인도 북부 무굴 제국의 궁정 요리였다. 이슬람계의 인도 상인들이 동남아시아로 전파한 것으로 점차 연회, 축제, 금요 기도회 이후의 기간 동안 먹는 중요한 요리로 자리매김했다.

묵은쌀은 쉽게 말해 지난해에 수확한 쌀인데 상점에서 구할 수 있는 대부분의 쌀은 그해에 수확한 쌀이다. 신선한 쌀은 익혔을 때 맛이 달고 질감이 부드럽다. 그러나 지난해 수확한 쌀이 조금씩 남기 마련인데 이 묵은쌀은 상대적으로 살짝 메마른 상태로 맛이 더 강하고 향도 약간 다르다. 또한 탄성이 더 강해서 요리를 할 때 수반되는 볶기, 끓이기, 휘젓기 등에 더 알맞다. 묵은쌀은 중국 식료품점에서 손쉽게 구할 수 있어서 점원에게 요청하기만 하면 된다. 혹시 묵은쌀이 없어서 햅쌀을 사용한다면 쌀을 볶거나 익힐 때 낱알이 깨지지 않도록 각별히 유의해야 한다.

이 요리는 항상 튀긴 샬롯을 뿌려서 달콤한 칠리 소스 또는 민트 소스를 담은 종지와 함께 차려낸다. 좀 더 격식을 차려야 하는 경우에는 소꼬리 탕을 곁들인다.

먼저 페이스트를 만든다. 절구에 고수 뿌리, 생강, 마늘, 터메릭을 소금과 함께 차례대로 넣고 빻아서 입자가 매우 고운 페이스트를 만든다. 커리 가루를 넣고 섞는다. 커다란 볼에 절반 분량의 페이스트와 피시 소스, 설탕, 절반 분량의 요거트 또는 사워 밀크와 소금을 넣고 섞는다. 닭고기를 넣고 냉장고에서 몇 시간 정도 재운다. 나머지 분량의 페이스트는 따로 잘 보관한다.

크고 안정감 있는 웍 또는 넓고 바닥이 두꺼운 팬의 ⅔ 정도 높이까지 튀김용 기름 또는 기ghee를 붓는다. 중고온의 화력으로 조리용 온도계가 180℃를 표시할 때까지 기름을 가열한다. 온도계를 사용하지 않을 때는 빵 조각 하나를 기름에 떨어트려보면 되는데 10~15초 안에 빵이 갈변하면 충분히 가열된 것이다. 샬롯을 넣고 노릇해질 때까지 튀긴다. 건져서 기름기를 뺀다. 재워둔 닭고기를 노릇해지면서 향이 날 때까지 중불로 튀긴 다음 건져낸다.

바닥이 두꺼운 냄비에 기를 넣고 가열한 다음 남은 분량의 페이스트와 카다멈 잎 또는 월계수 잎, 계피, 카다멈을 넣고 향기로운 냄새가 날 때까지 볶는다. 토마토, 민트, 고수를 넣고 토마토가 으스러질 때까지 몇 분 더 볶는다. 이때 페이스트가 눌어붙거나 타지 않도록 주의한다. 닭고기와 쌀을 넣고 잠시 볶다가 육수를 붓는다. 사프란 우린 물, 판단 잎, 절반 분량의 튀긴 샬롯, 남은 분량의 요거트 또는 사워 밀크, 소금 1자밤을 넣고 쌀이 깨지지 않도록 조심하면서 냄비 바닥을 긁으며 뒤섞는다. 뚜껑을 덮고 끓을 때까지 가열한 다음 불을 매우 약하게 줄여서 20~25분간 익힌다. 쌀과 닭고기가 동시에 익어야 한다. 냄비 바닥에 깔린 것들이 모두 섞이도록 쌀을 조심스럽게 들춰서 뒤섞는다. 완전히 검게 타지 않은 이상 이 캐러멜화된 것들이 가장 깊고 풍부한 맛을 낸다. 뚜껑을 덮고 적어도 30분 또는 그 이상 휴지시킨다. 시간이 지나면서 맛이 더 좋아진다. 간을 본다. 필요하면 소금을 조금 더 추가한다.

남은 분량의 튀긴 샬롯과 여분의 고수를 뿌린다. 얇게 썬 오이와 달콤한 칠리 소스 또는 민트 소스를 곁들여 차려낸다.

* biryani : 생쌀에 향신료에 잰 고기, 생선 또는 달걀, 채소를 넣어서 찌거나 고기 등의 재료를 미리 볶아 반쯤 익힌 쌀과 함께 찐 인도의 쌀요리이다.

+ 달콤한 칠리 소스

씨를 빼고 굵직하게 다진 홍고추 2개
새눈고추 1~2개 - 선택 사항
소금 넉넉한 1자밤
깨끗하게 다듬은 작은 고수 뿌리 2개
껍질을 벗긴 큼직한 마늘 2쪽
백설탕 ⅓컵
식초 ⅓컵

절구에 고추, 소금, 고수 뿌리, 마늘을 넣고 빻는다. 작은 소스 팬에 옮겨 담고 설탕 식초, 물 ⅓컵을 붓고 걸쭉한 시럽이 될 때까지 약 5분 정도 끓인다. 너무 걸쭉한 상태가 되면 물 몇 큰술을 보태어 넣는다. 식혀서 사용한다. 달고 시고 살짝 매운맛이 나야 한다.

+ 민트 소스

깨끗하게 다듬은 고수 뿌리 2~4개
소금 넉넉한 1자밤
풋(녹색) 새눈고추 1~2개
굵직하게 다진 고수 잎 2컵
굵직하게 다진 민트 잎 2컵
백설탕 1~3작은술
흰 식초 3~4큰술

절구에 고수 뿌리, 소금, 고추를 넣고 빻는다. 다진 고수와 민트를 넣고 부드러워질 때까지 빻는다. 설탕과 식초로 간을 한다. 허브의 맛이 나면서 단맛이 나야 하며 살짝 시고 너무 맵지 않아야 한다.

찬타부리의 게로 맛을 낸 국수

CRAB NOODLES FROM CHANTHABURI ■ SEN CHAN PAT PBUU ■ เส้นจันทร์ผัดปู

찬타부리는 태국만 동쪽 연안에 위치한 큰 시장 마을이자 자그마한 항구다. 말레이인, 중국인, 베트남인, 참족 그리고 당연히 태국인들이 와서 정착했는데 이들 모두는 이 지역의 음식과는 뚜렷이 구분되는 자신들의 흔적을 남겼다.

마을에 있는 큰 시장에 가면 이 훌륭한 요리에 특화된 노점이 서너 개 정도 있는데 이들은 모두 게가 듬성듬성 섞여 들어가 있는 국수를 커다란 접시에 쌓아 놓고 있다. 또한 이들은 아주 작은 게를 사용하는데 소스에 통째 삶아낸 그 게의 지름은 겨우 2cm 정도다. 그러나 찬타부리에서도 이 게는 구하기가 쉽지 않아서 조각낸 태국 꽃게 또는 작은 새우로 대체하기도 한다.

게의 내장이라는 것은 사실 게의 간과 췌장인데 대부분 껍질 안쪽 가장자리에 붙어 있다. 언제부터 요리에 사용했는지 단정할 수는 없지만 익히면 아주 맛있어서 요리에 깊고 강한 풍미를 부여한다. 보통 녹색이거나 노란색이며 특히 노란색은 '크랩 머스터드(게 겨자)'라고도 한다. 알은 주황색 때로는 오렌지색이기도 하며 역시 등쪽 한가운데를 따라 껍질 안쪽에 자리잡고 있다. 당연히 암컷은 일년 중 특정 기간에만 알을 밴다. 알을 배기 전 어린 암컷 게의 살이 더 달다. 이 국수는 씁쓸한 잎 채소와 함께 차려 내곤 하는데 그 떫은맛이 소스의 단맛을 상쇄하기 때문이다.

먼저 페이스트를 만든다. 목록에 있는 재료를 절구에 하나씩 순서대로 넣고 빻아 입자가 고운 페이스트로 만든다.

이제 게를 손질한다. 운 좋게도 찬타부리에서 잡아 온 작은 생게를 구한 경우에는 씻기만 하면 된다. 그렇지 않다면 태국 꽃게를 사용한다. 깨끗이 씻어서 게의 잔발을 제거하고 등딱지를 떼어낸 다음 내장과 알을 긁어낸다. 게의 몸통 한가운데를 토막낸 다음 크기에 따라 3~4조각으로 자른다.

볼에 국수를 담고 물을 부어서 부드러워질 때까지 약 15분 정도 담가둔다. 큼직한 냄비에 물을 붓고 끓을 때까지 가열한다.

그동안 웍 또는 팬에 기름을 두르고 가열한 다음 페이스트를 넣고 향이 진동할 때까지 3~4분간 볶는다. 내장을 넣고 뒤이어 조각낸 게를 넣는다. 중불로 3~4분간 볶다가 레몬그라스, 팜슈거, 타마린드 물, 피시 소스, 후추를 넣는다. 계속 저어주면서 소스가 걸쭉해지고 게가 익을 때까지 잠시 끓인다. 달고 맵고 신맛이 나야 한다. 한쪽에 두고 따뜻하게 유지한다.

국수는 물기를 잘 빼고 끓는 물에 잠깐만 데쳤다가 다시 물기를 뺀다(이렇게 하면 요리할 때 국수가 뭉치지 않는다). 뜨거운 소스에 국수를 넣고 소스가 골고루 묻으면서 거의 다 흡수될 때까지 자주 저어주면서 끓인 다음 중국 부추와 숙주를 넣는다.

곁들임 재료 일부 또는 전부, 라임 웨지와 함께 차려낸다.

2인분

작은 게 5마리 또는 태국 꽃게 1~2마리
 – 약 600g
얇은 건면 쌀국수 100g
식용유 4~5큰술
게를 손질할 때 나오는 생게의 내장
 2~3큰술 – 선택 사항이지만 추천
깨끗하게 다듬어서 짓이긴 레몬그라스
 줄기 2개
얇게 깎은 팜슈거 ⅓컵
타마린드 물 2~3큰술
피시 소스 2~3큰술
갈아놓은 흰 후추 넉넉한 1자밤
깨끗하게 다듬어서 2cm 길이로 자른
 중국 부추 ¼다발 – 약 ½컵
씻어서 다듬어놓은 숙주 1컵
함께 차려낼 라임 웨지

페이스트

씨를 빼고 물에 15분간 담갔다가
 건져낸 말린 홍고추 12개
소금 넉넉한 1자밤
고수 뿌리 깨끗하게 다듬어 다진 것
 1큰술
다진 갈랑갈 1큰술
얇게 썬 붉은 샬롯 2큰술
껍질을 벗긴 마늘 1쪽 – 선택 사항
 이지만 깊은 맛을 원한다면 추천

곁들임

베텔 잎
손질한 아시아 병풀
예쁘게 썰어 놓은 오이
하얀 잎사귀가 나올 때까지 벗겨서
 4~6등분한 다음 라임 즙 또는 식초
 로 신맛을 낸 물에 담근 바나나 꽃

걸쭉한 그레이비로 맛을 낸
불 맛 국수와 닭고기

CHARRED RICE NOODLES AND CHICKEN WITH THICKENED 'GRAVY' ■ RAAT NAR GAI ■ ราดหน้าไก่

<u>2인분</u>

넓은 생면 쌀국수 200g
진한 간장 ½~1큰술 – 선택 사항
식용유 2~3큰술
껍질을 벗긴 마늘 2쪽
소금 1자밤
10조각 정도로 자른 닭 가슴살 100g
황두장 1큰술
갈아놓은 흰 후추
닭 육수 1½컵
백설탕 1작은술
약 3cm 길이로 자른 어린 공심채
    100g – 1컵 정도
타피오카 가루 1큰술과 물 2큰술을
    섞어 만든 현탁액
연한 간장 1작은술
피시 소스 1작은술
함께 차려낼 여분의 피시 소스,
    백설탕, 구운 고추가루와 식초에
    담근 고추(330쪽 참조)

이 요리에는 납작하고 넓은 쌀국수가 가장 잘 어울린다. 차이나타운에서는 매일 아침 만들자마자 즉시 시장으로 보낸다. 갓 만든 국수의 맛은 그야말로 환상적이다. 오래됐거나 말린 국수는 권하지 않는다. 이 국수들, 그러니까 갓 만들었거나 냉장 보관했거나 약간 마른 것이거나 모두 부드럽고 유연해질 때까지 잠시 찐 다음 식혔다가 사용해야 한다. 국수는 중불에서 웍으로 그슬려 이 요리의 특징이라 할 만한 불 맛을 내야 한다. 이를 위해서는 기름을 잘 먹인 웍이 필수다. 그 맛(불 맛)을 강조하기 위해 국수에 미리 간장을 문질러 바르는 요리사들도 있다. 국수가 매우 신선할 경우에는 필요 없는 과정이지만 되살리려고 쪄냈다면 연해진 면을 마구 볶을 때 끊어질 수 있으므로 영리한 조치라 할 수 있다. 이 단계에서는 기름을 넣지 말아야 하며 면에 색이 나서도 안 된다. 그렇지 않을 경우 면이 엉기고 울퉁불퉁해진다.

소스는 타피오카 가루로 농도를 내는데 뚜렷하게 걸쭉해지면서 만족스러운 질감이 만들어진다. 간은 각자의 입맛에 맞도록 개인별로 마무리해야 하므로 너무 과하게 하면 안 된다.

국수를 펼쳐서 가닥을 흐트러뜨린다. 국수를 쪄낸 상태라면 진한 간장을 문질러 바른다. 웍을 달군 다음 국수를 펼쳐서 넣고 그슬려서 바삭해질 때까지 그대로 뒀다가 들어서 뒤집는다. 국수가 끊어지지 않도록 주의한다. 그슬린 국수가 너무 메말라 보이면 웍에 기름을 약간만 떨어트려 넣는다. 국수는 색이 짙고 맛있는 냄새가 나야 하며 일부는 거의 탄 듯해야 한다. 볼 2개에 나눠 담고 따뜻하게 보관한다.

마늘을 소금과 함께 으깨어 입자가 약간 거친 페이스트로 만든다. 절구에 넣고 빻거나 칼로 곱게 다져도 된다. 작은 팬 또는 깨끗한 웍에 기름을 두르고 가열한 다음 마늘 페이스트를 넣고 색이 나기 시작할 때까지 볶는다. 닭고기를 넣고 마늘이 노릇해지면서 닭고기에 입혀질 때까지 계속 볶는다. 황두장을 넣고 잠시 더 볶는다. 후추 1자밤을 뿌리고 잠시 볶다가 육수를 넣는다. 끓을 때까지 가열한 다음 설탕과 공심채를 넣는다. 공심채가 숨이 죽어서 연해질 때까지(너무 아삭하면 안 된다) 끓인 다음 타피오카 현탁액을 붓는다. 소스가 걸쭉해지면서 약간 부풀어오를 때까지 계속 저어주면서 끓인다. 정말이지 매우 걸쭉한, 거의 반투명한 상태로 딱 적당한 찰기가 있어야 한다. 연한 간장과 피시 소스로 간을 한다. 짭조름하고 달고 불 맛이 나야 한다.

소스를 국수에 붓고 흰 후추를 뿌린다. 피시 소스, 백설탕, 구운 고추가루, 식초에 담근 고추를 곁들여서 차려낸다.

버섯과 삭힌 두부로
맛을 낸 당면 볶음

GLASS NOODLES STIR-FRIED WITH MUSHROOMS AND FERMENTED BEAN CURD ■
WUN SEN PAT DTAO HUU YII ■ วุ้นเส้นผัดเต้าหู้ยี้

이것은 방콕 길거리에서는 보기 드문 아주 맛있는 채식 요리다. 삭힌 두부는 작은 두부 조각을 술과 향신료에 숙성시켜 고소하고 풍성한 맛이 나도록 만든 것으로 대부분의 아시아 상점에서 병이나 캔에 든 상태로 판매한다. 삭힌 두부는 두 가지 종류가 있는데 붉은색 두부는 톡 쏘는 맛이 강하고 유백색의 두부는 상대적으로 맛이 순하다. 나는 후자가 맛이 더 부드럽고 퀴퀴한 냄새도 적당해서 즐겨 사용한다. 짠맛이 꽤 강하기 때문에 이 요리의 염도를 감안해서 신중하게 사용해야 한다. 병에 든 마늘 절임 또한 아시아 상점에서 구할 수 있다.

커다란 볼에 당면을 담고 따뜻한 물을 부어서 부드러워질 때까지 약 20분 정도 그대로 둔다. 그동안 절구에 고수 뿌리, 소금, 생강, 마늘을 넣고 빻아서 다소 거친 페이스트로 만든다. 당면을 건져서 10cm 길이로 대충 자른다.

웍에 기름을 두르고 가열한 다음 페이스트를 넣고 색이 나기 시작할 때까지 볶는다. 초고버섯 또는 느타리버섯과 표고버섯을 넣고 1분 정도 볶는다. 삭힌 두부를 넣고 약간 부서질 때까지 볶다가 간장, 채소 국물 또는 물, 마늘 절임 시럽, 청주를 넣는다. 끓을 때까지 가열한 다음 배추를 넣고 잠시 끓이다가 당면을 넣는다. 어린 시금치 잎을 사용한다면 당면을 넣을 시점에 같이 넣는다. 잠시 더 끓여서 당면을 완전히 익히되 과조리되어 뭉쳐지거나 끈적해지지 않도록 유의한다. 마늘 절임, 아시아 셀러리, 쪽파를 넣고 섞는다.

고수 잎, 흰 후추를 뿌려서 차려낸다.

4~5인분

말린 당면 300g
깨끗하게 다듬어서 다진 고수 뿌리
　1작은술
소금 1자밤
얇게 썬 생강 1조각
갈아놓은 흰 후추 1자밤
식용유 3큰술
깨끗하게 다듬어서 4조각으로 자른
　초고버섯 또는 느타리버섯
줄기를 떼어낸 자그마한
　생표고버섯 4~6개
삭힌 두부 2~3큰술
백설탕 1자밤
연한 간장 2큰술
연한 채소 국물 또는 물 1컵
마늘 절임 시럽 2큰술
중국 청주 1큰술 –
　선택 사항이나 추천
다진 배추 1컵 또는 어린 시금치 잎 2컵
얇게 썬 마늘 절임 2큰술
얇게 썬 홍고추 1~2개 – 선택 사항
2cm 길이로 자른 아시아 셀러리 3큰술
2cm 길이로 자른 쪽파 2큰술
고수 잎 2큰술
갈아놓은 흰 후추 넉넉한 1자밤

연한 채소 국물

간단한 채소 국물은 물에 배추와 버섯 자투리, 약간의 양파(양파와 대파 모두 사용), 마늘, 생강, 고수를 넣고 약 30분 정도 끓여서 만든다. 걸러서 물 대신 사용하면 풍미가 깊어진다.

검은 찹쌀밥과 판단 국수

PANDANUS NOODLES WITH BLACK STICKY RICE ■ LORD CHONG KAO NIAW DAM ■ ลอดช่องข้าวเหนียวดำ

6인분

검은 찹쌀 ¼컵
하얀 찹쌀 ¼컵
얇게 깎은 팜슈거 1컵
코코넛 크림 ¾컵

판단 국수

쌀가루 ½컵
타피오카 가루 1큰술
라임 페이스트 넉넉한 1자밤
얼음 3컵

태국식 디저트 국수 압출기

태국에서는 이 국수를 손잡이가 한쪽에만 달린 커다란 통처럼 생긴 체로 만들며 이 체 바닥에는 2mm 크기의 구멍들이 뚫려 있는데 누르개로 반죽을 눌러서 이 구멍을 통해 밀어낸다. 이와 같은 기구는 아마도 태국 특산품 가게나 온라인에서 구할 수 있을 듯하니 혹시라도 태국 여행을 가게 되면 꼭 하나 장만하기를 권한다. 없을 경우에는 콜랜더에 반죽을 넣고 큼직한 숟가락 뒷면으로 눌러서 만들 수 밖에 없다.

태국 사람들은 얼음으로 차갑게 식힌 디저트를 좋아한다. 이런 디저트들은 한때 부유층이나 귀족들의 전유물이었으나 이제는 길거리 음식으로 확실하게 자리매김했다. 이처럼 차가운 디저트들은 열대의 무더위를 식히고 타는 듯한 갈증을 해소하며 매운 음식 한두 개를 먹은 뒤에도 그 역할을 톡톡히 해낸다.

검은 찹쌀은 특유의 가지색 겨로 잘 알려져 있으며 하룻밤 물에 담가두면 짙은 색소가 빠지면서 물이 진한 포도주색으로 변하는데 이 물로 하얀 찹쌀을 물들이기도 한다. 두 종류의 찹쌀을 모두 사용해야 하는데 검은 찹쌀은 겨 층으로 인해 익혀도 찰기가 없기 때문이다. 따라서 하얀 찹쌀이 그 역할을 대신한다.

국수는 비단결처럼 부드러우면서 짙은 녹색이어야 한다. 대부분의 노점에서는 식용 색소로 색을 내는데 판단 잎으로 물들이는 것이 원조이자 최고로, 가장 자연스러운 방식이다. 이 섬세한 국수는 물을 담은 볼을 아래에 받쳐서 그대로 떨어뜨려서 만들며 이렇게 만든 부드럽고 자그마한 가닥의 국수는 탄성이 생기도록 즉시 얼음물에 담가야 한다. 나는 주로 커다란 얼음 조각을 사용하는데 그래야 얼음이 디저트를 차게 식히면서도 천천히 녹아서 코코넛 크림을 지나치게 희석하지 않기 때문이다. 다른 사람들은 작은 각 얼음 또는 심지어 먹을 때 같이 씹히도록 얇게 깎은 얼음을 사용하기도 한다. 선택은 여러분의 몫이다.

두 가지 찹쌀을 전분이 최대한 많이 빠지고 낟알이 깨지지 않도록 씻어서 넉넉한 양의 물에 하룻밤 담가둔다.

다음 날 찹쌀의 물기를 빼고 헹궈서 찜통에 넣는다. 보통 생찹쌀 알갱이는 서로 들러붙기 때문에 구멍으로 빠지는 경우는 드물지만 좀 더 주의를 기울이려면 물에 적신 면포를 찜통 바닥에 깔아주면 된다. 찹쌀이 너무 높이 쌓이거나 너무 넓게 펼쳐지지 않도록 해야 고르게 익으며 찜통 아래에 담긴 물의 수위를 높게 유지해야 충분한 양의 증기를 만들어낼 수 있다. 찹쌀이 부드러워질 때까지 찐다(가장 깊숙한 곳에 있는 쌀 알갱이 몇 개로 확인해본다). 이 과정은 25분에서 35분가량 걸린다. 찹쌀밥을 유리 또는 도자기 그릇에 덜어내고 뚜껑을 덮어서 식힌다.

국수를 만든다. 볼에 쌀가루와 타피오카 가루를 넣고 섞는다. 따뜻한 물 1~2큰술을 넣고 치대어 탄탄하면서도 부스러지는 반죽을 만든다. 이제 접착제 같은 반죽이 만들어질 때까지 따뜻한 물 ¼컵을 조금씩 부어가며 반죽한다. 볼에 비닐 랩을 씌우고 최소 30분에서 최대 2시간 정도 휴지시킨다.

다음으로는 라임 물과 판단 물을 만든다. 라임 페이스트를 물 1½컵에 넣고 녹여서 완전히 가라앉을 때까지 약 15분 정도 기다린다. 그동안 판단 물을 만든다. 판단 잎을 굵직하게 다져서 물 ½컵과 함께 블렌더에 넣고 퓌레 상태가 될 때까지 1분 정도 갈아준다. 촘촘한 체 아래에 볼을 받쳐서 갈아놓은 퓌레를 부은 다음 생생한 녹색 즙이 가능한 많이 빠지도록 마구 눌러서 걸러낸다.

다음 페이지에 계속 >

향기 나는 코코넛 크림

코코넛 크림의 맛과 향을 더 향상시킨 것으로 직접 만들려면 코코넛 크림을 추출할 때 자스민 물(334쪽 참조)을 사용하거나 판단 잎으로 향을 낸 물을 사용하면 되는데 물 1컵에 판단 잎 3~4장을 넣고 잠시 끓이다가 체온 정도로 식혀서 판단 잎만 꺼낸 다음 사용하면 된다. 통조림 코코넛 크림을 사용한다면 태국 자스민 꽃잎을 약간 넣으면 된다. 그 효과는 향을 우린 물 또는 직접 만든 코코넛 크림을 사용하는 것만큼 만족스럽지는 않겠지만 나름 괜찮은 향이 난다.

라임 페이스트를 풀어놓은 물을 걸러서 맑은 물은 남겨두고 침전물은 버린다. 휴지시킨 반죽에 라임 물을 넣고 골고루 휘저어서 묽은 반죽을 만든다. 촘촘한 체에 걸러서 작은 놋쇠 웍 또는 낮은 냄비에 담는다. 이 반죽은 우유와 같은 상태여야 한다. 약불로 냄비의 모든 구석을 천천히 계속, 그리고 확실하게 저어주면서 익힌다. 처음에는 반죽이 순간적으로 뭉칠 텐데 이럴 경우 전통적인 방식은 아니지만 거품기로 휘저어서 해결할 수 있으며 이 반죽은 익으면서 매끄럽고 걸쭉한 풀처럼 변한다. 약 5분 뒤에 완성되면 이 풀 같은 반죽이 냄비와 살짝 분리되어야 한다. 판단 물을 넣고 판단 특유의 매혹적인 냄새가 날 때까지 계속 저어주면서 잠시 끓인다. 색은 아름다운 녹색이어야 한다.

뜨거운 반죽을 냄비째 콜랜더(또는 태국식 디저트 국수 압출기)에 바로 붓는다. 볼에 차가운 물 4컵을 담아서 콜랜더 또는 압출기 아래에 놓는다. 2~3cm 길이의 국수가 만들어지도록 큼직한 숟가락(또는 압출기의 누르개) 뒷면으로 짧게 끊어서 마구 누른다. 국수는 뒤로 갈수록 가늘어져야 한다. 국수를 다 만들었으면 볼에 있는 따뜻해진 뿌연 물을 버리고 그릇 옆면이나 손으로 유약한 국수가 물살에 직접 닿아 끊어지지 않도록 보호하면서 차가운 물을 다시 넉넉하게 채운다. 그 위에 얼음 몇 조각을 올린다. 시간이 지나면서 얼음은 녹겠지만 이제 국수는 이 상태로 몇 시간 동안 보관할 수 있다.

차려낼 때는 코코넛 크림에 팜슈거를 넣고 저어서 녹인다. 찹쌀밥을 그릇 6개에 나눠 담고 타공 스푼으로 국수를 떠서 담는다(물이 약간 들어가도 무시한다). 그 위에 단맛을 낸 코코넛 크림, 얼음을 올리고 즉시 차려낸다.

달콤한 바나나 로티

SWEET BANANA ROTI ■ ROTI GLUAY ■ โรตีกล้วย

2인분

바나나 1개
연유 약간 – 감당할 수 있을 만큼
백설탕 1~2작은술

로티

소금 ¼작은술
박력분 125g
살짝 풀어놓은 달걀 ½개 – 약 30g
1cm 크기의 조각으로 잘라놓은
　마가린 1큰술
기름 ½컵 – 가급적 무미 무취의
　정제 코코넛 오일(nahm man bua)
튀김용 식용유

바나나 로티를 파는 노점 주위는 차례를 기다리는 손님들로 항상 붐빈다. 한 번에 하나씩 만드는 이 로티는 점점 모여드는 손님들 바로 앞에서 반죽을 늘어뜨려서 내리치고 그 위에 바나나를 썰어서 올린 다음 반죽을 접어서 익힌다. 한 번 먹은 사람들은 무조건 다시 돌아오기 때문에 인내심을 가지고 기다릴 만한 가치는 충분하다. 하나 만들어서 먹어보면 그 이유를 확실히 알 수 있다. 이 노점들은 대체로 규모가 꽤 큰 편인데 그 한가운데에 요리사가 마음 먹은 대로 로티를 여기저기 미끄러뜨려 넣을 수 있는 상당히 넓고 둥글며 약간 오목하게 생긴, 멋지게 시즈닝된 번철이 놓여 있기 때문이다. 로티 주문이 끊이지 않으므로 이 번철은 언제나 은근하게 달궈진 상태다.

재료들 중에서 마가린이 다소 엉뚱하게 보이지만 실제로 그대로 사용한다. 태국 요리사들은 이것이 버터가 가진 특유의 '냄새'를 풍기지 않으면서 더 풍성한 맛을 낸다고 믿고 있다. 진위 여부를 떠나 그러한 이유로 로티를 만들 때는 반드시 마가린을 사용한다.

다양하게 응용한 로티를 제공하는 노점도 있는데 이들은 바나나에 달걀을 곁들이거나 아무것도 넣지 않은 로티 또는 코코넛 잼을 바른 로티를 내기도 한다. 나는 그중에서도 얇게 썬 바나나를 넣은 로티가 최고라고 생각하지만 여기에다 약간의 연유와 설탕을 보태면 그야말로 화룡점정이라 할 만하다. 완벽 그 자체!

로티를 만든다. 물 ¼컵에 소금을 넣고 섞는다. 밀가루를 체에 내려 볼에 담고 가운데를 움푹하게 만든다. 달걀을 넣고 섞어서 부스러기 같은 반죽을 만든 다음 소금물을 조금씩 넣으면서 반죽한다. 반죽이 매끄럽고 부드러우면서 무른 상태가 될 때까지 약 15분 정도 치댄다. 마가린을 바른 볼에 옮겨 담고 뚜껑을 덮어서 1시간 정도 휴지시킨다.

양손을 컵처럼 오므려서 반죽을 굴려 커다란 공 모양으로 만든다. 지름 약 4cm 정도의 공 모양 2개로 분할해서 오므린 손으로 굴려 표면을 매끄럽게 만든다. 이 반죽을 다시 볼에 담고 반죽이 덮이도록 기름을 부은 다음 마가린 조각들을 여기저기 뿌린다. 기름에 담근 채로 뚜껑을 덮어서 따뜻한 곳에(마가린이 완전히 녹을 정도로 따뜻하면 안 된다) 3시간 또는 하룻밤 그대로 둔다.

넓고 무겁고 기름을 잘 먹인 팬을 아주 약한 화력으로 가열한다.

볼에 있는 기름을 작업대와 손에 골고루 바른다. 공 모양의 반죽 한 덩이를 꺼내어 작업대에 놓고 손가락 두세 개로 눌러서 지름 약 15cm 정도의 원판 모양으로 편다. 이제 원판 반죽 한쪽 끄트머리를 쥔 채 반죽의 무게를 이용해서 던지는 듯한 동작으로 내리치면서 스트루델 또는 필로 페이스트리와 같은 얇은 막처럼 될 때까지 늘인다. 시도해볼 엄두조차 나지 않거나 자신이 손재주가 없다고 생각한다면 밀대로 밀어서 펴도 된다. 바깥쪽 끄트머리를 로티 안쪽으로 약간씩 접어서 비슷한 크기의 큼직한 사각형으로 만든다.

볼에 남아 있는 기름을 조금 떠서 팬에 넣는다. 그대로 달군 다음 로티를 조심스럽게 들어서 팬에 넣는다. 팬을 흔들어주고 로티가 익기 시작하면 주걱으로 이리저리 움직여준다. 바나나 껍질을 재빨리 벗긴 다음 5mm 두께로 잘라서 로티 한가운데에 올린다. 로티가 어느 정도 익으면 로티의 양 옆을 바나나 위로 접어 올린 다음 나머지 양 옆을 접어서 사각형 봉투 모양으로 여민다. 볼에 있는 마가린 조각을 팬에 넣고 녹으면서 지글거리면 팬을 흔들어준 다음 로티에 윤기가 나도록 익힌다. 주걱으로 로티를 조심스럽게 뒤집어서 기름을 조금 더 넣고 로티가 눌어붙지 않도록 팬을 흔들어준다. 이 면이 익을 때 마가린 조각을 더 넣는다. 양쪽 면이 노릇하게 익으면 로티를 두세 번 재빨리 뒤집어서 접시에 옮겨 담는다. 나머지 로티를 만든다.

로티를 살짝 식힌 다음 한입 크기로 자른다. 연유와 설탕을 뿌린다.

판단 레이어 케이크

PANDANUS LAYER CAKE ■ KANOM CHAN ■ ขนมชั้น

4~6인분

칡 가루 ¼컵
타피오카 가루 1½컵
찹쌀가루 ⅓컵
코코넛 크림 1¾컵
판단 잎 4~5장
백설탕 1½컵
자스민 물 또는 장미수 오렌지 꽃물을
　몇 방울 떨어뜨려서 향을 낸 물
　1½컵

이 디저트는 꽤 독특하다. 끈적거리는 데다 먹고 나면 속이 거북하지만 중독성이 강하다. 그 맛에 익숙해지려면 일정 수준의 노력을 요할 뿐만 아니라 준비에도 꽤 많은 시간이 필요하다. 그래도 시도해보자. 그럴 만한 가치는 충분하다고 생각한다.

　　대부분의 아시아 상점에서 다양한 형태의 가루 재료들을 구할 수 있는데 이 디저트에 필요한 조합은 쫄깃하면서도 유연한 질감을 만들어낼 수 있어야 한다. 자스민 물은 태국 자스민 꽃을 하룻밤 동안 물에 우려서 만든다(334쪽 참조). 아시아 상점에서는 자스민 에센스를 팔기도 하는데 향이 독해서 몇 방울만 사용해야 한다. 다른 방법으로는 품질 좋은 장미수 또는 오렌지 꽃물을 물에 몇 방울 섞어서 사용할 수도 있다. 두 가지 다 중동 상점 또는 일부 슈퍼마켓에서 구할 수 있다.

　　태국에서 이 케이크를 만들 때 사용하는 형틀은 자그마한 알루미늄 또는 스테인리스 강으로 만든 깊이 5cm, 너비 10cm 정도의 사각형 통이며 내열 재질의 정사각 또는 직사각 보관 용기도 사용할 수 있다. 사용하기에 가장 좋은 찜통은 중국식 철제 찜통으로 지나치게 두껍지만 않다면 값도 싸고 괜찮은 편이다. 다만 딱 맞는 뚜껑은 필수다.

　　대개의 경우 두 개의 서로 다른 층으로 구성되어 있는데 하나는 코코넛 크림으로 만든 불투명한 흰색의 층이며 다른 하나는 판단 잎으로 맛과 색을 낸 녹색의 층이다. 각각의 층은 다음 층을 올리기 전에 완전히 익혀야 하고 총 2시간 30분 동안 찐 다음 반드시 식혀야 한다. 판단 레이어 케이크는 시간이 지날수록 질겨지므로 만든 그날 바로 먹는 것이 좋고 뚜껑을 덮어 놓으면 하룻밤 정도는 보관할 수 있지만 최상의 상태는 아닐 것이 분명하다.

커다란 볼에 가루 재료를 섞고 코코넛 크림을 부어서 치대어 부드러운 반죽을 만든다. 뚜껑을 덮어서 약 1시간 정도 휴지시킨다.

그동안 판단 잎을 곱게 다져서 블렌더로 갈아 퓌레로 만든다. 물 ½컵을 두세 번에 걸쳐 조금씩 부으면서 적절한 밀도와 질감을 만든다. 판단 물은 생생한 녹색을 띠면서 크림 같은 농도가 나야 한다. 풍미와 색이 최대한 빠져나오도록 고운 체를 받치고 마구 눌러서 거른 다음 한쪽에 둔다.

작은 냄비에 백설탕과 자스민 물을 넣고 시럽을 만들어서 112℃에 도달할 때까지 끓인다. 이 단계를 소프트볼 단계라고 하는데 이 단계의 시럽을 차가운 물에 떨어뜨렸을 때 말랑한 공이 만들어진다. 상온 상태로 식으면 꿀과 같은 농도가 된다.

자스민 시럽을 반죽에 넣고 섞어서 팬케이크 반죽처럼 만든 다음 촘촘한 체에 거른다.

반죽을 절반으로 나눠서 그 절반에 판단 물 3큰술을 제외한 나머지 분량을 넣고 섞는다.

다음 페이지에 계속 >

찜통 바닥에 끓는 물을 붓는다. 찜통에 찌는 동안 물 높이는 바닥에서 적어도 1cm 정도는 유지되어야 한다. 물을 규칙적으로 보충해서 이 높이를 유지해야 하며 끓는 물을 부어 온도를 떨어뜨리지 않아야 한다. 찜통 내부를 최대한 메마른 상태로 유지해야 하는데 매번 뚜껑을 열 때마다 고여 있는 물방울이 케이크 위에 떨어지지 않도록 뚜껑을 잘 닦아야 한다.

형틀을 찜통에 넣고 매우 뜨거울 때까지 약 20분 정도 가열한 다음 꺼내서 물기를 닦아낸다. 첫 번째 층을 만든다. 기본 반죽을 형틀에 5mm 두께로 붓고 20분간 찐다. 찜통 뚜껑을 열고 물기를 잘 닦은 다음 기본 반죽 위에 판단 반죽을 5mm 두께로 붓고 다시 20분간 찐다. 두 가지 반죽이 교대로 층이 지도록 반복하면서 매번 찜통 뚜껑을 열 때마다 물기를 닦아내고 각각의 층은 20분 동안 찐다. 각각의 반죽이 최소 4층을 이루도록 해서 모두 8층을 만든다. 맨 마지막에는 남겨둔 판단 물 3큰술을 판단 반죽에 보태어 색과 풍미를 더 강하게 만든다. 찌는 시간은 총 2시간 30분 정도이며 완성된 케이크의 높이는 약 4cm다.

완전히 식혀서 4cm 너비의 정사각형으로 자른다.

ร้านข้าวแกง
커리 가게

CURRY SHOP

RAAN KAO GENG

이 커리 가게들은 쉽게 찾을 수 있다. 이 노점들은 길거리에 죽 늘어서 있으며 여러 가지 커리가 가득 담긴 냄비, 쟁반, 그릇, 접시들은 서로 경쟁이나 하듯 선반에 놓여진 채 행인들의 주의를 끌고 있다. 가게의 여러 재료들에 이끌려 모여든 손님들은 서로 잡담을 나누며, 무엇을 고를까 고심하는 듯하다. 태국 사람들은 유독 먹거리에 관심이 많아, 배가 고프든 고프지 않든 강한 호기심으로 무엇을 먹을지를 꼼꼼히 따져보는 성향이 있다.

미리 만들어놓은 음식을 팔던 최초의 커리 가게는 19세기 후반이 되어서야 그 모습을 드러냈는데, 적갈색으로 색이 바랜 오래된 사진 속에는 시장과 교차로, 다리 위, 교각, 부둣가, 관공서 근처, 사원, 학교처럼 사람들이 모여들기 쉬운 곳이면 어김없이 나무 그늘 아래에 옹기종기 모여 있는 몇몇 좌판들 −실제로는 두세 개 정도 됨직한 소쿠리들− 이 보인다. 초기에는 커리 한두 가지와 쌀밥, 오이 렐리시, 말린 생선, 염장한 삶은 달걀이나 염장 소고기 튀김 같은 약간의 곁들임으로 구성된 식사를 나무로 된 쟁반에 담아 냈는데 세월이 흐르면서 단골을 더 끌어들이기 위해 수프, 달걀프라이, 굽거나 튀긴 생선, 두어 종의 남프릭 렐리시, 나아가 팜슈거를 넣어 푹 익힌 생선과 같은 새로운 요리들이 메뉴에 올랐다.

지역마다 고유의 향토 음식을 내기 마련이지만 태국 중앙 평원 지대의 커리(태국을 대표하는 커리 중에서도 가장 잘 알려진 레드, 그린 커리를 비롯해서 태국 커리의 정수라 할 수 있는 새콤한 오렌지 커리까지)는 아주 외딴 지역에서조차 언제나 접할 수 있는 음식으로 자리잡았다. 방콕의 커리는 대체로 순한 맛이 특징이며 좀 더 도회적인 취향이 반영되어 세련

된 풍미의 요리로 재탄생했다. 대부분의 커리 전문점에서는 10여 종 이상의 커리를 팔고 있는데 무려 40종 정도의 커리를 파는 곳도 있다.

현지의 새벽 시장에서는 당일 판매할 커리를 만드는 데 들어가는 모든 재료를 구입하는 것으로 그날의 준비가 시작된다. 그런 다음 가게 뒤에 마련된 좁디좁은 주방에서 음식을 준비하는데, 작은 노점이라면 집에서 조리한 다음 다시 노점으로 옮겨놓기도 하며 보통 가족이 이 과정에 참여하고 드물긴 하지만 친구 또는 이웃들이 도와주기도 한다.

솔직히 말하자면 커리 페이스트를 직접 만들어 사용하는 노점은 거의 없다. 대부분의 경우 페이스트만 전문적으로 파는 노점에서 미리 만들어놓은 것들을 구매해서 사용하는데 시장마다 이런 노점이 한두 개씩은 꼭 있다. 커리를 만들 때마다 구멍가게를 찾아 돌아다닐 수 있는 독자들은 거의 없을 테니 '내 이를 불쌍히 여겨' 각각의 커리 페이스트를 만들 수 있는 제대로 된 레시피를 실어놓았다. 태국 시장에 가면 갓 만들어낸 코코넛 크림도 구할 수 있지만 아쉽게도 코코넛을 즉석에서 갈아 압착해서 만든 크림을 판매하는 슈퍼마켓은 없다. 직접 만든 커리와 코코넛 크림은 완성된 요리에 극적인 변화를 이끌어내는 만큼 나는 이 둘을 만드는 데 시간과 노력을 쏟아부을 가치가 충분하다고 확신한다. 이러한 나의 신념에도 불구하고 저 두 가지 필수 재료는 굳이 직접 만들지 않아도 된다. 기성품을 사용하면 빠르고 편리한 것만은 분명하겠지만 입술을 들썩이게 만들 정도의 생기발랄함으로 정의되는 극상의 태국 음식을 경험할 기회를 놓치게 되는 것이다. 덧붙이자면, 태국 요리사들은 주로 약간의 닭 뼈나 돼지 뼈와

향신료로 만든 단순하면서도 연한 육수를 사용하지만 육수가 없을 경우에는 주저 없이 물을 사용하기도 한다.

커리 가게는 꽤 이른 시각인 아침 10시 정도에 문을 열어서 보통 모든 음식이 다 팔리고 없는 오후 중반까지 장사한다. 다른 고객층을 위해 늦게까지(그래봐야 이른 저녁) 문을 열어두는 가게도 있긴 하지만 음식을 다 팔고 나면 무조건 문을 닫는다. 남는 음식 없이 당일 소진할 수 있는 양만큼의 음식만 준비하기에 매일매일 다시 만들어지는 그 모든 음식들은 놀랍도록 신선하다. 이러한 리듬은 시장과 고객, 그리고 그 고객의 욕구, 습관과 어울려 조화를 이루고 있으며 가게가

번창하더라도 이러한 운영 시간과 영업 방식은 그대로 유지되곤 한다. 음식은 미리 장만되어 있기 때문에 빠르고 편리하다. 일단 메뉴를 고르기만 하면 몇 가지 방식으로 담아낼 수 있는데 단 한 그릇을 내더라도 밥 위에 한 국자, 경우에 따라 두 종류 이상의 커리를 한 국자씩 듬뿍 끼얹어 내기도 한다. 또한 몇 명이 나눠 먹을 경우에는 별도의 그릇에 두세 가지의 커리를 나눠 담아서 밥과 함께 차려낸다. 그리고 식탁에는 언제나 다진 고추를 피시 소스에 담가 놓은 종지가 놓여 있다. 언제든 포장도 가능해서 비닐 봉투에 커리를 담아 집으로 가져가서 먹을 수도 있다.

새콤한 오렌지 생선 커리

SOUR ORANGE CURRY OF FISH ■ GENG SOM PLAA ■ แกงส้มปลา

2~3인분

육수 또는 물 3컵
소금 넉넉한 1자밤
껍질을 벗긴 붉은 샬롯 5개
백설탕 1자밤
피시 소스 2큰술
타마린드 물 3큰술
3cm 크기로 자른 생선살 200g
3cm 길이로 자른 공심채, 채심
   또는 배추 같은 아시아 채소 한 줌
구운 고춧가루 1자밤
웍 또는 프라이팬에 덖은 말린
   홍고추 3개 – 선택 사항

새콤한 오렌지 커리 페이스트

말린 홍고추 6개
말린 새눈고추 3~4개
소금 넉넉한 1자밤
새눈고추 약간 – 선택 사항
다진 붉은 샬롯 – 2큰술
태국 새우 페이스트 가피 1작은술
삶은 생선 2~3큰술(레시피 참조)

새콤한 오렌지 커리는 태국에서 가장 인기 있는 커리 중 하나로 직관적인 맛에 만들기도 간단해 만족도도 높다. 모든 도심지와 마을에 있는 시장마다 지역 특성에 맞게 변형된 이 묽고 톡 쏘는 맛의 커리를 한두 가지씩은 꼭 팔고 있는데 여러 가지 채소, 생선 조각과 함께 오목한 그릇에 담아서 내곤 한다.

지역마다 선호하는 생선도 달라서 내륙지방에서는 가물치, 큰 메기, 살이 많고 기름진 잉어, 식감이 오돌오돌한 왕관칼고기를, 해안가에서는 큰입선농어(바라문디), 바다 농어, 부시리 등을 주로 사용하지만 새우나 홍합도 각광받는 재료다. 따라서 민물 농어 , 강꼬치고기, 강늑대고기 등도 폭 넓게 사용할 수 있으며(민물고기를 사용할 때는 보통 커리 페이스트에 다진 갈랑갈 또는 야생 생강을 넣는다) 바다 어류인 도미류, 황적퉁돔, 감성돔 나아가 홍합 또는 조개도 사용할 수 있다.

태국 사람들은 생선 가시 따위는 아랑곳하지 않고 생선을 통째로 또는 커다란 조각 그대로 즐겨 먹는다. 이들은 생선이라면 그렇게 요리해야 제대로 된 맛을 낼 수 있다고 믿고 있는데 사실 맞는 말이기도 하다. 하지만 일반인들에게는 생선살만 사용하는 편이 더 나을 수도 있겠다. 가능하다면 생선 장수에게 따로 포를 떠 달라고 해서 뼈로는 육수를 만들면 좋다. 생선 뼈로 육수를 내지 않는다면 다른 태국 사람들처럼 닭 육수 또는 물을 사용해도 된다. 생선 육수를 만들어 사용한다면 육수를 낸 뼈에 붙어 있는 살을 다 긁어낸 다음 커리 페이스트에 넣으면 되고 생선살만 사용할 경우에는 약간의 생선살을 육수 또는 물에 삶아서 페이스트에 넣으면 된다. 채소 또한 폭넓게 사용할 수 있는데 무, 생 또는 절인 겨자 잎, 물미모사(옆 사진 참조), 뜯어놓은 빈랑 잎, 어린 옥수수, 죽순, 굵직하게 채 썰어놓은 설익은 파파야, 코코넛 또는 시큼한 녹색 파인애플 속 등 다양하며, 서너 가지를 함께 사용하는 것이 일반적이다.

먼저 커리 페이스트를 만든다. 말린 홍고추 꼭지를 따고 세로로 길게 반 잘라서 씨를 긁어낸다. 고추가 부드러워지도록 15분 정도 물에 담가둔다. 말린 새눈고추를 씻어서 먼지를 모두 없앤다. 물에 담가두었던 고추를 건져서 물기를 최대한 짜낸 다음 매우 곱게 다진다. 절구에 고추와 소금을 넣고 빻은 다음 목록에 있는 나머지 재료들을 하나씩 순서대로 넣으면서 빻아 입자가 고운 페이스트로 만든다. 전동 블렌더에 재료들을 넣고 갈아서 퓌레로 만들어도 되는데 이때 분쇄가 원활하도록 약간의 물이 필요할 수도 있지만 지나치게 많을 경우 페이스트를 희석해서 커리 맛이 변하는 결과를 초래하므로 필요 이상으로 넣으면 안 된다. 중간에 블렌더를 끄고 주걱으로 옆면을 긁어서 안쪽으로 모은 다음 다시 작동시켜서 페이스트가 완전히 퓌레 상태가 될 때까지 갈아준다.

육수 또는 물에 소금을 넣고 끓을 때까지 가열한 다음 절구 또는 블렌더를 헹궈서 커리 페이스트를 남기지 않고 모두 넣는다. 1분간 끓인 다음 샬롯을 통째 넣는다. 3~4분간 끓인 다음 설탕, 피시 소스, 타마린드 물(거의 전량)로 간을 한다. 생선, 잎 채소를 넣고 모든 재료가 익을 때까지 끓인다.

커리는 묽으면서 새콤하고 짭조름하며 살짝 매워야 한다. 피시 소스, 타마린드 물, 고춧가루로 맛을 조절한다. 기호에 따라 구운 고춧가루를 뿌려 마무리한 다음 쌀밥과 함께 차려낸다.

레드 메기 커리

RED CATFISH CURRY ■ GENG DAENG PLAA DUK ■ แกงแดงปลาดุก

이 미치도록 맛있는 커리는 코코넛 기름이 약간 섞여 들어가서 풍부하면서도 향기롭고 걸쭉한 것이 특징이다. 메기가 많이 잡히는 중부 평야 지역의 커리로, 메기는 살아서나 죽어서나 탄력이 상당한 생선이다. 시장에서는 대형 수조에 넣어 보관했다가 주문에 맞춰 보내는데 무척 골치 아픈 사업이 되기도 한다. 이 근육질의 고기는 조리하는 데 꽤 긴 시간이 걸리기도 해서 내가 접한 어떤 레시피는 30~40분 정도의 조리시간을 요하지만 그 이후에도 특유의 치감이 살아 있었다. 10분 정도의 조리시간이라면 메기에게는 아무 영향이 없겠지만 작은 메기, 강꼬치고기, 강늑대고기, 민물 농어 심지어 아주 큼직한 곤들매기 같은 다른 생선조차 과조리되는 결과를 초래할 수도 있다. 생선 요리를 할 때면 항상 이를 감안해야 한다.

먼저 커리 페이스트를 만든다. 말린 홍고추 꼭지를 따고 세로로 길게 반 잘라서 씨를 긁어낸다. 고추가 부드러워지도록 15분 정도 물에 담가둔다.

고추를 불리는 동안 바닥이 두꺼운 팬에 고수와 커민을 따로따로 넣고 타지 않도록 흔들어주면서 향기로운 냄새가 날 때까지 굽는다. 통후추, 메이스, 넛멕와 함께 전동 분쇄기에 넣고 갈거나 절구에 넣고 빻아 가루로 만든다.

불려놓은 고추를 건져내어 물기를 최대한 짜낸 다음 굵직하게 다진다. 말린 새눈고추를 씻어서 먼지를 모두 없앤다. 절구에 고추와 소금을 넣고 빻은 다음 목록에 있는 나머지 재료들을 하나씩 순서대로 넣으면서 빻아 입자가 고운 페이스트로 만든다. 전동 분쇄기에 재료들을 넣고 갈아서 퓌레로 만들어도 되는데 이때 분쇄가 원활하도록 약간의 물이 필요할 수도 있지만 지나치게 많을 경우 페이스트를 희석해서 커리 맛이 변하는 결과를 초래하므로 필요 이상으로 넣으면 안 된다. 중간에 블렌더를 끄고 주걱으로 옆면을 긁어서 안쪽으로 모은 다음 다시 작동시켜서 페이스트가 완전히 퓌레 상태가 될 때까지 갈아준다. 마지막으로 갈아놓은 향신료들을 골고루 섞는다.

통 생선을 사용한다면 깨끗이 씻어서 껍질을 그대로 둔 채 포를 뜬다. 생선살은 적어도 200g 정도가 되어야 한다. 이 살을 가로 세로 3cm x 2cm 크기의 조각으로 자른다. 원할 경우 커리 페이스트 자투리와 생선 뼈를 물에 넣고 30분간 끓여 육수를 만든다.

냄비에 코코넛 크림과 커리 페이스트를 넣고 뭉치지 않도록 규칙적으로 저어주면서 향이 짙어지고 기름기가 보일 때까지 중불로 5분간 끓인다. 팜슈거와 피시 소스로 간을 한다. 준비된 생선살을 넣고 몇 분 더 끓인다. 코코넛 밀크, 카피르 라임 잎, 약간의 육수 또는 물을 넣고 몇 분 더 끓인 다음 그라차이, 고추, 바질을 넣는다.

간을 본다. 커리는 맵고 짭조름하고 진한 맛이 나야 하며 코코넛의 크림 질감, 커민과 메이스의 독특한 냄새, 바질과 그라차이의 향이 동시에 느껴져야 한다. 풍미가 좋아지도록 10분간 그대로 둔 다음 쌀밥과 함께 차려낸다.

4인분

메기 350g 1마리 또는 생선 필렛 200g
코코넛 크림 2컵
얇게 깎은 팜슈거 넉넉한 1자밤
피시 소스 2큰술
코코넛 밀크 1컵
뜯어놓은 카피르 라임 잎 3장
생선 육수 ½~1컵 - 아래 설명 참조 - 또는 물
잘게 채 썬 그라차이(야생 생강) ½컵 - 소금 물에 깨끗이 씻어서 헹군 다음 물기를 완전히 짜낸 상태
반으로 가른 홍고추 또는 풋고추 4개
짓이긴 새눈고추 2~3개
홀리 바질* 또는 타이 바질 잎 2줌

레드 커리 페이스트

말린 홍고추 7개
고수 씨앗 1큰술
커민 씨앗 1큰술
백 통후추 10알
메이스** 또는 넛멕 약간
말린 새눈고추 수북이 1작은술 약 5~8개
소금 넉넉히 1자밤
새눈고추 3개
다진 갈랑갈 2작은술
다진 레몬그라스 2큰술
강판에 곱게 간 카피르 라임 껍질 1작은술
다진 그라차이(야생 생강) 2큰술
다진 붉은 샬롯 1½큰술
다진 마늘 1큰술
태국 새우 페이스트 가피 1작은술

* holy basil : 타이 바질과 혼용되기도 하지만 엄밀히 말해 다른 종이며 박하 향이 난다. 익혀서 사용한다.
** mace : 넛멕의 씨껍질을 말린 향미료.

향기로운 새우 커리

AROMATIC PRAWN CURRY ■ GENG GARI GUNG ■ แกงกะหรี่กุ้ง

4~5인분

껍질을 벗기지 않은 큼직한 생새우
    12마리
코코넛 크림 2컵
얇게 깎은 팜슈거 1큰술 –
    기호에 따라 가감
피시 소스 2~3큰술
코코넛 밀크 또는 육수 2~3컵
작은 방울토마토 15개
6등분한 양파 ½개 –
    뿌리나 심이 약간 붙어 있도록 자르
    면 각각의 조각이 조리 시 분리되지
    않음.
삶아서 2cm 크기로 자른 감자
고운 고춧가루 1자밤
튀김 샬롯 한 줌 – 선택 사항

겡 가리 커리 페이스트

말린 홍고추 7개
고수 씨앗 1큰술
커민 씨앗 1작은술
펜넬 씨앗 ½작은술
백 통후추 1작은술
메이스 1자밤
소금 1자밤
다진 붉은 샬롯 3큰술
다진 마늘 3큰술
다진 갈랑갈 1큰술
다진 레몬그라스 2큰술
깨끗하게 다듬어서 다진 고수 뿌리 2개
다진 터메릭 1작은술

이런 형태의 커리는 길거리에서, 특히 서양인들 사이에서 인기가 많다. 묽지만 진한 맛의 크림 같은 커리는 커다란 냄비에 담긴 채 아름답게 빛나는 기름 층으로 고객들을 유혹한다. 판단 잎 몇 조각이나 구운 계피 한두 조각을 넣으면, 장사하는 내내 커리의 단맛이 유지될 뿐만 아니라 향이 더 좋아지면서 그 매혹적인 향이 사방으로 퍼져 나간다. 닭고기로 만드는 것이 가장 일반적이지만 다른 재료들로도 다양하게 응용되고 있는데 커다란 새우를 넣기도 하고 소고기, 심지어 튀긴 생선을 넣어 만든 것도 있다.

이 커리를 만들 때 기본적인 레드 커리 페이스트에 자신만의 커리 가루를 몇 스푼 추가해서 사용하는 요리사도 있을 테고 주로 사용하는 커리 페이스트를 시장에서 사다 쓰는 요리사도 있을 테지만 여러분들이라면 충분히 자신만의 커리 페이스트를 만들 수 있으리라 믿는다. 자신감을 가지자!

먼저 커리 페이스트를 만든다. 말린 홍고추 꼭지를 따고 세로로 길게 반 잘라서 씨를 긁어낸다. 고추가 부드러워지도록 15분 정도 물에 담가둔다.

고추를 불리는 동안 바닥이 두꺼운 팬에 고수, 커민, 펜넬 씨앗을 따로따로 넣고 타지 않도록 팬을 흔들어주면서 향기로운 냄새가 날 때까지 덖는다. 통후추, 메이스와 함께 전동 블렌더에 넣고 갈거나 절구에 넣고 빻아 가루로 만든다.

불려놓은 고추를 건져내어 물기를 최대한 짜낸 다음 굵직하게 다진다. 말린 새눈고추를 씻어서 먼지를 모두 없앤다. 절구에 고추와 소금을 넣고 빻은 다음 목록에 있는 나머지 재료들을 하나씩 순서대로 넣으면서 빻아 입자가 고운 페이스트로 만든다. 전동 블렌더에 재료들을 넣고 갈아서 퓌레로 만들어도 되는데 이때 분쇄가 원활하도록 약간의 물이 필요할 수도 있지만 지나치게 많을 경우 페이스트를 희석해서 커리 맛이 변하는 결과를 초래하므로 필요 이상으로 넣으면 안 된다. 중간에 블렌더를 끄고 주걱으로 옆면을 긁어서 안쪽으로 모은 다음 다시 작동시켜서 페이스트가 완전히 퓌레 상태가 될 때까지 갈아준다. 마지막으로 갈아놓은 향신료들을 골고루 섞는다.

새우는 꼬리를 남긴 채 껍질을 벗긴 다음 등을 따라 짙은 색의 내장을 제거한다.

냄비에 코코넛 크림과 커리 페이스트를 넣고 뭉치지 않도록 규칙적으로 저어주면서 향이 짙어지고 기름기가 보일 때까지 중불로 5분간 끓인다. 팜슈거와 피시 소스로 간을 한 다음 코코넛 밀크 또는 육수를 넣고 재빨리 한소끔 끓인다. 토마토, 양파를 넣고 화력을 줄여서 물러질 때까지 몇 분간 끓인다. 거의 다 완성되어갈 때쯤 준비된 감자와 새우를 넣고 감자가 골고루 익고 새우가 알맞게 익을 때까지 끓인다. 커리는 맵고 짭조름하고 아주 살짝 달면서 시큼한 맛이 나야 한다. 구운 고춧가루와 피시 소스를 조금씩 첨가해서 먹으면 맛이 더 나아지기도 한다.

튀긴 샬롯을 뿌리고 오이 렐리시, 쌀밥과 함께 차려낸다.

+ 오이 렐리시

이 커리에는 오이 렐리시가 필수다. 시럽의 달콤하면서
도 시큼한 맛은 커리의 느끼함을 덜어주고 향신료의 향
을 두드러지게 할 뿐만 아니라 오이와 샬롯은 부드러운
커리와는 대조되는 아삭한 식감을 부여한다. 시럽은 미
리 만들어놓기 좋고 냉장고에 넣어두면 장기 보관이 가
능하다.

식초 ¼컵
백설탕 ¼컵
소금 ½작은술 – 기호에 따라 가감
깨끗하게 다듬어놓은 고수 뿌리 1개
4등분해서 얇게 썰어 놓은 작은 오이 1개 –
　　껍질을 벗겨도 상관 없음.
약간 굵직하게 썬 붉은 샬롯 3개
잘게 채 썬 생강 1큰술
다진 홍고추 ¼개
다진 고수 1큰술

식초와 설탕, 소금, 고수 뿌리, 물 몇 스푼을 냄비에 넣고
끓인다. 차게 식힌 다음 고수 뿌리를 제거하고 오이, 샬
롯, 생강, 고추, 다진 고수를 넣는다.

찐 생선 커리

STEAMED FISH CURRY ■ HOR MOK PLAA ■ ห่อหมกปลา

쪄서 만든 커리는 태국 레드 커리나 그린 커리보다 덜 친숙한 것만은 분명하지만 태국 전역에서 흔히 먹고 있는 커리의 한 종류다. 대부분의 커리 노점 뒤편에는 생선 커리를 쪄서 따뜻한 상태로 판매하기 위한 커다란 금속 찜통이 놓여 있다. 이런 커리에는 바다 생선과 민물 생선이 주로 사용되지만 새우, 가리비, 홍합 또한 나름의 방식대로 그 매콤한 무스 같은 커리에 넣기도 한다. 나는 저 북부 지방에서 닭고기, 염장 돼지고기, 야생 버섯 또는 삶아서 채 썬 죽순을 꾸러미에 채워 넣어서 이러한 방식으로 조리해놓은 것을 본 적도 있다.

이 커리는 따뜻할 때, 가급적 뜨거울 때 먹어야 가장 맛있으며 찜통에서 꺼내자마자 고명을 얹고 차려낸다.

먼저 커리 페이스트를 만든다. 말린 홍고추 꼭지를 따고 세로로 길게 반 잘라서 씨를 긁어낸다. 고추가 부드러워지도록 15분 정도 물에 담가둔다. 불려놓은 고추를 건져내어 물기를 최대한 짜낸 다음 굵직하게 다진다. 절구에 고추와 소금을 넣고 빻은 다음 목록에 있는 나머지 재료들을 하나씩 순서대로 넣으면서 빻아 입자가 고운 페이스트로 만든다. 전동 블렌더에 재료들을 넣고 갈아서 퓌레로 만들어도 되는데 이때 분쇄가 원활하도록 약간의 물이 필요할 수도 있지만 지나치게 많을 경우 페이스트를 희석해서 커리 맛이 변하는 결과를 초래하므로 필요 이상으로 넣으면 안 된다. 중간에 블렌더를 끄고 주걱으로 옆면을 긁어서 안쪽으로 모은 다음 다시 작동시켜서 페이스트가 완전히 퓌레 상태가 될 때까지 갈아준다.

썰어놓은 생선을 유리나 도자기 볼에 담고 코코넛 크림을 조금씩 부으면서 조심스럽게 휘저어 섞는다. 마요네즈 같은 상태여야 하며 분리되면 안 된다. 분리되었을 경우에는 약간의 얼음물을 넣고 다시 뭉쳐지도록 휘저어 섞는다. 코코넛 크림을 너무 빨리 휘저으면 커리를 찔 때 응고된다.

커리 페이스트를 가볍게 섞어 넣은 다음 달걀, 설탕, 잘게 채 썬 라임 잎, 조금 남겨놓은 고명들을 넣고 휘저어 섞는다. 간을 본다. 손가락으로 커리를 조금만 찍어서 맛을 본다. 짭조름하고, 달콤하며 코코넛 크림의 향이 짙게 나야 한다. 뭔가 모자라다 싶을 때는 약간의 피시 소스를 넣으면 균형이 맞춰지기도 한다.

바나나 잎을 지름 12cm 크기의 원형으로 자른다. 젖은 천으로 표면을 닦아서 반짝이는 면이 아래로 가도록 작업대에 올려놓고 다른 한 장은 반짝이는 면이 위로 향하면서 잎사귀의 결이 아래에 놓인 잎과 직각이 되도록 그 위에 올려놓는다. 균일한 간격으로 4개의 주름을 잡아 이쑤시개로 고정해서 바구니 모양으로 만든다. 바닥을 평평하게 만들고 타이 바질 잎을 깐 다음 커리를 담는다 (더 간단하게 하려면 넓은 도자기 볼에 바질 잎을 깔고 커리를 떠 넣으면 된다).

철제 또는 대나무 찜통에 넣고 커리가 굳을 때까지 센불로 20~40분간 찐다(찜 용기의 크기에 따라 시간은 달라질 수 있다). 금속 꼬챙이 또는 작은 칼을 커리에 찔러 넣어서 다 익었는지 확인해본다. 만졌을 때 뜨겁고 묻어나오는 것이 없어야 한다. 조심스럽게 꺼낸 다음 걸쭉한 코코넛 크림, 고추, 고수, 남겨 놓은 라임 잎을 올려서 완성한다.

5분 정도 휴지시킨 다음 쌀밥과 함께 차려낸다.

2~3인분

아주 잘게 썰어놓은 농어, 도미, 달고기, 명태 등의 흰살생선 필렛 150g
걸쭉한 코코넛 크림 ½컵
살짝 풀어놓은 작은 달걀 1개
백설탕 1자밤
아주 가늘게 채 썬 카피르 라임 잎 5~8장
피시 소스 약간
바나나 잎 작은 묶음 1개
  - 약 300g - 선택 사항
작은 이쑤시개 12개 정도 - 선택 사항
타이 바질 잎 1줌
걸쭉한 코코넛 크림 1큰술
씨를 빼고 가늘게 채 썬 홍고추 ¼개
고수 잎 약간

레드 커리 페이스트

말린 홍고추 6~10개
소금 넉넉한 1자밤
다진 레몬그라스 1큰술
강판에 곱게 간 카피르 라임 껍질 1작은술
깨끗하게 다듬어서 다진 고수 뿌리 1작은술
다진 붉은 샬롯 2큰술
다진 마늘 3큰술
태국 새우 페이스트 가피 1작은술

바나나 잎 접기

호르목Hor mok은 말 그대로 뭔가를 감싸 포장한 것이다. 그리고 태국에서는 바나나 잎으로 감싼 것을 의미한다. 태국 사람들은 바나나 잎을 견고한 포장 용기로 만들어 사용하는 다양한 방법을 창안해냈다. 바나나 잎이 없거나 접기가 복잡해서 포기하고 싶다면 준비된 생선 무스를 도지기 그릇에 넣고 찌기만 해도 된다.

아삼으로 맛을 낸
닭고기, 바나나 고추 커리

CHICKEN AND BANANA CHILLI CURRY WITH ASSAM ■ GENG KAEK GAI ■ แกงแขกไก่

3~4인분

중간 크기의 닭 반 마리 또는
    닭 3마리 분량의 다리와 넓적다리 –
    약 400~500g
코코넛 크림 2컵
코코넛 밀크 1컵
물에 헹군 아삼(som kaek) 7~8장
    또는 타마린드 과육 4큰술
피시 소스 3큰술
얇게 깎은 팜슈거 3큰술
카다멈 잎 또는 말린 월계수 잎 2장
2cm 길이의 계피 조각
태국 카다멈 꼬투리 또는
    그린 카다멈 꼬투리 3~4개
코코넛 밀크 육수 또는 물 1~2컵
바나나 고추 7~8개
타마린드 물 1~2큰술 – 선택 사항
구운 고춧가루 1자밤 – 선택 사항

커리 페이스트

대나무 꼬치 5개
말린 홍고추 9개
태국 카다멈 꼬투리 3개 또는
    그린 카다멈 꼬투리 1~2개
고수 씨앗 1큰술
커민 씨앗 1½작은술
정향 3개
팔각 ¼개
갈아놓은 넛멕 ¼개
말린 새눈고추 약간
껍질을 벗기지 않은 마늘 4쪽
터메릭 4~5조각
생강 5조각
소금 넉넉한 1자밤

이 요리는 말레이 국경에서 남쪽으로 한참 떨어진 사툰satun 지방의 상인인 펭야 게트나콘Penjaa Gaetnakorn이 들여온 남부식 무슬림 스타일의 커리다. 이 지방의 요리들이 그렇듯 매워 죽을 정도는 아니고 향기로우면서 시큼한 맛이 나는 특징이 있는데 완성한 후에 잠시 휴지시키면 더욱 부드럽고 깊은 맛이 난다. 솜 케크Som kaek는 말린 아시아 선갈퀴의 태국 이름으로 아시아 상점에 가면 이를 썰어서 아삼 assam이라 부르며 판매하는데 그 맛은 매우 신 편이다. 구할 수 없을 경우에는 타마린드 과육으로 대체하면 된다. 과육에서 섬유질과 씨만 최대한 제거한 다음 작은 원판 모양으로 성형해서 그대로 사용한다. 닭이 익었을 때쯤이면 완전히 녹아버렸겠지만 커리에 기분 좋을 정도의 깊이 있는 시큼한 맛을 듬뿍 스며들게 함으로써 그 목적은 달성했다고 할 수 있다.

태국 카다멈 잎은 살람salam 잎으로도 알려져 있는데 몇몇 아시아 식품점에서 찾을 수 있다. 큼직하고 얇은 월계수 잎처럼 생겼는데 더 잘 부스러진다. 맛 역시도 이 요리에서 카다멈 잎 대신 사용할 수 있는 말린 월계수 잎과 매우 비슷하다.

먼저 커리 페이스트를 만든다. 대나무 꼬치를 30분간 물에 담가둔다. 말린 홍고추 꼭지를 따고 세로로 길게 반 잘라서 씨를 긁어낸다. 고추가 부드러워지도록 15분 정도 물에 담가둔다.

물기가 없는 바닥이 두꺼운 팬에 카다멈, 고수, 커민을 따로따로 덖어낸 다음 정향, 팔각을 넣고 눋지 않도록 팬을 흔들어 가며 향기로운 냄새가 날 때까지 덖는다. 카다멈 겉 껍질을 털어낸 다음 고수, 커민, 정향, 팔각, 넛멕와 함께 전동 분쇄기에 넣고 갈거나 절구에 넣고 빻아 가루로 만든다.

불려놓은 고추를 건져내어 물기를 최대한 많이 짜낸다. 말린 새눈고추를 씻어서 먼지를 모두 없앤다. 두 가지 고추와 마늘, 터메릭, 생강을 별도의 꼬치에 꿴다. 그릴 또는 숯불 화로에 고추가 바삭하게 마르면서 그슬린 향이 날 때까지, 마늘이 거뭇하게 타면서 연해질 때까지, 터메릭과 생강이 마르면서 색이 날 때까지 굽는다.

절구에 고추와 소금을 넣고 빻은 다음 목록에 있는 나머지 재료들을 하나씩 순서대로 넣으면서 빻아 페이스트로 만든다. 전동 블렌더에 재료들을 넣고 갈아서 퓌레로 만들어도 되는데 이때 분쇄가 원활하도록 약간의 물이 필요할 수도 있지만 지나치게 많을 경우 페이스트를 희석해서 커리 맛이 변하는 결과를 초래하므로 필요 이상으로 넣으면 안 된다. 중간에 블렌더를 끄고 주걱으로 옆면을 긁어서 안쪽으로 모은 다음 다시 작동시켜서 페이스트가 완전히 퓌레 상태가 될 때까지 갈아준다. 마지막으로 향신료들을 넣고 골고루 섞는다.

닭 또는 닭 다리를 4cm 크기의 조각으로 두툼하게 잘라서 물에 헹군 다음 종이 타월로 닦아 물기를 제거한다.

다음 페이지에 계속 >

코코넛 크림, 코코넛 밀크, 커리 페이스트를 커다란 냄비에 넣고 중불로 들러붙지 않도록 계속 저어가며 향이 짙어질 때까지 5~10분간 끓인다. 아직은 묽은 상태다. 준비된 닭고기, 아삼 또는 타마린드 과육을 넣고 피시 소스와 팜슈거로 간을 한 다음 계속 끓인다. 커리를 뭉근하게 끓이는 동안 바닥이 두꺼운 팬에 카다멈 또는 월계수 잎, 계피, 카다멈 꼬투리를 넣고 향기로운 냄새가 날 때까지 굽는다. 잎은 금방 타버리므로 계속 지켜봐야 한다. 구운 향신료들을 커리에 넣고 너무 되직할 경우에는 약간의 코코넛 밀크, 육수 또는 물을 추가로 넣는다(크림과 비슷한 상태여야 한다). 닭고기가 거의 다 익고 커리에 시큼한 맛이 돌면서 약간 달콤해질 때까지 끓인 다음 바나나 고추를 넣고 뚜껑을 덮은 채 닭고기가 연해질 때까지 약 10분간 끓인다.

이 시점부터 닭고기와 고추는 연해지고 커리 표면에는 보기 좋은 기름 층이 생긴다. 간을 본다. 커리는 매콤하고 짭조름하며 살짝 새콤달콤한 맛이 나야 한다. 필요시 약간의 피시 소스, 타마린드 물, 팜슈거, 구운 고춧가루를 넣어 맛을 조절한다.

쌀밥과 함께 차려낸다.

메추리 다짐육을 넣은 정글 커리

JUNGLE CURRY OF MINCED QUAIL ■ GENG BPAA NOK SAP ■ แกงป่านกสับ

3~4인분

중간 크기의 메추리 4마리, 모두 합해서
   약 500g 또는 갈아놓은 닭고기 또는
   토끼고기 200g
소금 1자밤
노란 사과 가지 또는 녹색 사과 가지
   4~5개 – 약 150g
식용유 1~2작은술
피시 소스 1큰술
얇게 깎은 팜슈거 1자밤 – 선택 사항
메추리 육수 1~1½컵 – 설명 참조 –
   또는 물
홀리 바질 잎 1컵

정글 커리 페이스트

말린 홍고추 1~2개
말린 프릭 가리앙 고추 또는 말린
   새눈고추 4~5작은술 – 약 30g
생새눈고추 약간 – 붉은 새눈고추
   추천
소금 넉넉한 1자밤
다진 갈랑갈 1큰술
다진 레몬그라스 3큰술
강판에 곱게 간 카피르 라임 껍질
   2작은술
다진 마늘 수북이 1큰술
태국 새우 페이스트 가피 2작은술

메추리 대용으로는…

메추리는 시골에서 꽤 인기가 많은 육류
다. 모든 시장에서 몇 종의 새를 판매하
는데 커리에 든 내장을 좋아하는 사람
들도 있어서 깃털은 뽑되 내장은 그대로
둔다. 논리적으로 보자면 닭 또는 그 어
떤 야생 조류라도 대체해서 사용할 수
있다. 그리고 길거리의 노점에서는 상상
하기 힘들겠지만 나는 지나가던 토끼를
잡아다가 넣어도 잘 어울리겠다는 생각
이 든다.

이 커리는 방콕 남서부에 위치한 유서 깊은 상업 도시인 페차부리에서 전해진 것으로 이 도시는 여러 거
리에 걸쳐서 자리잡은 아름다운 시장으로도 유명하다. 미리 경고하는데 이 커리는 지독하게 맵다. 전통
적으로 이 커리는 이 지역에 살고 있는 카렌족이 재배한 고유 품종의 고추를 사용하는데 프릭 가리앙prik
gariang이라고 부르는 이 고추는 새눈고추보다 더 작으면서 통통하다. 신기한 것은, 이 고추를 간판만 태
국어로 된 아시아 상점에서도 가끔씩 구할 수 있다는 사실이다. 구할 수 없을 경우에는 새눈고추로 대체
할 수 있다.

먼저 커리 페이스트를 만든다. 대나무 꼬치를 30분간 물에 담가둔다. 말린 홍고추 꼭지를 따고 세
로로 길게 반 잘라서 씨를 긁어낸다. 고추가 부드러워지도록 15분 정도 물에 담가두었다가 불려
놓은 고추를 건져내어 물기를 최대한 많이 짜낸다. 말린 새눈고추를 씻어서 먼지를 모두 없앤다.
절구에 고추와 소금을 넣고 빻은 다음 목록에 있는 나머지 재료들을 하나씩 순서대로 넣으면서 빻
아 페이스트로 만든다. 바질을 다듬을 때 보이는 씨앗, 꽃잎 또는 꽃봉오리도 빠트리지 말고 페이
스트에 넣는다. 전동 블렌더에 재료들을 넣고 갈아서 퓌레로 만들어도 되는데 이때 분쇄가 원활하
도록 약간의 물이 필요할 수도 있지만 지나치게 많을 경우 페이스트를 희석해서 커리 맛이 변하는
결과를 초래하므로 필요 이상으로 넣으면 안 된다. 중간에 블렌더를 끄고 주걱으로 옆면을 긁어서
안쪽으로 모은 다음 다시 작동시켜서 페이스트가 완전히 퓌레 상태가 될 때까지 갈아준다.

메추리 살을 발라낸 다음 소금과 함께 약간 굵직하게 간다. 기호에 따라 염통과 간을 같이 넣어 갈
아도 된다. 연한 육수를 만들고 싶다면 물에 헹군 뼈를 물 3~4컵, 커리 페이스트를 만들 때 사용한
레몬그라스, 마늘, 갈랑갈 자투리와 함께 냄비에 넣고 부유물을 걷어내면서 30분간 끓인 다음 걸
러주면 된다.

사과 가지를 다듬어서 웨지 6개로 썰어 놓는다. 노란 가지가 있으면 씨를 긁어 내고(씨는 쓴맛이
있으며 알레르기를 유발할 수도 있다) 꼼꼼하게 씻는다. 녹색 가지를 사용한다면 그 씨는 노란 가
지의 씨와 같은 문제를 일으키지 않으므로 굳이 긁어낼 필요가 없다. 가지 웨지를 소금물이 담긴
볼에 넣고 한쪽에 둔다.

냄비에 기름을 두르고 달군 다음 페이스트를 넣고 눌어붙지 않도록 재빨리 저으면서 향이 짙어질
때까지 중불로 볶는다. 이 과정은 약 2~3분 정도 걸리는데 그 향이 재채기를 유발하므로 주의한다.
갈아놓은 메추리 고기를 넣고 익을 때까지 약 4분간 끓인다. 피시 소스, 팜슈거로 간을 한 다음 육
수 또는 물 1컵을 붓는다. 끓을 때까지 가열한 다음 가지 웨지를 건져서 넣는다. 가지가 익을 때까
지 약 3분간 끓인 후에 홀리 바질 잎을 넣는다.

이 커리는 약간 걸쭉한 상태여야 하며 묽게 만들려면 육수나 물을 약간만 넣으면 된다. 얼얼할 정
도로 매워야 하며 짭조름한 맛이 나면서 가지의 쌉쌀한 뒷맛과 함께 바질의 향이 진하게 나야 한
다. 식히면 풍미가 약간 더 진해지면서 매운맛도 약해진다. 쌀밥과 함께 차려낸다.

오골계와 박을 넣은 커리

BLACK CHICKEN AND GREEN MELON CURRY ■ GENG JIN SOM GAI DAM ■ แกงจิ้นส้มไก่ดำ

3~4인분

작은 오골계 1마리, 약 400~500g
　또는 동량의 닭, 뿔닭, 자고새 또는
　토끼
식용유 1~2큰술
얇게 깎은 팜슈거 1~2작은술
피시 소스 2~3큰술
닭 육수 2~3컵 – 설명 참조 – 또는 물
2cm 크기의 주사위 모양으로 자른
　울외(큰 참외, 또는 박) 100g
고수 잎 1큰술
쪽파(대파) 1큰술
잘게 채 썬 장엽고수(쿨란트로, pak chii
　farang) 약간 – 선택 사항이나 추천
다진 베트남 민트 또는 락사 잎
　(pak bai) 1~2큰술 – 선택 사항
고운 고춧가루 1자밤 또는 그 이상

겡 진 솜 커리 페이스트

말린 홍고추 6~10개
말린 새눈고추 약간
소금 넉넉한 1자밤
다진 갈랑갈 1큰술
다진 레몬그라스 2큰술
다진 붉은 샬롯 4큰술
다진 마늘 2큰술
삭힌 생선 1큰술 또는
　태국 새우 페이스트 가피 ½큰술
　맥켐macquem 또는 좀 더 공을 들
　이자면 갈아놓은 초피(스촨 페퍼 콘
　Sichuan peppercorns) 2큰술

이 요리는 태국 북부 치앙마이 인근 지역에서 전해진 맵싸한 맛이 두드러지는 커리다. 삭힌 생선 플라 라plaa raa의 향이 기분 좋을 정도로 은은하게 풍기는데 너무나 다행스럽게도, 이것을 단독으로 사용할 때의 그 자극적인 향과는 큰 대조를 이룬다. 플라 라는 볶은 쌀과 함께 몇 달 동안 소금에 절인 민물 생선으로 만들며 이 요리에 가장 잘 어울리는 것은 태국 북부와 북동부 강에 서식하고 있는 버들붕어처럼 생긴 플라 그라디plaa gradii(라벨 어딘가에 쓰여 있다)로 만든 것으로, 아시아 상점에 가면 병에 든 제품을 쉽게 구할 수 있다. 병 뚜껑을 열 때는 마음의 준비를 해야 하지만 커리 페이스트에 넣어 먹으면 그 어떤 재료도 흉내 낼 수 없는 깊고 풍부한 맛을 낸다. 이 삭힌 생선을 구할 수 없거나 구했더라도 도저히 음식에 넣어 먹을 용기가 생기지 않는 사람들에게는 태국 새우 페이스트 가피가 더 좋은 대안이라 할 수 있다. 맥켐은 북부 태국의 향신료로 귤 껍질 같은 선명한 잔향이 특징이다. 이 향신료는 스촨 후추, 일본의 산쇼 후추와 유사하며 두 가지 다 맥켐 대신 이 요리에 사용할 수 있다.

닭을 통으로 사용한다면 깨끗하게 다듬어서 등뼈와 날개 끝을 제거한 다음 2cm 크기의 조각으로 토막낸다. 물에 헹궈서 종이 타월로 물기를 잘 닦아낸 다음 뚜껑을 덮어서 한쪽에 둔다. 등뼈, 날개 끝, 나머지 뼈로 육수를 만든다. 잘 헹군 다음 냄비에 넣고 차가운 물 4컵을 붓는다. 샬롯, 마늘, 갈랑갈, 레몬그라스 같은 커리 페이스트용 재료 자투리를 약간 넣어도 된다. 너무 많이 넣으면 그 풍미에 압도된다. 부유물을 걷어주면서 30분간 끓인 다음 걸러준다.

이제 커리 페이스트를 만든다. 말린 홍고추 꼭지를 따고 세로로 길게 반 잘라서 씨를 긁어낸다. 고추가 부드러워지도록 15분 정도 물에 담가두었다가 불려놓은 고추를 건져내어 물기를 최대한 많이 짜낸 다음 굵직하게 다진다. 말린 새눈고추를 씻어서 먼지를 모두 없앤다. 절구에 고추와 소금을 넣고 빻은 다음 목록에 있는 나머지 재료들을 하나씩 순서대로 넣으면서 빻아 입자가 고운 페이스트로 만든다. 전동 블렌더에 재료들을 넣고 갈아서 퓌레로 만들어도 되는데 이때 분쇄가 원활하도록 약간의 물이 필요할 수도 있지만 지나치게 많을 경우 페이스트를 희석해서 커리 맛이 변하는 결과를 초래하므로 필요 이상으로 넣으면 안 된다. 중간에 블렌더를 끄고 주걱으로 옆면을 긁어서 안쪽으로 모은 다음 다시 작동시켜서 페이스트가 완전히 퓌레 상태가 될 때까지 갈아준다.

냄비에 기름을 두르고 달군 다음 페이스트를 넣고 들러붙지 않도록 규칙적으로 저으면서 향이 짙어질 때까지 중불로 4분간 볶는다. 절반 분량의 설탕과 피시 소스로 간을 한 다음 닭고기를 넣고 몇 분 정도 볶는다. 육수 또는 물을 붓고 박(울외, 큰 참외)을 넣는다. 육수 또는 물을 조금씩 첨가해가며 닭고기와 박이 익을 때까지 약 20분간 끓인다. 커리는 수분이 매우 많아야 한다. 맛을 보고 필요시 피시 소스, 소금으로 간을 하는데 이 단계에서는 간이 과하면 안 된다.

쪽파, 고수, 쿨란트로, 베트남 민트를 넣고 완성한다. 간을 본다. 짭조름한 맛이 나면서 향기로워야 한다. 남겨둔 피시 소스, 팜슈거, 고춧가루로 맛을 조절한다. 쌀밥과 함께 차려낸다.

오골계… 그리고 박

오골계는 약간 사나운 인상, 앙상한 모습과 더불어 약리 작용을 하는 것으로도 알려져 있는데 그 맛은 뿔닭이나 자고새처럼 순하다. 따라서 당연히 이 새들은 모두 대체 재료로 사용할 수 있다. 나는 치망마이 북쪽에 있는 잘 알려지지 않은 산악지역에서 이 커리에 토끼고기를 넣는 것도 본 적이 있다.

박은 중국 식품점에서 몇 가지 종류를 구할 수 있는데, 없을 경우에는 그 대항마인 초코^{choko}* 즉 차요테^{chayote}를 사용하면 된다.

* choko : 같은 종을 가리키는 말이며 오이, 멜론 호박과 같은 과에 속하는 열대작물. 맛 또한 오이, 무와 비슷하며 아삭거리는 식감이 특징이다.

남부의 농어 커리

SOUTHERN SEA BASS CURRY ■ GENG GATI PLAA GRAPONG ■ แกงกะทิปลากะพง

2~3인분

코코넛 밀크 1컵
소금 넉넉한 1자밤
짓이긴 레몬그라스 줄기 1~2대
한 잎당 3~4조각으로 뜯어놓은 카피르
    라임 잎 도는 칼라만시 라임 잎 5장
껍질을 그대로 남겨둔(예뻐 보일 경우)
    농어 또는 큰입선농어 필렛 200g
얇게 깎은 팜슈거 1자밤
피시 소스 2큰술
육수 또는 물 몇 큰술
코코넛 크림 1컵
살짝 짓이긴 새눈고추 약간
갓 짜낸 라임 또는 칼라만시 즙 -
    선택 사항

겡 가티 커리 페이스트

말린 새눈고추 13개 - 약 1큰술
생새눈고추 10개
소금 넉넉한 1자밤
다진 갈랑갈 수북이 1큰술
다진 레몬그라스 2큰술
다진 마늘 2작은술
다진 터메릭 1작은술
다진 그라차이(야생 생강) 1큰술
태국 새우 페이스트 가피 1큰술

이 요리는 춤폰Chumporn에서 시작해서 좁다란 반도로 이어지는 태국 남부 지방의 엄청나게 매운 걸쭉한 커리다. 원조 레시피에는 이 지역에서 즐겨 먹는 작은 상어가 들어간다. 하지만 대체할 만한 생선들도 많아서 큰입선농어, 농어, 부시리, 꼬치고기, 적색 퉁돔, 노랑촉수 심지어 새우나 가리비까지 사용할 수 있다. 칼라만시 라임은 태국 남부에서 인기 있는 귤 향을 풍기는 자그마한 황녹색의 감귤류로 흔히 사용하는 방법은 아니지만 카피르 라임 잎과 일반 라임 즙을 조합하면 대체가 가능하다.

따뜻한 곳에 두고 30분 정도 숙성시키면 맛이 더 풍부해지고 고추의 날카로운 매운맛도 줄어든다. 태국보다 서늘한 기후에서는 살짝 데워 먹어야 할 수도 있다. 그럴 경우에는 약불로 데우는데, 커리가 분리되어 기름이 뜨기 시작하면 물을 약간 첨가한다.

먼저 커리 페이스트를 만든다. 말린 새눈고추를 씻어서 먼지를 모두 없앤다. 절구에 고추와 소금을 넣고 빻은 다음 목록에 있는 나머지 재료들을 하나씩 순서대로 넣으면서 빻아 입자가 고운 페이스트로 만든다. 전동 블렌더에 재료들을 넣고 갈아서 퓌레로 만들어도 되는데 이때 분쇄가 원활하도록 약간의 물이 필요할 수도 있지만 지나치게 많을 경우 페이스트를 희석해서 커리 맛이 변하는 결과를 초래하므로 필요 이상으로 넣으면 안 된다. 중간에 블렌더를 끄고 주걱으로 옆면을 긁어서 안쪽으로 모은 다음 다시 작동시켜서 페이스트가 완전히 퓌레 상태가 될 때까지 갈아준다.

코코넛 밀크, 소금, 레몬그라스, 찢어 놓은 라임 잎 절반을 냄비에 넣고 끓을 때까지 가열한다. 생선을 넣고 끓여 익힌다. 실제로는 스푼 바닥으로 생선을 눌러서 살짝 으스러뜨리면서 과조리하는 것이다. 커리 페이스트를 넣고 풋내가 사라지면서 향기로운 냄새가 올라올 때까지 3~4분간 끓인다. 커리는 코코넛 밀크가 갈라질 듯 위태로워 보이면서 기름이 거의 보이지 않을 정도로 걸쭉하고 수분이 적어야 한다. 피시 소스와 설탕으로 간을 하고 육수 또는 물을 넣어 수분을 보충한 다음 코코넛 크림을 넣고 잘 저어준다. 새눈고추, 남겨놓은 라임 잎과 즙을 넣어 완성한다.

풍미가 개선되도록 5~10분간 그대로 둔다. 이 커리는 맵고, 맵고 또 매우면서도 풍성한 맛의 크림 같은 질감에다 짭조름하고 향기롭고 살짝 단맛이 나야 한다.

팜슈거와 샬롯을 넣은 고등어 찜

BRAISED MACKEREL WITH PALM SUGAR AND SHALLOTS ■ DTOM KEM PLAA TUU ■ ต้มเค็มปลาทู

이 요리는 준비하는 데 꽤 긴 시간이 필요하지만 기술적으로는 매우 단순하다. 그리고 그 단순함은 투박한 고대의 방식 그대로다. 필요한 것은 크고 바닥이 두꺼운 냄비와 잔잔한 불꽃 그리고 약간의 인내심뿐이다. 푹 익힌 고등어에 팜슈거가 스며들어 단맛이 나고 전통적인 가열 방식인 장작의 오크 향이 풍기면서 짙은 적갈색으로 윤기가 나기 위해서는 약 이틀이 걸린다. 이처럼 느리게 푹 익히면 기름기 많은 생선 특유의 비린내도 제거할 수 있다. 모든 시장에는 이 요리가 잔잔하게 끓고 있는 커다란 냄비가 있는데 언제나 커리 노점 가까운 곳에서 팔기 때문에 커리로 식사를 하려는 사람이라면 이 요리를 같이 먹을 수 있다. 자그마한 물치*는 이와 같은 방식으로 요리할 때 가장 선호하는 생선이지만 잉어 또한 인기가 많다. 갓 다듬어놓은 사탕수수를 길게 썰어서 냄비 바닥에 깔아 풍부하면서도 살짝 씁쓸한 끝맛을 내기도 한다.

고등어를 씻어서 내부에 있는 핏줄을 최대한 많이 제거하고 물기를 뺀다.

절구에 레몬그라스, 사탕수수, 갈랑갈, 생강, 고수 뿌리, 통 샬롯, 불린 고추, 통후추를 넣고 가볍게 짓이겨서 그 절반을 크고 바닥이 두꺼운 냄비 또는 육수 냄비 바닥에 골고루 깔아준다. 그 위에 고등어를 놓고 나머지 절반 분량의 향신료를 고등어 위에 덮어 올린다.

조리용 육수를 만든다. 차가운 물 4~5컵에 설탕을 풀어 녹인 다음 생선이 완전히 잠기도록 붓는다. 설탕물이 부족하면 물만 조금 더 보충한 다음 소금, 피시 소스, 진한 간장, 타마린드 과육을 넣는다. 끓을 때까지 가열한 다음 부유물을 자주 걷어내고 필요시 육수 또는 물을 보충해주면서 약 2시간 정도 뭉근하게 끓인다. 조리하는 내내 생선은 조리 액에 푹 잠겨 있어야 하며 그렇지 않을 경우 요리를 망치게 된다. 태국 요리사들은 생선이 바닥에서 떠오르지 않도록 사탕수수 조각 두개를 냄비 양옆으로 버팀목처럼 교차시켜 놓기도 한다. 적당한 크기의 내열 접시로도 같은 효과를 얻을 수 있다. 생선을 조리 액 속에 그대로 둔 채 밤새 식힌다. 태국에서는 냉장고에 넣지도 않고 그대로 내버려둔다. 나 또한 별 사고 없이 이렇게 해왔지만 여러분이라면 냉장고에 보관하는 것이 안전하다고 생각할 수도 있겠다.

다음 날 아침, 생선이 완전히 잠기도록 물을 약간 더 보충한 다음 다시 몇 시간 동안 끓여서 식힌다 (생선에 스며든 설탕이 천연 방부제 역할을 하기 때문에 굳이 냉장고에 넣어 식힐 필요는 없다). 이 엄청난 요리를 끓이고, 졸이고, 보충해서 다시 응집시키는 과정을 하루 종일 서너 번 반복한다. 이 과정 내내 생선은 냄비에 그대로 두어야 하는데 그렇지 않으면 부서진다. 완성되면 생선살은 탄탄하면서도 연한 상태여야 하며(뼈는 대체로 녹아 없어진다) 짙은 색으로 변한 육수는 단맛, 짠맛, 신맛이 조화를 이루면서 꽉 찬 풍미가 느껴져야 한다.

3~4인분

비늘과 내장을 제거한 작은 고등어 500g
다듬어놓은 레몬그라스 줄기 3대
껍질을 벗기고 5cm 길이로 자른 다음 길게 4등분한 사탕수수 줄기 2대 – 선택 사항이지만 추천
얇게 썬 갈랑갈 7조각
얇게 썬 생강 7조각
깨끗하게 다듬어놓은 고수 뿌리 3~4개
통째 껍질을 벗긴 붉은 샬롯 8개
씨를 빼고 물에 15분간 불린 다음 건져낸 말린 홍고추 3개
굵직하게 부순 백 통후추 ½작은술
다진 새눈고추 1~2개
얇게 썬 붉은 샬롯 3~4개
갈아놓은 백후추 1자밤

조리용 육수

최고 품질의 팜슈거 150g
소금 ½작은술
피시 소스 2큰술
진한 간장 2큰술
2~3조각으로 부러뜨린 타마린드 과육 ¼컵

* frigate mackerel : 고등어과에 속하는 작은 크기의 다랑어라고 할 수 있으며 태평양 연안과 열대 해역에 분포한다.

달콤한 피시 소스를 곁들인 직화 구이 생선

GRILLED FISH WITH SWEET FISH SAUCE ■ PLAA YANG NAHM PLAA WARN ■ ปลาย่างน้ำปลาหวาน

2~3인분

비늘과 내장을 제거한 메기, 숭어 또는
　다른 민물 생선 400g
연한 간장 2~3큰술
얇게 깎은 팜슈거 ½ 컵
타마린드 물 3큰술
튀긴 샬롯, 튀긴 마늘 각 한 줌씩
직화에 구운 말린 홍고추 또는 말린
　새눈고추 약간
다진 고수 1큰술
큼직한 대나무 꼬치 1개
다듬어놓은 님neem(sadtao) 또는
　라디키오witlof(치커리 또는 벨기에
　엔다이브)100g

메기는 이 요리에 가장 잘 어울리는 생선이다. 살이 많고 지방이 풍부해서 숯불에 구우면 캐러멜화되어 색이 짙어지면서 불 향이 난다. 메기를 구할 수 없을 경우에는 큼직한 송어가 차선책이다. 메기만큼의 풍미를 바랄 순 없지만 꽤 괜찮은 선택이 될 수 있다.

　숯불에 구울 수만 있다면 이와 같은 요리의 중요한 성공 요인이라 할 수 있는 강한 불 향과 복잡한 풍미를 부여할 수 있으므로 그대로 실행하자. 화로는 30분이나 1시간 전에 미리 준비한다. 사납게 불타오르는 숯불의 화염이 기세를 잃으면서 장시간의 구이에 알맞도록 잔잔한 열을 내는 벌건 불씨만 남아야 한다. 길거리에서는 이 생선을 가장 낮은 온도에서 1시간 심지어 2시간에 걸쳐서 믿지 않을 정도로 천천히 굽는다. 이렇게 익히기 때문에 생선에는 불 향이 짙게 스며드는 것이다.

　팜슈거, 피시 소스, 타마린드를 조합하면 생선과 찰떡 궁합을 이루는 꿀과 같은 소스가 된다. 튀긴 샬롯과 마늘은 특유의 고소한 맛과 식감을 부여하고 고추는… 굳이 말하자면 고유의 개성을 마음껏 발산한다고 보면 된다. 끝맛은 님neem이 만들어내는 개운한 쓴맛이다. 이 약용 상록수의 순에는 가늘고 질기면서 톱니 모양으로 생긴 잎이 달려 있다. 이 잎은 엄청나게 쓴맛을 가지고 있으므로 반드시 끓는 물에 두세 번 데친 다음 물을 갈아주면서 담가두어야 한다. 태국 시장에서는 님을 이렇게 판매하고 있다. 태국 밖에서는 님을 구하기 힘들겠지만 비슷한 쓴맛을 지닌 라디키오도 데쳐서 사용할 수 있다.

생선을 깨끗하게 손질해서 유리 또는 도자기 그릇에 담고 간장을 부어 뚜껑을 덮은 채 냉장고에서 몇 시간 정도 재운다.

작은 냄비에 물 1~2큰술과 팜슈거를 넣고 중불로 녹인다. 피시 소스를 넣고 몇 분간 끓인 다음 타마린드 물을 넣고 걸쭉해질 때까지 1분 정도 더 끓인다. 필요시 부유물을 걷어낸다. 달콤한 피시 소스를 걸러준 다음 그대로 식혀서 간을 본다. 짠맛, 단맛, 신맛이 동일하게 균형을 이루어야 한다.

재워둔 생선을 꺼낸 다음 종이 타월로 잘 닦아서(불판에 붙지 않도록) 대나무 꼬치에 모두 꽂는다(생선을 한꺼번에 뒤집기 쉽다. 이 대나무 꼬치는 물에 담가둘 필요가 없는데 생선 속 수분으로 인해 꼬치가 타지 않기 때문이다). 숯불에 올리고 고르게 익을 수 있도록 뒤집어가며 가능한 오래 굽는다.

그동안 채소를 준비한다. 님을 사용한다면, 순을 다듬어서 질긴 끝단을 잘라내고 매번 차가운 물에 식히면서 두세 번 데친다. 헹궈서 차려낼 때까지 차가운 물에 담가둔 다음 물기를 잘 빼고 잎과 연하고 얇은 줄기를 모아 다발로 만든다. 흐르는 찬물로 식감을 되살린다. 라디키오를 사용한다면 뿌리와 밑동을 다듬어서 연해질 때까지 10~15분간 끓인 다음 차려낼 때까지 식혀둔다.

달콤한 피시 소스와 튀긴 샬롯, 마늘, 고추, 고수를 섞어서 볼에 담고 생선, 채소(님 또는 라디키오)와 함께 차려낸다.

ของว่างและขนมหวาน
간식과 단 과자들

SNACKS AND SWEETS

KORNG WANG LAE KANOM WARN

날이 갈수록 새로운 팀들이 출전하고 있다. 이 새로운 길거리 음식의 선수단들은 사무실, 학교, 버스 승강장과 기차역 주변 등 하루 일과를 마친 후에 출출한 배를 간식으로 채우고자 하는 사람이 있는 곳이라면 어디든 모여들어 온갖 재능을 발휘한다. 잦아든 숯불에 은근하게 구운 사테 꼬치의 맛있는 냄새가 손님들을 끌어모으는 와중에 이들의 배고픔을 좀 더 확실히 달래주려면 고추와 고수로 맛을 낸 요상하게 생긴 소시지 몇 개가 그 신통한 능력을 발휘해야 한다. 향신료로 양념한 다진 고기를 채운 무슬림식 페이스트리인 마타르바크madtarbark 조각은 새콤달콤한 오이 렐리시와 함께 차려내는데 이 또한 괜찮아 보인다. 간편하게 탕면 한 그릇씩 먹을 수 있는 국수 가게로 향하는 사람들도 있고 태국인들이 집으로 가는 길에는 구운 오리 또는 게, 바비큐 돼지고기 또한 이들을 유혹하고 나선다.

그러나 오후 시간대가 되면 태국인들은 단것을 찾기 시작하고, 상인들은 이들이 갈망하는 간식을 수레에 싣고 옮겨 다니면서 팔거나 쟁반에 담아 좌판에서 판매한다. 단것들을 향한 태국인들의 식욕은 충격적이기까지 하다. 달콤한 과자 두

세 개 정도는 뒤이어 먹을 식사에 아무런 영향도 미치지 않는다는 듯 거리낌없이 먹어치운다. 그중에서도 카놈 부앙kanom beuang, 머랭을 채워서 만든 독특한 매력의 작은 전병, 설탕을 입힌 과일과 오리알을 황금색 가닥처럼 삶아놓은 포이 통foi tong은 태국 단 과자의 고전에 속한다. 흔히 같은 노점에서 코코넛과 새우를 넣어 만든 짭조름한 형태도 함께 만들어 팔곤 하지만 관심을 끌지 못하고 있다. 그러나 태국 사람들의 성향상 그마저도 머지않아 아주 달게 바뀔 듯하다.

주의사항 : 학생들이 쏟아져 나오는 시간 즈음에 학교를 지날 때면 단단히 주의해야 한다. 특히 여학교가 가장 위험한데 평소에는 얌전한 학생들이 그들의 주린 배를 채워줄 간식과 단 과자를 향해 돌진하면서부터는 단호하고 위협적인 성 트리니안St Trinian 출신이나 된 듯이 돌변하기 때문이다. 어릴수록 더 통제불능이다. 한 살이라도 더 먹으면 좀 더 자제력을 갖추게 될 테고 길 모퉁이 근처에는 언제나 다른 수레가 있어서 당연히 다른 먹거리도 있으리라는 사실을 경험으로 알고 있을 테니 아마도 더 안전하다고나 할까.

땅콩과 고추를 곁들인 산톨*

SANTOLS WITH PEANUTS AND CHILLIES ■ GRATHORN SONG KREAUNG ■ กระท้อนทรงเครื่อง

<u>2인분</u>

산톨 2개
소금
땅콩 2큰술
물에 헹궈낸 새눈고추 1작은술 –
    약 5~6개
건새우 2큰술
피시 소스 1큰술
생새눈고추 3~4개

이 요리는 특유의 새콤, 달콤, 매콤한 맛을 즐기는 태국 여성들에게 인기가 많고 오후의 무더위에 잃어버린 입맛을 되찾아 주기도 한다. 산톨은 모과 맛이 나는 선명한 미색의 과육을 감싸고 있는 거친 금색의 껍질을 가진 아주 큼직한 과일로 망고스틴과 비슷한 반투명한 흰색의 부드러운 질감을 가진 속살이 있고 그 중심에는 검은색의 씨앗 세 개가 박혀 있다. 이 과일은 먹기 전에 반드시 소금물에 담가두어야 하는데 갈변을 지연시킬 뿐 아니라 떫은맛도 어느정도 없애주기 때문이다.

　산톨은 그리 흔한 과일이 아니라서 몇몇 동남아 특산품 상점에 가야 겨우 만날 수 있을 정도지만 운이 좋다면 병에 담긴 산톨 절임을 발견할 수도 있다. 산톨이 없다면 로즈 애플rose apple 또는 그린 망고를 대신 사용할 수 있다. 이 과일들은 찬물에 담그지 않아도 된다.

과도로 산톨 껍질을 벗기고 변색되지 않도록 소금물에 담가둔다. 산톨을 건져서 맨 위에서 바닥까지 2mm 간격으로 자국을 내고 5mm 깊이로 칼집을 낸 다음 다시 소금물에 넣고 나머지 산톨도 똑같이 작업한다. 떫은맛이 빠지도록 약 10분간 그대로 담가둔다.

바닥이 두꺼운 프라이팬에 땅콩을 넣고 약불로 고르게 색이 나도록 뒤섞어주며 굽는다. 고소한 향이 나면서 노릇한 색으로 변하면 절구에 넣고 굵직하게 갈아준다. 땅콩을 옮겨 담고 절구를 닦아낸다.

같은 팬에 말린 새눈고추를 넣고 약불로 타지 않도록 계속 흔들어주면서 색이 변할 때까지 굽는다. 식힌 다음 절구에 넣고 굵은 가루로 갈아서 옮겨 담고 다시 절구를 닦아낸다.

건새우를 절구에 넣고 절굿공이로 몇 번 빻아 굵직하게 으스러뜨린다.

냄비에 피시 소스와 설탕을 넣고 약불로 설탕을 녹인 다음 빻아놓은 건새우 2큰술을 넣고 섞는다. 걸쭉할 상태가 될 때까지 잠시 끓인 다음 구운 고춧가루 일부 또는 전부를 넣어 맛을 낸다.

산톨을 넉넉한 양의 물에 헹궈서 건져낸 다음 물기를 최대한 많이 짜낸다. 접시에 가지런히 놓고 소스를 끼얹는다. 남아 있는 건새우와 땅콩을 뿌려서 새눈고추를 곁들인다.

* santol : 사과 정도 크기의 둥글게 생긴 열대 과일이며 주로 잼을 만드는 용도로 사용함. 껍질이 두껍고 과육은 새콤달콤한 맛이 난다.

소고기 마타르바크

MADTARBARK WITH BEEF ■ MADTARBARK NEUA ■ มะตะบะเนื้อ

3~4인분

소금 ¼작은술
박력분 125g
살짝 풀어놓은 달걀 ½개 - 약 30g
1cm 크기로 조각낸 마가린 15g
기름 ⅓컵 - 무미무취의 순수 코코넛
　오일(nahm man bua) 추천

소

다진 붉은 샬롯 2큰술
소금 넉넉한 1자밤
다진 마늘 1큰술
다진 생강 1큰술
커리 가루 수북이 1큰술
갈아놓은 소고기 -
　앞치마살, 갈비 또는 우둔 추천
피시 소스 2큰술 - 맛에 따라 가감
백설탕 1자밤
매우 가늘게 썬 작은 양파 1개
다진 쪽파 3큰술
굵직하게 다진 고수 2큰술
살짝 풀어놓은 달걀 1개

이 요리는 소고기, 닭고기 또는 양고기로도 만들 수 있는, 맛있고 꽤 정성스러운 무슬림 간식이다. 속 재료는 몇 시간 전에 미리 만들어둘 수 있는데 내 생각에는 확실한 질감과 풍부한 맛을 낼 수 있도록 지방이 적당히 있고 약간 큼직하게 썰어놓은 소고기, 이를 테면 치마살, 갈비 또는 우둔이 적당할 듯하다. 대부분의 태국 요리사와 모든 상인은 근처 시장이나 향신료 가게에서 커리 가루를 구매해서 사용하기에 여러분들도 속 편하게 그대로 따라하면 된다. 단, 신선하고 향긋한 것만 골라야 한다. 만들기도 쉬우므로 적당한 양을 만들어서 냉장고에 보관하는 방법도 있다(331쪽 참조).

물 ¼컵에 소금을 넣어 녹인다. 밀가루를 체에 쳐서 볼에 담고 가운데에 웅덩이를 만든다. 달걀을 넣고 섞어서 부스러지는 상태의 반죽을 만든 다음 소금물을 조금씩 부으면서 치댄다. 매끄럽고 무르며 잘 늘어나는 반죽이 될 때까지 약 15분간 치댄다. 마가린을 문질러 바른 커다란 볼에 옮겨 담고 비닐 랩을 씌운 채 1시간 정도 휴지시킨다.

양손을 오므려서 반죽을 둥글려 커다란 타원형 모양으로 만든다. 공 모양으로 3분할한 다음 다시 둥글려 표면을 매끄럽게 만든다. 분할한 반죽을 다시 볼에 넣고 마가린 조각을 골고루 올려 덮은 다음 비닐 랩을 씌워서 기름이 스며들도록 적어도 3시간 또는 밤새 따뜻한 곳에 둔다.

그동안, 소를 만든다. 절구에 샬롯, 소금을 넣고 빻은 다음 마늘, 생강을 넣고 빻아 입자가 고운 페이스트로 만든다. 커리 가루를 넣고 섞는다. 반죽을 담아 놓은 볼에서 기름 2작은술을 떠서 작은 웍 또는 프라이팬에 두른 다음 가열한다. 달궈진 팬에 페이스트를 넣고 향이 짙어질 때까지 볶다가 소고기를 넣고 덩어리지지 않도록 저어주면서 약 4분 정도 익힌다. 고기가 덩어리졌으면 물 1~2큰술을 넣고 깨트린 다음 수분이 완전히 증발할 때까지 끓인다(수분이 많으면 페이스트리가 질척거리게 된다). 피시 소스와 설탕을 넣어 간을 한다. 짭조름한 맛이 나면서 커리 가루의 온화한 향이 느껴져야 한다. 식혀서 양파와 쪽파, 고수, 달걀을 넣고 섞는다.

작업대와 손에 기름을 골고루 바른다. 반죽 하나를 꺼내어 작업대에 올려 놓고 손가락 두세 개로 눌러서 지름 15cm 크기의 원판 모양이 되도록 늘인다. 이제 이 원판 한쪽 끄트머리를 쥐고 반죽 자체의 무게를 이용해서 던지는 듯한 동작으로 반죽을 내리쳐서 얇고 길쭉한 원형으로 늘인다. 거의 투명해질 정도로 얇게 편 다음 가장자리를 접어서 약 20cm 크기의 커다란 사각형으로 만든다. 도저히 시도해볼 엄두가 나지 않거나 손재주가 없다고 생각하는 사람들은 밀대를 사용해도 된다.

크고 바닥이 두꺼운 프라이팬을 약불로 달군 다음 마가린 한 조각을 넣고 녹여서 페이스트리를 조심스럽게 팬에 올려 놓는다. 잠시 익힌 후 가운데에 ⅓ 분량의 소를 올리고 납작하게 눌러서 편 다음 잠시 더 익힌다. 양쪽 가장자리를 가운데로 접어 올린 다음 나머지 가장자리도 반복한다. 각 가장자리는 서로 겹쳐져서 페이스트리가 밀봉되어야 한다. 한쪽 면이 황갈색이 날 때까지 1분 정도 더 익힌다. 마가린 조각을 넣고 팬을 흔들어준 다음 마타르바크를 뒤집어서 들러붙지 않도록 팬을 다시 흔들어준다. 그대로 1분 정도 익힌 다음 다시 한 번 뒤집어서 노릇하게 익으면 꺼낸다. 남아 있는 반죽과 소로 과정을 반복한다.

살짝 식힌 다음 약 2cm 크기의 사각형으로 자른다. 오이 렐리시를 곁들여 따뜻할 때 차려낸다.

+ 오이 렐리시

식초 ¼컵
백설탕 ¼컵
소금 ½작은술 – 기호에 따라 가감
깨끗하게 다듬어놓은 고수 뿌리 1개
4등분해서 얇게 썰어 놓은 작은 오이 1개 –
　껍질을 벗겨도 상관 없음.
약간 굵직하게 썬 붉은 샬롯 3개
다진 홍고추 ¼개
다진 고수 1큰술

식초, 설탕, 소금, 고수 뿌리와 물 몇 큰술을 냄비에 넣고
설탕이 녹을 때까지 끓인다. 불에서 내리고 식힌다(이
시럽은 미리 만들어둘 수 있으며 냉장고에 넣어두면 오
래 보관할 수 있다). 차려내기 직전에 고수 뿌리를 건져
낸 다음 오이, 샬롯, 고추, 다진 고수를 넣고 섞는다,

돼지고기 사테

PORK SATAY ■ MUU SATAY ■ หมูสะเต๊ะ

시장의 모든 길거리를 따라 늘어서 있는 사테 노점들이 뿜어대는 그 향기로운 연기는 고객들을 유혹해서 결국 지갑을 열게 만든다. 이 연기를 만들어내는 화로는 매우 원시적이다. 심지어 불씨 몇 개만 겨우 들어가 있는 철제 상자에 격자로 얽어놓은 철망만 올려놓은 것도 있을 정도이며 더 흔하게 볼 수 있는 형태라고 해봐야 숯불이 타고 있는 길고 좁다란 철제 상자에 금속 막대 서너 개를 올려놓은 것이 전부다. 어느 쪽이든 사테의 그 탁월한 맛은 숯불이 만들어준다. 숯불을 사용할 수 없다면 직화 구이 팬을 중불로 천천히 달궈서 사용하면 된다. 숯불 사테와 똑같은 복잡한 풍미를 만들어낼 순 없겠지만 손님들로 하여금 줄을 서게 만들기에는 충분하다.

나는 목살처럼 지방이 많은 부위를 선호하는데 등심같은 살코기를 사용해도 상관없다. 취향의 문제이긴 하지만 상대적으로 지방이 많은 부위를 사용한 사테가 더 촉촉할 뿐만 아니라 먹음직스러운 캐러멜 색을 내기도 쉽다. 사테를 익힐 때 레몬그라스와 판단 잎으로 만든 붓으로 양념을 바르는 요리사들도 있는데 일반 붓을 사용해도 무방하지만 은은한 향을 입히기에는 전자가 훨씬 유리하다.

닭고기 역시 흔하게 사테로 만들고 소고기도 무난하다. 이 고기들을 사용하고 싶다면 말린 향신료의 양을 조절해야 한다. 닭고기에는 적게, 소고기에는 더 많이 쓰기를 권한다.

마지막으로 사테 소스와 오이 렐리시용 시럽을 미리 만들어놓고 돼지고기를 하룻밤 재워두면 밑 준비의 부담을 덜 수 있다. 태국에 있는 영리한 요리사들이 흔히 그러는 것처럼 사테를 미리 구워놓으면 재빨리 데워서 기다리는 손님을 만족시킬 수도 있다.

먼저 재움장을 준비한다. 바닥이 두꺼운 프라이팬에 고수와 커민 씨앗을 따로따로 넣고 향기로운 냄새가 날 때까지 타지 않도록 팬을 흔들면서 굽는다. 절구에 향신료들을 넣고 갈아준다. 레몬그라스, 소금, 갈랑갈을 넣고 빻아서 입자가 고운 페이스트로 만든 다음 터메릭과 고춧가루를 넣고 섞는다. 코코넛 크림, 기름, 설탕을 넣고 저어서 완전히 녹인다. 볼에 옮겨 담는다.

돼지고기를 4cm x 1cm 크기로 얇게 썰어서 볼에 담고 적어도 1시간 또는 하룻밤 동안 냉장고에 넣어서 재워둔다.

꼬치를 약 30분간 물에 담가둔 다음 각각의 꼬치에 양념에 재워두었던 돼지고기를 3조각씩 꿰어준다. 이렇게 만든 사테는 몇 분 또는 몇 시간 정도 다시 양념에 재워둘 수도 있다.

숯불에 굽는다면 사테를 굽기 30분 전에 불을 피워야 한다. 숯을 더 넣고 불꽃이 잦아들도록 기다렸다가 돼지고기가 타지 않고 훈연되도록 천천히 익혀야 한다.

코코넛 크림을 넓고 낮은 볼에 담고 소금 1자밤을 넣어 섞는다. 사테를 재움장에서 꺼낸 다음 코코넛 크림에 살짝 담갔다가 화로에 올린다. 준비된 숯불에 굽거나 중불로 가열한 직화 구이 팬에 서너 개씩 또는 감당할 수 있을 만큼 올려서 굽는다. 기호에 따라 레몬그라스와 판단 잎으로 만든 붓으로 소금을 넣은 코코넛 크림을 바른다. 사테를 자주 뒤집어서 색이 너무 나지 않도록 한다.

그동안, 상황에 따라 소스를 살짝 데운다. 완성된 사테에 소스와 오이 렐리시를 곁들여 차려낸다.

30개, 3~4인분 분량

돼지 목심 또는 등심 400g
대나무 꼬치 약 30개
코코넛 크림 ½컵
소금 1자밤
레몬그라스와 판단 솔(다음 페이지 참조) – 선택 사항
사테 소스와 오이 렐리시(다음 페이지 참조)

재움장

최고 품질의 팜슈거 150g
고수 씨앗 1큰술
커민 씨앗 1작은술
곱게 다진 레몬그라스 3큰술
소금 1작은술
다진 갈랑갈 1큰술
터메릭 가루 1½ – 가급적 직접 만든 것(337쪽 참조)
구운 고춧가루 1자밤
코코넛 크림 ½컵
코코넛 오일 또는 식용유 2큰술
얇게 깎은 팜슈거 1큰술

+ 레몬그라스와 판단 붓

다듬어놓은 작은 레몬그라스 줄기 2대
판단 잎 2장

각각의 레몬그라스 줄기 두꺼운 끝부터 시작해서 ¾ 정도 길이까지 3~4개의 칼집을 넣는다. 판단 잎을 반으로 접어서 가장자리를 고르게 다듬어낸 다음 그 끝에 4~5개의 칼집을 넣는다. 레몬그라스와 판단 잎의 칼집이 없는 쪽을 실 또는 고무줄로 묶어서 붓을 만든다.

+ 사테 소스

말린 홍고추 4개
고수 씨앗 1큰술
커민 씨앗 1큰술
소금
다진 레몬그라스 1큰술
다진 갈랑갈 ½큰술
강판에 곱게 간 카피르 라임 껍질 ½작은술
다진 붉은 샬롯 1큰술
다진 마늘 2큰술

깨끗하게 다듬어서 다진 고수 뿌리 ½큰술
코코넛 크림 1½컵
얇게 깎은 팜슈거 2큰술
땅콩 가루 ½컵
육수, 물 또는 코코넛 밀크 ½컵
묶어놓은 판단 잎 1장 – 선택 사항
피시 소스 1큰술 – 맛에 따라 가감
구운 고춧가루 1자밤

말린 홍고추 꼭지를 따고 세로로 길게 반 잘라서 씨를 긁어낸 다음 고추가 부드러워지도록 15분 정도 물에 담가둔다. 고추를 불리는 동안 바닥이 두꺼운 팬에 고수와 커민을 따로따로 넣고 타지 않도록 자주 흔들어주면서 향기로운 냄새가 날 때까지 굽는다. 전동 분쇄기 또는 절구에 넣고 갈아서 한쪽에 둔다.

불린 고추를 건져서 물기를 최대한 짜낸 다음 굵직하게 다진다. 절구에 고추와 소금을 넣고 빻은 다음 레몬그라스, 갈랑갈, 카피르 라임 껍질, 샬롯, 마늘, 고수 뿌리를 하나씩 순서대로 넣으면서 빻아 입자가 고운 페이스트로 만든다. 전동 블렌더에 재료들을 넣고 갈아서 퓌레로 만들어도 되는데 이때 분쇄가 원활하도록 약간의 물이 필요할 수도 있지만 지나치게 많을 경우 페이스트를 희석해서 커리 맛이 변하는 결과를 초래하므로 필요 이상으로 넣으면 안 된다. 중간에 블렌더를 끄고 주걱으로 옆면을 긁어서 안쪽으로 모은 다음 다시 작동시켜서 페이스트가 완전히 퓌레 상태가 될 때까지 갈아준다. 마지막으로 갈아놓은 향신료들을 골고루 섞는다.

작은 냄비에 코코넛 크림 1컵을 넣고 가열해서 1~2분 정도 끓인 다음 페이스트를 넣고 향이 짙어지면서 기름기가 돌 때까지 4~5분간 천천히 볶는다. 팜슈거로 간을 하고 남아 있는 코코넛 크림으로 수분을 보충한다. 2~3분간 끓인 다음 땅콩을 넣고 5분간 끓인다. 피시 소스, 고춧가루, 소금 1자밤으로 간을 한다. 아주 기름지고 향이 풍부하며 색이 짙고 달콤, 고소, 매콤한 맛이 나야 한다. 불에서 내린 다음 1시간 정도 안정화시키면 맛이 더 좋아진다. 따뜻하게 또는 상온 상태로 차려낸다.

+ 오이 렐리시

백설탕 ¼컵
식초 ¼컵
소금 1자밤
4등분해서 얇게 썰어놓은 작은 오이 1개

얇게 썰어놓은 붉은 샬롯 4개
다진 홍고추 ¼개
다진 고수 2큰술

설탕과 식초, 소금, 물 ¼컵을 냄비에 넣고 끓인다. 설탕이 완전히 녹으면 불에서 내려 식힌다.

차려내기 전에 나머지 재료들을 넣는다.

죽순과 건새우로 속을 채운 떡

BAMBOO AND DRIED PRAWN CAKES ■ KANOM GUI CHAI SAI NOR MAI ■ ขนมกุยช่ายไส้หน่อไม้

9~10인분

바나나 잎 1장 – 선택 사항
튀김용 식용유
간장 고추 소스(176쪽 참조)

반죽

쌀가루 1컵
타피오카 가루 ¼컵, 추가로 덧뿌릴
    용도의 몇 큰술
찹쌀가루 2큰술
소금 넉넉한 1자밤
식용유 3큰술

소

죽순 400g 또는 물기를 뺀 잘게
    채 썬 통조림 죽순 125g
최상품 건새우 4큰술
튀긴 마늘 2큰술
백설탕 넉넉한 1자밤
연한 간장 2~3큰술

생죽순을 구하는 일은 쉽지 않고, 혹 구한다 하더라도 그리 신선한 상태가 아니라는 것이 문제다. 아래에 생죽순 손질하는 방법을 소개해두었지만 품질 좋은 통조림 죽순 외에 별다른 대안이 없다면 차가운 물에 몇 번 헹군 다음 혹시라도 남아 있을 쇠 맛이 없어지도록 차가운 소금물에 넣고 가열해서 데친 후에 사용한다.

지름 2cm 정도의 작은 떡을 만들어 파는 노점도 있지만 대개의 경우 이처럼 앙증맞게 생긴 것들은 튀긴 마늘을 뿌려서 찌고 더 큰 것들은 주로 튀겨서 만든다.

먼저 반죽을 만든다. 가루 재료와 소금, 기름을 넣고 섞어준 다음 물 1½컵을 넣고 다시 치대어 매우 촉촉하면서도 되직한 반죽을 만든다. 반죽을 냄비나 놋쇠 재질의 웍에 넣고 아주 낮은 화력에서 계속 저어준다. 가루가 뭉쳐지기 시작하면 거품기를 사용해야 할 수도 있는데 이때 반죽이 냄비나 웍에 눌어붙으면 안 된다. 반죽이 절반 정도 익으면(매우 끈적거리면서 불투명해지고 윤기가 난다) 불에서 내린 다음 몇 분 정도 식힌다.

도마에 타피오카 가루를 몇 큰술 뿌리고 따뜻한 반죽이 비교적 모양을 갖추면서 손에 묻어나지 않을 때까지 약 5분간 치댄다. 이때 덧가루를 너무 많이 사용하면 반죽이 빡빡해지므로 주의해야 한다. 지름 4cm 정도의 공 모양 9~10개로 분할한 다음 젖은 천으로 덮어서 10분간 휴지시킨다.

죽순을 손질한다. 생죽순을 사용한다면 작고 날카로운 칼로 길게 칼집을 낸 다음 안쪽에 있는 미색의 연한 속살이 드러나도록 단단하고 짙은 색의 섬유질이 많은 바깥쪽 잎들을 벗겨낸다. 잎에 붙어 있는 짙은 색의 털은 피부를 자극할 수 있으므로 다룰 때 주의해야 한다. 거친 밑동을 잘라내고 옆면을 다듬어서 표면을 매끄럽게 만든다. 충분히 헹군 다음 소금물에 담가둔다. 익힐 준비가 되었으면 죽순을 세로로 길게 잘라 반으로 나눈 다음 결을 가로질러 5mm 두께로 자른다. 이 조각들을 옆으로 뉘어서 가늘게 채 썬다. 냄비에 넣고 소금물을 넉넉하게 부어서 끓을 때까지 가열한 다음 1분간 끓인다. 손을 데지 않도록 주의해서 걸러준 다음 다시 소금물을 붓고 끓을 때까지 가열해서 1분간 끓인다. 한 조각을 건져서 맛을 본다. 고소하면서 딱 좋을 정도로 쌉싸래한 맛이 나야 한다. 그대로 먹기 힘들 정도라면 한 번 더 데친 다음 차가운 물에 넣어 식힌다. 채 썰어놓은 통조림 죽순을 사용한다면 깨끗하게 헹궈낸 다음 차가운 소금물에 넣고 가열해서 데친 후에 사용한다.

데쳐서 채 썰어놓은 죽순의 양은 약 1½컵 정도가 되어야 하며 냉장고에 넣어두면 며칠 동안 보관할 수 있다.

떡에 들어갈 소를 만든다. 건새우를 씻은 후 부드러워질 때까지 물에 몇 분간 담가둔 다음 건져서 물기를 뺀다. 죽순, 튀긴 마늘, 소금, 설탕, 간장과 잘 섞는다. 소는 간이 골고루 잘 배어 있어야 하지만 너무 짜면 안 된다.

다음 페이지에 계속 >

분할해놓은 반죽을 손가락으로 살짝만 치댄 다음 도마나 접시에 대고 한 번에 하나씩 눌러서 가장자리가 약간 얇은 지름 10cm 정도의 원판으로 성형한다. 이 원판을 손바닥에 올려놓고 그 한가운데에 만들어놓은 소를 수북이 2큰술씩 올려 놓는다. 이때 수분이 과하면 안 된다. 반죽 가장자리를 들어올린 다음 그 둘레를 따라 접어가며 주름을 잡고 가운데로 몰아가면서 들어올려 눌러 붙인다. 모두 10개 정도의 주름이 잡혀야 하며 주름 끝단을 눌러 붙이면서 한꺼번에 비튼 다음 아래로 눌러 밀봉한다. 각각의 떡은 지름이 5cm 정도여야 한다. 젖은 천으로 덮어두고 남은 반죽과 소로 떡을 만든다.

바나나 잎 또는 유산지에 떡을 올려서 금속, 대나무 재질의 찜통에 넣고 15분간 찐다. 찜통의 형태와 하부의 화력에 따라 시간이 조금 더 걸릴 수도 있다. 떡을 꺼내고 기름을 살짝 바른 다음 다시 찜통에 넣고 몇 분 더 찐다. 다 익으면 찜통에서 꺼낸 다음 기름을 다시 한 번 더 바르고 잠시 식혔다가 차려낸다.

이 떡은 흔히 앞 페이지에 있는 사진처럼 팬에 기름을 자작하게 붓고 노릇노릇하게 다시 튀겨서 내기도 한다. 이렇게 할 경우에는 먼저 떡을 완전히 식혀야 하는데 그래야 튀기는 동안 서로 들러붙지 않는다. 바닥이 두꺼운 프라이팬을 아주 뜨겁게 달군 다음 기름 2~3큰술을 붓는다. 떡을 넣고 중저온의 화력에서 떡이 붙지 않도록 팬을 흔들면서 떡의 위치를 바꿔가며 튀긴다. 떡이 색이 나기 시작하면 주걱으로 뒤집는다. 짙은 갈색이 나지 않도록 주의하면서 모든 면에 골고루 색이 날 때까지 두세 번 정도 뒤집으며 익힌다. 기름이 빠지도록 종이 타월에 올려놓는다.

간장 고추 소스와 함께 차려낸다.

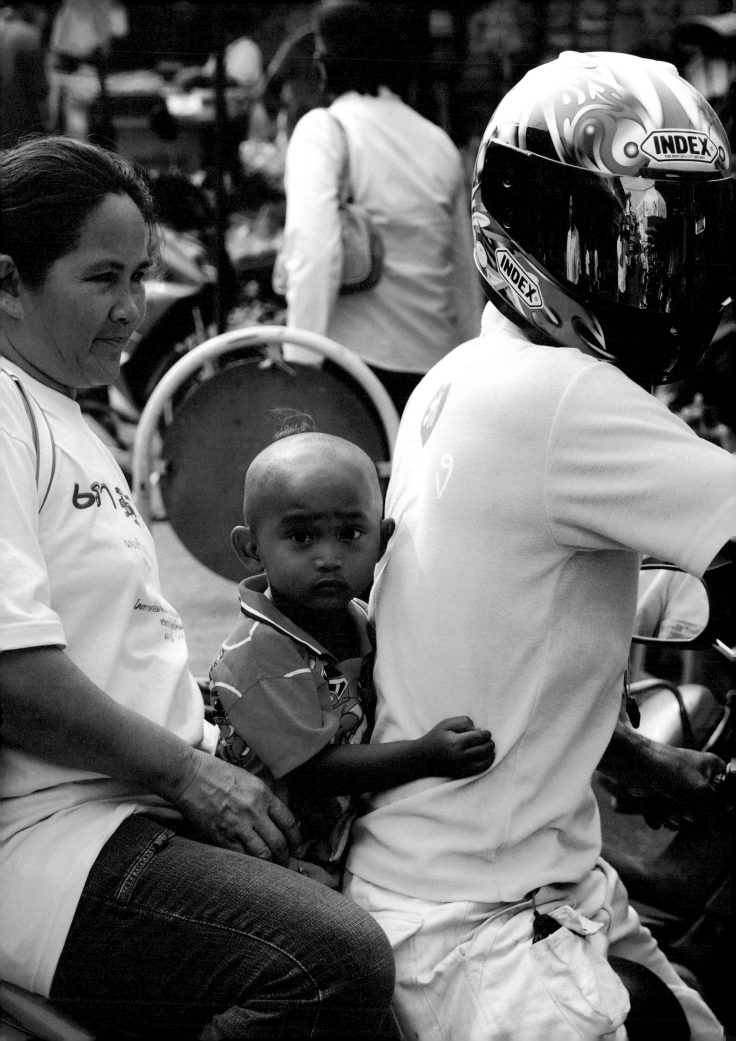

얌빈 떡

YAM BEAN CAKES ■ KANOM GUI CHAI SAI MANG GAEW ■ ขนมกุยช่ายไส้มันแกว

이 얌빈 떡, 그리고 바로 앞에 소개한 죽순과 건새우로 속을 채운 떡(172쪽 참조)은 부추 떡(42쪽 참조)과 함께 종종 같은 가게에서 팔고 있는데, 이 음식들은 하루 중 언제 먹더라도 부담이 없다. 어느 것을 고르지 결정하기 힘들다면 세 가지 소를 조금씩 다 넣어도 된다.

스위트 터닙Sweet turnip 또는 히카마로 불리는 얌빈은 주로 아시아 상점에서 구할 수 있는데, 은갈색의 껍질에 희고 아삭하며 수분이 많으면서 단맛이 도는 속살이 특징이다. 구근은 크기가 매우 다양하지만 큰 것일수록 수분이 적고 전분기가 많으며 맛이 덜하다.

얌빈의 껍질을 벗기고 세로로 반 갈라서 결을 가로질러 5mm 두께의 조각으로 자른다. 이 조각들을 옆으로 뉘어서 얇게 채 썬다. 2컵 정도의 양이 되어야 한다. 채 썰어놓은 얌빈에 소금을 넣고 버무려서 콜랜더에 밭쳐둔다. 10분 뒤에 행군 다음 다시 밭쳐두었다가 깨끗한 면포로 싸서 물기를 최대한 많이 짜낸다. 설탕, 간장, 건새우와 섞는다. 소는 간이 골고루 잘 배어 있어야 하지만 너무 짜면 안 된다.

죽순과 건새우로 속을 채운 떡(172쪽 참조)과 같은 방식으로 소를 채워 만든다.

간장 고추 소스와 함께 차려낸다.

9~10개

지름 10cm 정도의 얌빈 1개
소금 1~2작은술
백설탕 넉넉한 1자밤
연한 간장 2큰술
작은 크기의 건새우 2큰술 –
　선택 사항

돼지고기, 중국 소시지, 게살을 넣은 수제 스프링 롤

FRESH SPRING ROLLS WITH PORK, CHINESE SAUSAGE AND CRAB ■
POPIA SOT ■ ปอเปี๊ยะสด

롤 6개, 6인분 이상

자가 팽창 밀가루(Self-rising flour)*
   1컵
소금 넉넉한 1자밤
차려낼 때 사용할 식초에 담가놓은
   고수와 고추(330쪽 참조)

소

돼지 앞다리 살 125g
오향 가루 수북이 1작은술
연한 간장 2큰술
진한 간장 1큰술
백설탕 1~2큰술
단단한 두부 100g
달걀 1개
식용유 약간
3~4cm 길이의 찜통에 찐 중국 소시지
   (옆 페이지 참조)
4cm 길이의 오이 1조각
숙주 ¼컵
생게살 ¼컵

소스

껍질을 벗긴 마늘 2쪽
소금 1자밤
새눈고추 1개 또는 2cm 길이의
   씨를 뺀 홍고추 조각
볶은 무염 땅콩 2큰술
타마린드 물 ⅓컵
백설탕 ¼컵
연한 간장 2큰술
옥수수가루(옥수수 전분) ½작은술

* 베이킹 파우더가 일정 비율로 미리 혼합
되어 있는 밀가루.

이 맛있는 스프링 롤은 우리가 흔히 보던 튀긴 롤과는 상당히 다르다. 아니스 향이 나는 연한 돼지고기 조림과 깊은 맛이 나는 오돌오돌한 식감의 중국 소시지, 그리고 단맛이 도는 생게살이 만들어내는 대조적인 질감과 풍미는 잊지 못할 길거리의 즐거운 추억을 남기기에 충분하다. 모든 구성물은 미리 만들어 둘 수 있어서 재빨리 조합해서 완성하기에 용이하지만 스프링 롤을 마는 요령을 터득하기까지는 꽤 까다로운 과정이 기다리고 있다. 아래에 나오는 방법은 길거리에서 행해지는 방법이지만 ―커다란 번철 위에서 하는 방법이다― 만들기도 전에 주눅이 들 것 같으면 몇 가지 다른 대안도 있다. 스프링 롤의 피는 크레프와 매우 흡사해서 무적의 크레프 레시피를 가지고 있으면 그 레시피대로 만들어도 된다. 아주 얇게만 만들 수 있다면 말이다. 갓 만든 피를 사용할 수 있게 되었으니 여러분은 운이 좋은 편이다. 물론 상품으로 나오는 말린 피를 사용할 수도 있지만 그럴 경우엔 한낱 포장지의 지시에 따라야 한다.

먼저 피를 만든다. 커다란 볼에 밀가루와 소금을 섞어 넣는다. 가운데에 웅덩이를 만들고 물 ½컵을 조금씩 부으면서 매끄럽고 끈적한 반죽이 될 때까지 약 5분간 치댄다. 랩을 씌워서 약 1시간 정도 휴지시킨다.

반죽을 휴지시키는 동안 소에 들어갈 돼지고기와 두부를 익힌다. 돼지고기를 가로 세로 1.5cm x 5mm 크기의 얇은 사각형으로 썰어서 헹군 다음 작은 냄비에 넣고 물 2컵을 붓는다. 오향 가루, 간장, 설탕, 두부를 넣고 부유물을 걷어내면서 고기가 연해질 때까지 1시간 정도 뭉근하게 끓인다. 육수는 깊은 맛이 나면서 간이 딱 맞아야 한다. 나중에 사용할 수 있도록 냄비에 ½컵 정도의 육수를 남긴다. 필요시 물을 보태어 넣는다. 뚜껑을 덮어서 한쪽에 둔다.

피를 익힌다. 15cm 크기의 바닥이 두꺼운 프라이팬에 소금을 깔고 중불로 약 20분 정도 달군 다음 그대로 식힌다. 소금을 모두 털어내고 절대 씻지 않는다. 다시 달궈서 약불을 유지한다(팬이 너무 뜨거우면 피가 두꺼워지고 너무 차가우면 지나치게 얇아진다). 반죽을 뭉쳐서 작고 물렁한 공 모양으로 만들어서 한 손으로 쥔 채 따뜻한 팬에 눌러 붙이거나 밀어서 바른 다음 재빨리 들어서 떼어낸다. 팬에 얇은 반죽이 붙어 있어야 한다. 몇 분간 그대로 두었다가 작은 대나무 꼬치나 주걱으로 들어올려서 접시에 옮겨 담는다(반죽이 팬에 붙지 않으면 반죽에 물 몇 스푼을 추가해서 잘 치댄 다음 10분 더 휴지시켰다가 다시 해본다). 반복해서 적어도 6장을 만들고 완성된 피는 랩을 씌워서 보관한다.

다음으로 소스를 만든다. 절구에 마늘과 소금, 고추를 넣고 빻은 다음 땅콩을 넣고 빻아서 입자가 고운 페이스트로 만든다. 작은 냄비에 타마린드 물(먼저 맛을 본다. 너무 짜다면 간장을 덜 넣어야 한다), 설탕, 간장을 넣고 가열한 다음 페이스트를 넣고 섞는다. 땅콩이 덩어리지지 않도록 꾸준히 저어주면서 3~4분간 뭉근하게 끓인다. 땅콩이 덩어리지면 숟가락으로 깨트린다. 남겨두었던 돼지 육수 ¼컵을 붓고 자주 저어주면서 3분 정도 더 끓인다. 이 단계에서 소스를 체에 거르는 요리사도 있는데 땅콩이 식감을 좌우할 정도로 거칠기 짝이 없는 견과류가 아닌 이상 그다지 필요 없는 과정이다. 육수 또는 물 2큰술을 옥수수가루에 넣어서 질척하게 만든 다음 소스에 넣고 섞어서 가루가 익을 때까지 4분 정도 저어주면서 끓인다. 소스는 숟가락 뒷면에 묻어 있을 정도로 걸쭉한 상태여야 하며 시고 달고 짭조름하고 고소한 맛이 나면서 살짝 매콤해야 한다.

그동안 나머지 소를 준비한다. 달걀을 깨트려서 살짝만 풀어놓는다. 코팅 팬 또는 기름을 잘 먹인 프라이팬에 기름을 두르고 가열한 다음 달걀을 붓고 아주 얇은 지단을 만든다. 색이 너무 짙게 나지 않도록 매우 약한 화력에서 익힌다. 뒤집어서 잠시 더 익힌 다음 식혔다가 시가 모양으로 말아서 얇게 채 썬다. 중국 소시지를 어슷하게 썰어서 익혀놓은 돼지고기와 같은 크기의 가는 막대 모양으로 다시 한 번 더 썰어준다. 오이도 같은 크기로 썰어놓는다. 두부를 꺼내어 비슷한 크기로 썰어놓는다. 숙주를 헹궈서 다듬은 다음 다시 한 번 헹궈서 물기를 뺀다.

스프링 롤을 만든다. 작업대에 피를 놓고 가운데를 따라 소(돼지고기, 두부, 소시지, 오이, 숙주)를 줄지어 놓는다. 절반 분량의 게살과 달걀 지단을 각각의 스프링 롤 피에 나누어넣고 지름 약 2~3cm 정도의 양끝이 열려 있는 시가 모양으로 단단하게 말아준다.

소스 표면에 생긴 막을 저어 없애고 너무 걸쭉하면 물을 약간 보태어 넣는다. 각각의 스프링 롤을 어슷하게 2~3조각으로 썰어서 접시에 가지런히 놓고 소스를 끼얹는다. 남아 있는 게살과 지단을 올린다. 식초에 담가 놓은 고수와 고추를 작은 종지에 담아 함께 차려낸다.

중국 소시지

바람에 말린 중국 소시지는 그야말로 별미다. 두 가지 종류가 있는데 모두 중국 상점에서 구할 수 있다. 색이 연한 것은 돼지고기와 지방, 갈색 설탕, 오향을 넣어 만들었으며 다른 하나는 색이 더 짙은데 오리 간을 섞어 넣어 만들었다. 나는 전자를 더 좋아하고 이 요리에는 그 소시지가 들어가야 한다. 이 소시지는 사용하기 전에 15분 정도 쪄야 하는데 물에 그대로 올려서 쪄도 되지만 작은 냄비에 올릴 수 있는 대나무 찜통이 있다면 졸인 돼지고기 위에 올려서 풍미를 한층 더 개선시킬 수 있다.

◆ 돼지고기, 중국 소시지, 게살을 넣은 수제 스프링 롤

우돈의 새콤한 돼지고기 소시지

SOUR PORK SAUSAGES FROM UDON ■ SAI GROP BRIO UDON ■ ไส้กรอกเปรี้ยวอุดร

3~4인분

소시지 케이싱 약 40g
소금
식초 1큰술
자스민 라이스 100g
껍질을 벗긴 마늘 ½컵 약 – 50g
약 5mm 굵기의 중간 망으로 갈아놓은
  껍질을 벗긴 삼겹살 500g
튀김용 식용유
차려낼 때 사용할 새눈고추, 얇게 썬
  생강, 조각낸 생양배추, 고수

장담하건대 이것은 세계 최고의 소시지임에 틀림없다. 길게 이어진 모양 또는 작게 잘라놓은 모양으로 만들어서 굽거나 튀긴다. 삼겹살처럼 지방이 많은 돼지고기를 사용하는 것이 무엇보다 중요하다. 갓 만든 소시지를 판매하는 노점들도 있지만 나는 살짝 발효된 소시지를 더 좋아하는데 태국에서라면 하루 정도, 그 외의 지역에서는 더 길게 발효시킬 수 있다. 이로써 소시지는 더 뚜렷한 개성을 가지게 되는 것이다.

나는 이 소시지를 만들 때 사용할 수 있는 쌀은 찹쌀이 유일하다고 생각해왔지만 우돈 라찬타니 Ubon Ratchathani에서 지금까지 먹어본 것들 중 최고의 소시지를 맛보았다. 그 소시지를 파는 할머니를 졸라서 알게 된 비밀은 다름 아닌 자스민 라이스였다. 이 소시지가 너무도 맛있었던 나머지 나는 아래에 나오는 그녀의 방식대로 따라해봤다. 물론 자스민 라이스 대신 찹쌀밥을 사용해도 뭐라 할 사람은 없다. 고기는 직접 갈아도 되고 단골 정육업자가 있으면 따로 부탁해도 되는데 중요한 것은 중간 크기의 망을 사용하는 것이다. 너무 곱게 갈면 소시지가 질척거리게 되고 너무 굵게 갈면 식감이 거칠고 부스러진다.

창자로 만든 천연 케이싱을 사용하는 편이 좋다. 대다수의 독자들이 창자라는 단어를 거북하게 받아들인다는 사실을 잘 알고 있지만 최고의 소시지만 생각하자. 인조 케이싱은 구우면 터지거나 쪼그라든다. 천연 케이싱은 단골 정육업자에게 구입하거나 또는 온라인으로도 주문할 수 있다(온라인으로 주문할 경우 상당히 많은 양을 주문해야 할 수도 있는데 깨끗하게 손질해놓으면 보존성이 우수하고 냉동시켜 보관할 수도 있다).

일단 소시지를 만들면 굽거나 튀기기 전에 먼저 발효시킨다. 소시지의 느끼함을 덜고 이 경이로운 음식에 대한 감상을 선명하게 유지할 수 있도록 항상 고추와 얇게 썬 생강, 양배추 등과 함께 먹는다.

소금과 식초로 소시지 케이싱을 문질러서 깨끗하게 다듬는다. 잘 헹군 다음 한쪽 끝을 수도꼭지에 끼워서 물을 흘려 내린다(이 과정에서 구멍이 보이면 그 길이만큼 잘라서 버린다). 깨끗하게 손질한 케이싱을 한쪽에 두고 말린다.

그동안 밥을 해서 식힌다. 물을 바꿔가면서 여러 번 헹궈 밥의 전분기를 제거한다.

절구에 마늘, 소금 1작은술을 넣고 빻아 페이스트로 만든다. 여기에 밥알을 넣고 빻아서 질척한 페이스트로 만든다. 갈아놓은 돼지고기와 페이스트를 섞는다.

혼합한 내용물을 조금 튀겨서 간을 확인하고 다음의 설명을 따라 조절한다. 이 단계에서는 간이 심심해야 하는데 발효되면서 약 15%의 수분이 없어지고 그에 따라 염도의 비율이 높아지기 때문이다.

믹서나 블렌더에 딸려 있는 소시지 전용 부속이 있으면 이제 사용할 차례다. 없으면 짤 주머니에 큼직한 관을 꽂아 넣고 기름을 살짝만 바른다. 케이싱 한쪽 끝에 관을 밀어 넣고 다른 쪽 끝은 매듭지어 묶는다. 짤 주머니에 페이스트와 섞어 놓은 돼지고기를 채워넣고 케이싱에 천천히 짜 넣는다. 기호에 따라 작은 만두 모양으로 줄줄이 이어져 있는 소시지를 만들거나 좀 더 큰 4cm 길이의 소시지를 만든다. 케이싱을 비틀어 꼬기만 하면 따로따로 분리된 소시지를 만들 수 있다. 작은 소시지들이 고리처럼 연결된 소시지가 완성되었으면 다른 케이싱도 반복해서 만든다.

다음 페이지에 계속 >

통풍이 되는 따뜻한 곳에 소시지를 매달아서 1~2일 정도 발효시킨다. 수분이 떨어질 수 있으므로 바닥에 쟁반을 놓아둔다. 하루 뒤에 튀기거나 구워서 맛을 본다. 기가 막히게 맛있으면서 약간 시큼하고 짭조름해야 한다. 발효 기간은 기온과 어느 정도의 맛을 원하는지에 따라 다르다. 약 4일까지도 발효가 가능하지만 그 이상은 상해버리므로 곤란하다.

준비가 끝났으면 그 즉시 익혀서 먹어야 가장 맛있지만 냉장고에 며칠 정도 보관해도 된다. 소시지를 익히려면 케이싱이 갈라지지 않도록 꼬치로 표면을 몇 번 찔러서 웍에 기름을 채우고 중불로 가열한 다음 5분 정도 튀긴다. 팬에 기름을 두르고 지지거나 중간 화력의 직화(숯불 추천)에 약 5~10분 정도 구워도 된다. 살짝 식혔다가 새눈고추, 고수, 얇게 썬 생강, 양배추와 함께 먹는다.

태국 전병
THAI WAFERS ■ KANOM BEUANG ■ ขนมเบื้อง

이 얇은 비스킷처럼 생긴 과자는 특히 오후에 즐겨 찾는다. 길거리에서는 이 과자를 언제나 기름이 잘 먹여져 있어서 광이 나는 매끄러운 번철에 굽기 때문에 기름을 따로 사용하지 않는다. 가정에서는 커다란 코팅 팬을 사용하면 된다.

머랭으로 채운 전병에 달거나 짭조름한 고명을 얹거나 둘 다 같이 얹어서 내기도 한다. 태국 사람들은 달콤 짭조름한 맛의 조합을 전혀 이상하게 생각하지 않는다. 이를 처음 경험하는 사람들에게는 다소 놀라운 경험일 수도 있겠지만 일단 익숙해지기만 하면 즐거움을 선사하는 맛이다.

달콤한 고명은 그 종류가 매우 다양한데 가장 흔한 것으로는 오리알로 만든 금줄과 설탕을 입힌 수박 껍질이 있다. 갓 갈아놓은 코코넛 또한 흔히 볼 수 있으며 얇게 썬 곶감도 수박 대신 사용할 수 있다. 곶감은 중국 식품점에서 쉽게 구할 수 있다. 하얀 가루가 뒤덮인 납작하고 짙은 밤색의 건과일을 찾으면 된다.

바나나 잎으로 감싸서 찐 찹쌀밥(32쪽 참조)에 올려 먹는 새우 고명과 매우 유사한 새우와 코코넛으로 만든 소도 유명한데 다른 점이 있다면 카피르 라임 잎을 사용하지 않는다는 것이다. 이 중 하나 또는 둘 다 만들어보자. 어느 것이든 나른한 오후에 먹는 간식을 한층 더 맛있게 만들어줄 것이다.

라임 페이스트를 물 ⅓컵에 풀어서 침전물이 완전히 가라앉을 때까지 약 15분 정도 그대로 둔다. 걸러서 라임 물만 남기고 침전물은 버린다.

커다란 볼에 가루 재료와 소금을 넣고 섞는다. 달걀노른자와 설탕을 넣고 섞어서 부스러지는 반죽을 만든 다음 라임 물 ¼컵을 조금씩 부으면서 걸쭉한 팬케이크 반죽처럼 만든다. 30분 정도 휴지시킨다(하루 이상 냉장 보관할 수도 있지만 사용하기 전에는 반드시 상온 상태로 만들어야 한다). 가루가 팽창하면서 반죽이 더 걸쭉해질 수 있으므로 남아 있는 라임 물 몇 큰술을 추가해서 희석해야 할 수도 있다.

소를 만든다. 전동 믹서에 달걀, 소금, 주석산을 넣고 봉긋하게 솟아오를 때까지 휘젓는다. 가루 설탕을 조금씩 넣으면서 머랭처럼 가파른 봉우리가 만들어질 때까지 계속 휘젓는다. 완성되면 이 상태가 한 시간 정도 지속된다.

코팅 팬이나 완벽하게 기름을 먹여 놓은 프라이팬을 중저온의 화력으로 달군다. 팬에 반죽 1작은술을 넣고 스푼 바닥으로 펼쳐서 지름 4~5cm 정도의 원판으로 만든다. 팬 크기에 따라 계속해서 2~3개를 더 만든다. 전병 가장자리를 따라 색이 나면서 익어가는 냄새가 나면 만들어놓은 소를 각각의 전병에 1작은술 정도 올려서 가장자리에 가깝도록 펼쳐준다. 넓은 주걱으로 전병을 절반으로 접어서 반달 모양으로 만든다. 반죽과 머랭을 다 사용할 때까지 계속 만든다.

팬에 있는 전병을 조심스럽게 꺼낸 다음 설탕에 절인 수박 껍질 조각 또는 곶감, 금줄 또는 갈아놓은 코코넛과 참깨를 1자밤씩 뿌린다.

약 20개, 5~6인분

라임 페이스트 1자밤
쌀가루 ¾컵
녹두 가루 약간 모자란 ½컵
밀가루 ¼컵(중력분)
소금 1자밤
달걀노른자 1개
팜슈거 2큰술

소

달걀 1개 분량의 흰자
소금 1자밤
주석산 넉넉한 1자밤
가루 설탕 3큰술

고명

설탕에 절인 수박 껍질 또는 가늘게
　　채 썬 곶감 1개
금줄(다음 쪽 참조) ¼컵 또는
　　갓 갈아놓은 코코넛
볶은 참깨 ½작은술

+ 금줄

이 금줄은 원래 시암 궁전에서 시작되어 길거리까지 전파된 것이다. 많은 노점에서 팔고 있지만 실제로 만드는 상인들은 거의 없다. -기성품을 구매해서 사용하는 쪽을 선호한다- 주위를 둘러보자. 운이 좋다면 태국 특산품 가게에서 이 상품을 찾을 수 있을지도 모른다. 대안이 없는 사람들을 위해 여기 레시피를 실어놓았다.
이 단 과자는 달걀로는 낼 수 없는 풍부한 맛과 윤기, 색이 나도록 오리알로 만드는 것이 일반적이다. 전통적인 방식은 아니지만 나는 풍미가 더 좋아지도록 시럽을 만들 때 사프란을 1자밤 넣는데 특히 달걀을 사용할 경우에는 필수다.

오리알 2개 또는 달걀 3개
정제당(매우 고운) 1컵
자스민 물 또는 장미수 또는 오렌지수 몇 방울로 향을 낸 물 1½컵(334쪽 참조)
물 1큰술에 넣고 우려낸 사프란 1자밤 - 선택 사항
태국 자스민 꽃 1줌

껍질을 남겨둔 채 달걀을 분리한다. 노른자를 촘촘한 체 또는 젖은 면포에 내린 다음 껍질 속에 남겨져 있는 걸쭉한 흰자와 섞어서 1시간 동안 휴지시킨다.

다른 볼에 달걀흰자 1큰술과 깨트린 달걀 껍질 조각을 조금만 넣고 섞는다.

놋쇠 재질의 웍 또는 넓고 낮은 소스 팬에 설탕, 향을 우려낸 물을 넣고 약불로 설탕이 완전히 녹을 때까지 저어주면서 끓인다. 시럽을 몇 분 더 끓이다가 더이상 끓지 않도록 불에서 내린 다음 차가운 물 2큰술을 넣는다.

섞어놓았던 달걀흰자와 깨진 껍질 조각을 넣고 다시 끓인다. 달걀흰자와 껍질은 시럽에 들어 있는 불순물을 모두 걸러서 정제한 다음 부유물로 만들어서 표면에 떠오르게 한다. 타공 스푼으로 그 거품들을 걷어서 버린다. 깨끗하고 뜨거운 스푼으로 불순물들을 계속 걷어내면서 몇 분 더 끓인다. 근처에 뜨거운 물이 담긴 볼을 두고 스푼을 깨끗하고 뜨겁게 유지해야 불순물이 다시 섞여 들어가지 않는다. 사프란이 있으면 사프란을 넣는다. 시럽이 완전히 맑고 깨끗해지면 눈이 고운 체에 거른다.

시럽을 다시 끓인다. 작은 볼에 차가운 물을 담아서 근처에 두고 설탕의 농도를 일정하게 유지하도록 끓는 시럽에 뿌릴 준비를 한다. 시럽이 너무 진하면 가닥들이 깨지고 너무 연하면 가는 끈처럼 만들어지지 않는다. 짤주머니에 가장 작은 관을 끼우고 노른자를 채운다. 거품이 생기고 있는 시럽의 가장 뜨거운 지점 약 10cm 위에서 약 1큰술 정도의 노른자를 원을 그리듯 같은 굵기로 길게 짜넣은 다음 중불로 줄인다. 약 1분간 익힌 다음 화력을 아주 약하게 낮추고 긴 젓가락이나 꼬치로 시럽을 긁어서 가닥들을 모은다(가닥들을 꺼내기 전에 시럽의 온도를 낮추면 노른자 가닥들이 유연해지고 시럽이 안정화되어 가닥들을 쓸어모으기 쉬워진다). 젓가락을 앞뒤로 끌어서 가닥들을 전부 모아 엉키지 않도록 이리저리 풀어준다. 접시에 옮겨 담고 삼단으로 접는다. 시럽에 차가운 물 2큰술을 넣고 다시 끓여서 불순물을 걷어낸 다음 노른자 가닥을 더 만든다.
익혀낸 다음에는 노란 줄들이 보기 좋게 반짝거리도록 시럽을 약간 더 부어주기도 하며 밀폐 용기에 몇 시간 정도 자스민 꽃잎과 함께 담아 그 향을 입히기도 한다.

+ 설탕에 절인 수박 껍질

라임 페이스트 1자밤
수박 껍질 50g - 약 ½컵
백설탕 ¼컵

라임 페이스트를 물 1컵에 풀어서 침전물이 완전히 가라앉을 때까지 약 15분 정도 그대로 둔다. 걸러서 라임물만 남기고 침전물은 버린다.

수박 껍질의 녹색 표피를 벗겨내고 단단한 속(중과피)만 남긴다. 속을 7~9cm 길이의 큼직한 웨지로 잘라서 라임 물에 약 20분간 담근 다음 맑은 물에 헹궈낸다. 물 ¼컵과 설탕을 소스 팬에 넣고 약불로 끓여 시럽을 만든다(물은 자스민 꽃을 우린 물 추천 - 334쪽 참조). 수박 껍질을 넣고 반짝거리면서 투명해질 때까지 1시간 정도 뭉근하게 끓인다. 그대로 식힌다.

설탕에 절인 수박 껍질을 시럽에 담근 채 뚜껑을 덮어서 보관한다. 상온에서 며칠간 보관할 수 있으며 냉장고에서는 그 이상 보관할 수 있다. 2cm x 2mm 크기로 썰어서 사용한다.

바나나 튀김

BANANA FRITTERS ■ KAO MAO TORT ■ ข้าวเม่าทอด

3~6인분

압착 쌀(누른 쌀) 1컵
얇게 깎은 팜슈거 ¼컵
말토오스(맥아당) 또는 또는 물엿
　½작은술
갈아놓은 코코넛
설탕 바나나 5~6개
튀김용 식용유

튀김 반죽

쌀가루 ½컵
살짝 깨트려놓은 작은 달걀 1개
코코넛 크림 1~2작은술
라임 페이스트 1자밤

이 음식은 번성했던 샴 궁정에서 그 기원을 찾을 수 있는 오후 간식이지만 이제 태국의 그 악명 높은 길 거리에서 자리를 잡았다.

　맥아당 또는 물엿은 전분 또는 옥수수에 기반한 액상 설탕이다. 여기서는 설탕의 결정화를 방지해 주고 완성된 페이스트의 유연성을 유지시키는 역할을 한다. 압착 쌀은 쌀을 납작하게 눌러놓은 것으로 깨트린 쌀, 쌀 부스러기라고도 한다. 식품점에서 쉽게 구할 수 있는데 이를 두고 포하 쌀poha rice이라 부르는 아시아 상점, 인도 상점에서도 구할 수 있다. 단 표백하지 않은 종류를 찾아서 사용하자. 이 음식을 만들기에 가장 좋은 바나나는 뒤카스 또는 설탕 바나나로 불리는 짧고 통통하게 생긴 종이다.

압착 쌀을 물기 없는 웍 또는 프라이팬에 넣고 골고루 노릇한 색이 날 때까지 계속 뒤적이면서 구운 다음 식힌다.

작은 볼에 팜슈거와 맥아당 또는 물엿, 갈아놓은 코코넛을 넣고 섞는다. 작은 냄비에 옮겨 담고 중불에서 눋거나 타지 않도록 계속 저어주면서 아주 끈적거릴 때까지 뭉근하게 끓인다. 시럽이 고르게 졸여지도록 물 몇 스푼을 첨가해야 할 수도 있지만 물은 남김없이 증발되어야 함을 명심하자.

구운 쌀을 넣고 골고루 섞은 다음 잔잔한 화력에서 끈적이는 페이스트가 될 때까지 뒤섞어주며 익힌다. 약 2~3분 정도 소요되며 완성되면 식힌다.

바나나 껍질을 벗기고 눌러서 페이스트로 덮어 감싼다. 이 과정은 몇 시간 전에 미리 해놓을 수 있는데 바나나가 페이스트로 완전히 덮여야 색이 변하지 않기 때문이다.

튀김 반죽을 만든다. 커다란 볼에 쌀가루, 달걀, 코코넛 크림을 넣고 섞어서 몇 분간 치대어 매끄럽고 부드러운 반죽을 만든다. 비닐 랩으로 싸서 적어도 30분 정도 휴지시킨다. 그동안 라임 페이스트를 물 ½컵에 풀어서 침전물이 완전히 가라앉을 때까지 약 15분 정도 그대로 둔다. 걸러서 라임 물만 남기고 침전물은 버린다. 라임 물을 휴지시킨 반죽에 부어 팬케이크 반죽과 같은 걸쭉한 상태로 만들어서 20분 정도 휴지시킨다.

크고 안정적인 웍 또는 넓고 바닥이 두꺼운 팬에 튀김용 기름을 ⅔ 정도 높이까지 붓는다. 중고온의 화력으로 조리용 온도계가 180℃를 표시할 때까지 기름을 가열한다. 다른 방법으로는 빵 조각 하나를 기름에 떨어트려보면 온도를 알 수 있는데 10~15초 안에 빵이 갈변하면 충분히 가열된 것이다. 바나나를 튀김 반죽에 담가 고르게 묻힌다. 적절한 화력에서 집게나 건지개, 긴 젓가락으로 계속 뒤집어가며 여러 번 나눠서 노릇해질 때까지 튀긴 다음 종이 타월에 건져낸다. 바나나를 모두 튀겼으면 남은 튀김 반죽을 기름에 붓고 노릇하게 튀겨서 건져낸다.

완성된 바나나 튀김에 바삭하게 튀긴 튀김 반죽을 덧뿌려서 따뜻할 때 또는 상온 상태로 차려낸다.

걸쭉한 코코넛 크림에 담근 코코넛 사탕 찜

STEAMED COCONUT CANDIES IN THICKENED COCONUT CREAM ■ KANOM SAI SAI ■ ขนมใส่ไส้

약 15개, 4~5인분

태국 자스민 꽃 20~30개 또는
    5cm 길이로 자른 판단 잎 3~4장

코코넛 사탕

얇게 깎은 팜슈거 ⅓컵
말토스(맥아당) 또는
    글루코스(포도당) 1큰술
갈아놓은 코코넛 1컵

경단 반죽

찹쌀가루 ⅓컵
소금 1자밤

걸쭉한 코코넛 크림

쌀가루 ½컵
칡가루 1큰술
코코넛 크림 1컵
소금 1작은술

이 음식은 감미로우면서도 고소하기까지 한 환상적인 맛의 단 과자다. 캐러멜화된 작고 쫄깃한 코코넛을 쌀가루 반죽으로 말아 감미로운 맛의 부드럽고 걸쭉한 코코넛 크림을 씌워서 바나나 잎으로 감싼 다음 따로따로 쪄낸다. 어려운 요리법임에 분명하지만 이 수고를 감내한다면 천상의 진미를 맛볼 수 있을 것이라 장담한다.

    향을 우려낸 물을 디저트에 사용하면 독특한 풍미를 발산한다. 태국 자스민 꽃을 구할 수 있으면 물에 담가 밤새 우려서 사용하거나(334쪽 참조) 판단 잎을 우린 물, 장미수나 오렌지수 몇 방울로 향을 낸 물을 사용한다.

    이 사탕은 전통적으로 바나나 잎으로 싸서 쪄내지만 미니 머핀 틀로도 만들 수도 있으니 안심해도 된다. 바나나 잎에 싸서 찐 것처럼 강렬한 인상을 남기지는 않겠지만 압도적인 맛은 그대로다.

먼저 물에 향을 우린다. 자스민 꽃을 물 2컵에 밤새 담갔다가 걸러내거나 판단 잎을 물 2컵에 넣고 몇 분 동안 끓였다가 식혀서 거른다.

코코넛 사탕을 만든다. 팜슈거와 맥아당 또는 포도당을 놋쇠 재질의 웍이나 자그마한 무반응 냄비*에 넣고 녹인다. 갈아놓은 코코넛과 향물 ½컵을 넣고 설탕이 코코넛에 모두 스며들 때까지 약불로 계속 저어준 다음 식힌다. 사탕을 조금씩 떠서 지름 1cm 크기의 공 모양으로 만든다. 15개 정도를 만들 수 있는 양이다.

경단 반죽을 만든다. 밀가루를 소금 1자밤과 함께 체에 친다. 따뜻하게 데운 향물 3큰술을 조금씩 부으면서 치대어 부드러운 접착제 같은 반죽을 만든다(가루의 특성이 저마다 달라서 물의 양을 정확하게 계량하기가 어렵다. 반죽이 너무 메말라 보이거나 단단하면 물을 조금 더 넣고 너무 질척하면 가루를 조금 더 섞어넣는다). 2cm 두께의 긴 덩어리로 밀어서 몇 분간 휴지시킨다.

반죽을 5mm 두께로 잘라서 눌러 편 다음 경단처럼 보이도록 사탕을 둘러 감싼다. 사탕과 반죽을 모두 사용할 때까지 반복해서 만든다.

걸쭉한 코코넛 크림을 만든다. 쌀가루, 칡가루, 향물 ⅓컵을 섞는다. 잘 치댄 다음 30분 이상 휴지시킨다. 놋쇠 재질의 웍 또는 무반응 냄비에 옮겨 담고 향물 ¾컵을 부어 약불로 부드러워질 때까지 저어준다. 살짝 걸쭉해지면서 날것 냄새가 없어질 때까지 약 5분간 계속 저어가며 끓인다. 절반 분량의 코코넛 크림과 소금을 넣고 걸쭉해질 때까지 끓인다. 나머지 분량의 코코넛 크림을 넣고 크림이 걸쭉해지면서 그윽한 향이 나고 매끄러워지면 불에서 내린다.

경단을 각각 바나나 잎으로 싸거나 기름을 살짝 바른 미니 머핀 틀에 넣고 걸쭉한 코코넛 크림을 1~2큰술씩 끼얹는다.

15분 정도 찐다. 상온 –태국의 상온이다– 상태로 차려내며 차게 식으면 안 된다.

* 화학 반응이 일어나지 않는.

+ 바나나 잎으로 싸기

바나나 잎 1묶음 – 약 2m
나무 이쑤시개 15~20개

바나나 잎을 25cm x 5cm 조각으로 자른다. 몇 번 실패할 것을 감안해서 이런 조각을 36개 정도는 만들어야 한다. 남은 바나나 잎은 30cm x 5cm 크기의 끈 모양으로 15~20개 정도 자른다.

바나나 잎 조각 끝을 길쭉한 타원형으로 다듬어서 젖은 천으로 양쪽 면을 닦는다. 광이 나는 면이 아래로 가도록 작업대에 놓고 다른 한 조각은 광이 나는 면이 위로 향하도록 그 위에 올린다.

작은 성냥갑이나 그와 비슷한 크기의 나무 조각을 겹쳐 놓은 2장의 바나나 잎 한가운데에 올린 다음 각 모서리에 주름이 생기도록 접는다(먼저 양쪽의 긴 옆면을 안쪽으로 접고 둥글게 다듬은 양쪽 끝을 다시 안쪽으로 접어 올리면 각 모서리가 접히면서 주름이 생긴다). 가운데에 있던 성냥갑 또는 나무토막을 빼내고 그 자리에 경단을 넣는다. 걸쭉한 코코넛 크림을 1~2큰술 끼얹고 포장하듯이 각각의 끄트머리를 접는다. 바나나 잎 끈으로 묶어 완전히 감싼 다음 상단을 이쑤시개로 고정한다.
바나나 잎과 경단을 모두 사용할 때까지 반복한다.

불에 구운 바나나

GRILLED BANANAS ■ GLUAY BING ■ กล้วยปิ้ง

4~6인분

껍질을 벗기지 않은, 통통하고
    자그마한 완숙 플랜테인* 또는
    완숙 설탕 바나나 4~6개

제목 그대로 아주 간단한 요리다. 태국 사람들이 이 요리에 사용하는 바나나는 굴라이 하크묵gluay hakmuk이라고 하는 작고 통통하게 생긴 완전히 익은 플랜테인 종이다. 설탕 바나나(gluay nahm wai)로도 만들 수 있지만 익힐 때 전분당 성분이 그 형태를 유지할 수 있도록 과숙성된 것을 사용해야 한다. 미숙성된 것을 사용하면 감자와 같은 질감과 맛이 나게 된다.

    이들 바나나는 주물 번철로도 구울 수 있고 그 맛도 괜찮긴 하지만 숯불에 구웠을 때 나는 그윽한 불향은 느낄 수 없다.

    길거리에서는 이 요리의 또 다른 형태를 만날 수 있는데 껍질을 벗긴 설탕 바나나를 대나무 꼬치에 꽂아서 약 30분 동안 천천히 구운 것이다. 바나나가 식으면 뻣뻣해지기 때문에 둘 다 약간 따뜻할 때 먹는 것이 가장 좋다.

화로를 준비하고 여열이 너무 뜨겁지 않도록 불꽃이 사그라질 때까지 그대로 둔다.

바나나를 석쇠에 올려서 골고루 익도록 자주 뒤집어가며 낮은 온도로 천천히 굽는다.

바나나가 익어가면서 부풀어 오르는데 이렇게 되면 바나나 껍질을 세로로 길게 칼집을 내야 터지지 않는다. 바나나가 물러질 때까지 뒤집지 않고 계속 굽는다.

* plantains : 익혀 먹는 요리용 바나나.

ก๋วยเตี๋ยวแห้งและน้ำ
국수와 탕면
NOODLES AND NOODLE SOUPS
GUAY TIO HAENG LAE NAHM

국수는 최고의 길거리 음식이다. 어느 길모퉁이, 골목, 시장을 막론하고 사실상 태국인들이 모이는 곳이라면 어디든 국수를 파는 노점이 있을 정도다. 사회적 지위나 부의 정도와 관계 없이 모든 태국 사람이 그 편해 보이지도 않는 기우뚱거리는 간이의자에 구부정한 자세로 앉아 이 인기 절정의 음식 한 그릇을 먹고 있는 모습을 보노라면 진정한 계급 평준화가 무엇인지 알 수 있다.

국수는 태국 전역에 걸쳐 만들어지고 있는데 어떤 마을이나 지방은 국수 산지로 이름이 나 있기도 하다. 그 예로, 태국만 동쪽 연안의 찬타부리Chanthaburi는 태국 전역에서 팔리고 있는 얇은 쌀국수 건면을 생산하는 곳으로 유명하고 북동쪽에 있는 코랏Korat과 피마이Pimai 같은 도시 역시 고품질의 얇은 쌀국수 생산지로 잘 알려져 있다.

국수는 기본적으로 생면과 건면으로 나뉜다. 생면 요리에서는 국물이 그 완성도를 결정짓는다. 항상 팔팔 끓여서 내야 하며 즉시 사용할 수 있도록 물을 보충해가며 계속 뭉근하게 끓이고 있어야 한다. 육수는 국수만큼이나 그 종류가 다양한데 가장 인기 있는 육수는 돼지고기로 만든 것이지만 닭고기, 소고기, 드물게는 생선으로 만든 것을 사용하기도 한다.

돼지가 됐든 소가 됐든 탕면 육수에 있어 최적의 뼈는 골반, 도가니, 다리 뼈로, 육수에 단맛과 감칠맛, 깊은 맛을 낸다. 뼈는 골수가 드러나도록 쪼개는데 육수가 맑고 깨끗하게 유지되도록 뼈를 30분 이상 물에 담갔다가 쪼개는 사람들도 있다. 나는 주로 물이 차가울 때 뼈를 넣고 끓여서 데친 다음 깨끗하게 헹궈서 사용한다.

무를 넣으면 육수가 달아지면서 무난한 맛이 나고(대체로) 껍질을 벗기지 않은 마늘을 넣으면 묵직하고 풍성한 맛이 난다. 육수를 만들 때 쪽파, 생강, 배추, 고수 뿌리 또는 줄기, 묵은 갈랑갈, 아시아 셀러리를 넣는 노점도 있다. 육수에 단맛과 윤기를 내기 위해 황빙당yellow rock sugar을 사용하기도 하는데 길거리에서 흔히 볼 수 있는 조리법은 아니다.

백후추도 흔한 재료인데 면포로 싸서 그 날카로운 맛을 누그러뜨리곤 한다. 국수 요리의 형태와 사용하는 고기, 생선, 두부 또는 채소에 따라 살짝 구운 팔각, 흑후추, 스촨 페퍼(초피), 계피, 고수, 커민 씨앗 등을 향신료 주머니에 넣어 우리기도 한다. 콤kom이라고 하는 특정 육수는 연한 간장과 진한 간장이 모두 들어가 있어서 국물 색이 짙고 탁하다. 또한 남 똑nahm dtok이라고 하는 육수에는 약간의 선지가 들어가 있다. 마지막으로 사이sai라고 부르는 육수는 무척 담백하고 맑다.

국수를 데치고 버무리는 조리대에는 보통 여러 가지 양념을 담아놓은 그릇이나 접시가 있는데, 당연히 피시 소스와 간장이 자리잡고 있고 갈아놓은 백후추와 기름에 담가놓은 튀긴 마늘, 드물게는 돼지비계와 땅 차이dtang chai라고 하는 절인 배추를 담아놓기도 한다. 요리에 따라 다진 쪽파, 고수, 아시아 셀러리 잎을 −한두 가지 또는 전부 다− 국수 고명으로 사용하기도 한다.

대부분의 노점은 생선과 해산물, 오리구이와 돼지고기 구이 또는 소고기 구이에 특화되어 있지만 이 재료들을 바탕으로 한 다양한 국수 요리도 판매한다. 보통 생면과 건면을 같은 노점에서 판매하는데 유리 진열장 아래에 있는 표지판에 메뉴와 가격을 적어놓고 있다. 가게 앞쪽에는 육수와 물을 끓일 수 있도록 가운데에 커다란 가마솥을 넣어놓은 작업대가 놓여 있는데 이 가마솥은 보통 면을 데쳐서 헹굴 수 있도록 세 군데로 나누어져 있다. 첫 번째에는 물, 두 번째에는 육수가 담겨 있고 세 번째는 보충용이다.

생면 주문이 들어오면 먼저 깨끗한 그릇을 뜨거운 물로 씻는다. 그런 다음 손님이 고른 국수를 구멍이 나 있는 국자에 담고 끓는 물에 담그는데, 쌀국수라면 그렇게 데워서 물기를 뺀 다음 그릇에 담기만 하면 되고 에그 누들일 경우에는 과정이 조금 더 추가된다. 먼저 뭉쳐 있는 국수 가닥들을 적당히 풀어서 국자에 담아 데쳐낸 다음 따뜻한 물에 헹궈서 다시 데친다. 이렇게 하면 국수 특유의 질감은 살리면서 전분을 최대한 많이 제거할 수 있다.

국수를 데치고 나면 물기를 잘 뺀 다음 그릇에 담는다. 약간의 튀긴 마늘, 설탕, 후추로 먼저 버무려서 내는 노점도 있지만 대부분의 노점에서는 이 과정을 생략한다. 그런 다음 고기, 생선 또는 해산물을 데치고 완자를 데운다. 유난히 바쁜 노점에서는 가운데에 있는 가마솥에 완자를 그대로 담가두는 요리사들도 있어서 건져낸 다음 그대로 탕면에 넣기만 하

면 된다. 이어서 고기 고명을 올리고 국자로 육수를 떠서 끼얹는다. 오리구이 또는 돼지고기 구이, 고기 조림처럼 이미 익혀 놓은 고기라면 육수를 붓고 국수 위에 쌓아 올리기만 하면 된다. 모든 탕면에는 약간의 채소도 올려주는데 주로 공심채, 채심, 숙주 한 줌 등이다.

건면으로 국수를 만들어낼 때는 먼저 튀긴 마늘과 그 기름, 절인 배추, 피시 소스, 백후추와 설탕 등으로 밑간을 해서 버무린다. 애석하게도 이제 대부분의 노점상이 MSG를 사용해서 맛을 내고 있으며 태국 사람들 또한 이를 더 선호하게 되었다. 당연히 넣지 말아달라고 요청할 수도 있는데 '마이 사이 퐁 츄 롯, 노 엠에스지mai sai pong chuu rot, no msg'라고 말하면 된다.

국수 주문은 매우 간단하다. 여러분이 태국 말을 할 수 있다는 가정하에 그렇다는 얘기다. 대부분의 노점에서는 요리사 앞에 가서 먹고 싶은 것을 말하면 되고 좀 더 큰 국수 가게라면 점원을 불러서 주문하면 된다. 어느 쪽이든 이들 종업원들은 모두 단기 기억력이 두드러지게 좋아서 그 수많은 주문을 모두 기억할 수 있다. 먼저 면의 종류를 말한다. 쌀국수(센

sen) 또는 달걀 국수(바 미ba mii), 그런 다음 생면(남nahm) 또는 건면(행haeng)을 선택한다. 다음으로 국수에 넣어 먹을 것들을 주문한다. 돼지고기(무muu), 소고기(느아neua), 생선(플라plaa), 오리고기(뻿bpet), 완자(룩친luk chin) 등 매장에서 판매하는 것이라면 무엇이든 주문할 수 있다. 다 골라 넣으면 '구웨이 티오, 남, 센 야이, 룩 친 플라guay tio, nahm, sen yai, luk chin plaa' 정도로 주문하면 되겠다. 가끔은 국수 없이 육수와 다른 재료들만(가오 라오gao lao) 주문하는 태국인들도 볼 수 있는데 그리 배가 고프지 않거나 이미 두 그릇째 먹고 있어서 너무 많이 먹을 수 없는 상태이기 때문이라고 생각하면 된다. '위셋wiset'을 주문하는 사람들도 있는데 이는 완자 또는 고기를 별도로 추가 주문하는 것을 말한다. 태국어를 전혀 모를 경우에는 가까이에 있는 재료들을 가리키며 배고픈 시늉을 하면 무리없이 성공할 수 있다.

노점의 요리사는 완전히 물아일체의 경지에서 국수를 만든다. 내가 본 대부분의 요리사는 우아하고 효율적이며 빠르고 숙련된 동작의 달인이었다. 이들이 만드는 요리들은 순식간에 조리되어 식탁에 올려진다. 여러 가지 요리를 주문하면 한 번에 하나씩 조리해서 완성되는 순서대로 손님이 앉아 기다리는 그 삐걱거리는 식탁으로 내보낸다. 길거리에서는 모든 음식이 순식간에 나오며 그 어떤 격식도 차릴 필요가 없다.

이 국수 요리들에는 양념을 가볍게 하는 것이 일반적인데 각각의 요리들은 기본적으로 언제나 손님들의 기호에 맞게 식탁에서 완성될 것이라는 생각이 바탕에 깔려 있기 때문이다. 식탁에는 흔히 몇 가지 양념들(크루앙 브룽kreuang brung)을 모아놓은 통이 있는데 구운 고춧가루, 식초에 담근 고추, 피시 소스, 백설탕 등이 그 통에 담겨 있으며 노점의 특성과 제공하는 요리에 따라 구운 땅콩을 놓아두기도 한다.

탕면은 젓가락과 중국 탕 숟가락으로 먹고 국물이 없는 국수는 숟가락, 포크 또는 젓가락을 함께 사용해서 먹는다. 요리사들에게는 저마다 약간씩 다른 요리 방식이 있으니 손님들은 면을 먼저 맛본 다음 각각의 양념들을 떠서 여기저기 조금씩 넣고는 섞는다. 그 후에야 드디어 제대로 한입 먹는데… 누구든 곧장 한 그릇 더 주문하게 될 것이 뻔하다.

이 장에 있는 마지막 국수 요리는 노점에서 김이 모락모락 나는 맑은 육수에 담겨 나오는 것과는 사뭇 다르다. 데쳐낸 국수를 기본으로 하는 탕면이기는 하지만 육수의 맛이 깊고 크림 같은 느낌이면서 커리와도 비슷하다. 이들은 각각 다른 출신지를 가진 다른 노점에서 판매된다.

치망마이의 커리 국수(카오 소이kao soi)와 락사는 사촌지간으로 인도와 페르시아의 상인, 대상단(카라반), 무역상과 무역선들이 들여온 국수 요리와도 먼 친척이다. 시간이 지남에 따라 이 요리들은 달걀 면을 사용하는 태국 북부 요리인 카오 소이, 그리고 쌀국수를 넣어 만든 남부 요리인 락사로 진화했다. 이 국수들은 거의 같은 방식으로 조리되며 여러 가지 고명들은 양념의 완성에 필수적인 역할을 담당하면서 그 훌륭한 맛으로 손님의 뇌리에 깊이 각인된다.

게살 완탕과 바비큐 돼지고기 탕

CRAB WONTON AND BARBEQUE PORK SOUP ■ GIO NAHM MUU DAENG ■ เกี๊ยวน้ำหมูแดง

4인분

다듬어서 3cm 길이로 자른 채심
   (choy sum) 1컵
바비큐 돼지고기 20조각 약 125g
익힌 게살 30g – 선택 사항
튀긴 마늘 3큰술 또는 돼지 껍데기 튀김
   (333쪽 참조), 기호에 따라
헹궈서 물기를 뺀 절인 중국 배추
   (땅차이) 1큰술
다진 쪽파 3큰술 –
   자투리는 육수용으로 따로 보관
갈아놓은 백후추
다진 고수 2큰술
함께 차려낼 피시 소스, 고운 고춧가루,
   백설탕, 식초에 담근 고추(330쪽
   참조)

돼지 탕 육수

돼지 뼈 200g
껍질을 벗기고 얇게 썬 작은 무(mooli)
   1개
깨끗하게 다듬은 고수 뿌리 2~3개
껍질을 그대로 둔 채 짓이긴 마늘 5쪽
얇게 썬 생강 5조각
쪽파(대파) 자투리 – 바로 위 레시피
   참조
부숴놓은 백후추 1작은술
팔각 1쪽
소금 1½작은술
연한 간장 1큰술
부숴 놓은 황빙당(yellow rock sugar)
   1~2큰술 – 조미용

게살 완탕

지방이 많은 간 돼지고기 75g
익힌 게살 30g(238쪽 참조)
소금 1자밤
백설탕 1자밤
굴소스 넉넉한 1작은술
갈아놓은 백후추 1자밤
매우 곱게 다진 생강 ½작은술
다진 고수 넉넉한 1자밤
다진 쪽파(대파) 넉넉한 1자밤
완탕 피 16~20장

정말이지 사랑스럽기 그지없는 국수 요리다. 돼지고기 육수는 국수에 달콤하고 부드러운 기본 맛을 내지만 식이 제한이 있는 사람들에게는 그보다 담백한 닭고기 육수가 더 나을 수 있다. 거의 모든 노점에서 가볍게 양념한 평이한 육수를 사용하지만 여기에 소개되는 육수는 깊이 있는 탕의 진정한 가치가 무엇인지를 보여준다.

편하게 하려면 차이나타운에서 파는 바비큐 돼지고기를 사다 쓰면 되지만 직접 만들고 싶은 사람들을 위해 그 레시피를 292쪽에 실어두었다. 다른 방법도 있는데, 돼지 등심을 완전히 익힐 때까지 육수에 삶은 다음 잘게 썰어서 사용하면 된다. 태국 꽃게(blue swimmer crab)는 단맛이 나서 최고로 손꼽지만 사실 어떤 게든 당연히 단맛이 나게 마련이다.

먼저 육수를 만든다. 뼈를 씻어서 육수 전용 냄비 또는 커다란 냄비에 넣고 차가운 물을 채워 끓을 때까지 가열한다. 건져낸 다음 잘 헹궈서 채소, 향신료와 함께 다시 냄비에 넣는다. 차가운 물 3리터를 붓고 부유물을 걷어주면서 다시 끓을 때까지 가열한다. 소금, 간장, 설탕을 넣고 몇 시간 정도 뭉근하게 끓인다. 약 2리터 정도의 육수가 만들어진다.

다음은 완탕을 만든다. 완탕 피를 제외한 모든 재료를 섞어서 양념이 배도록 30분간 그대로 둔다. 물 한 그릇과 젓가락 또는 작은 스푼을 준비한다. 완탕 피의 한쪽 모서리가 손가락 끝을 향하도록 손바닥에 위에 마름모꼴로 올려놓는다. 젓가락 또는 스푼으로 완탕 소 ½작은술을 가운데에 올려놓는다. 완탕 피 맨 위쪽과 아래쪽 모서리에 물을 바르고 삼각형 모양이 되도록 반으로 접어 올린 다음 눌러서 붙인다. 왼손으로 완탕 왼쪽 모서리를 삼각형의 가운데로 당기고 오른손으로는 오른쪽 모서리를 가운데로 당겨서 맨 위에 물을 바르고 모아놓은 모서리를 접어서 주름을 잡아 눌러 붙인다. 계속해서 나머지 완탕 피와 소를 모두 완탕으로 만든다. 완성된 완탕은 마르지 않도록 살짝 젖은 천으로 덮어둔다.

돼지 육수를 끓을 때까지 가열한다. 완탕에 떠서 부을 때는 반드시 팔팔 끓고 있어야 한다.

다른 냄비에 소금물을 붓고 끓인다. 이 물에 완탕을 데친 다음 흐르는 찬물에 헹궈서 전분기를 없앤다. 이 완탕을 채심과 함께 다시 끓는 물에 넣고 잠시 삶는다. 건져서 물기를 뺀다.

완탕 4개와 약간의 채심을 각각의 그릇에 담고 끓고 있는 돼지 육수를 한 국자씩 떠서 붓는다. 그 위에 얇게 썬 바비큐 돼지고기, 게살(사용할 경우), 튀긴 마늘, 절인 배추, 쪽파, 고수를 얹고 후추를 뿌린다.

피시 소스, 고춧가루, 백설탕, 식초에 담근 고추와 함께 차려낸다.

구운 오리고기와 에그 누들 탕면

ROAST DUCK AND EGG NOODLE SOUP ■ BA MII NAHM BPET YANG ■ บะหมี่น้ำเป็ดย่าง

이 음식은 내가 가장 좋아하는 국수 요리 중 하나다. 나는 구운 오리고기와 그 맛있는 국물에 한번 푹 빠진 이후 이런 종류의 탕면을 파는 노점이 보이면 그냥 지나치기가 힘들었다. 중국식 오리구이는 숙련되기까지 몇 년이 걸리지만 다행히도 차이나타운에 있는 바비큐 전문점에 가면 쉽게 구할 수 있다. 바비큐 돼지고기, 삶은 닭 또는 새우 등도 꽤 괜찮은 선택이라 할 만하다.

먼저 오리 육수를 만든다. 육수 또는 물에 오리 뼈, 무, 쪽파 자투리, 마늘, 고수 뿌리, 백후추, 초피, 팔각을 넣고 부유물을 걷어내면서 20분간 끓인다. 굴 소스, 황빙당을 넣고 부유물을 걷어내면서 2시간 더 끓인다. 육수를 걸러서 건더기를 버리고 다시 가열해서 따뜻하게 유지한다. 소금, 피시 소스, 설탕으로 간을 한다.

국수를 데친다. 뭉쳐 있는 국수를 풀어서 떼어낸 다음 끓는 소금물에 넣는다. 1~2분간 삶아 물기를 뺀 다음 뜨거운 물에 헹궈서 다시 한 번 물기를 뺀다. 어떤 요리사들은 전분을 최대한 많이 빼내기 위해 재빨리 데치고 헹구는 과정을 두 번씩 반복하기도 한다. 어느 방식이든 데친 국수는 물기를 잘 뺀 다음 커다란 그릇에 담는다. 튀긴 마늘 2큰술, 후추, 피시 소스, 절인 배추를 넣고 국수에 골고루 입혀지도록 젓가락으로 비빈 다음 그릇에 1인분씩 나누어 담는다.

채심을 선명한 녹색이 될 때까지 끓는 물에 몇 분간 데쳐서 물기를 뺀 다음 그릇에 담는다. 그 위로 뜨거운 오리 육수를 끼얹고 썰어놓은 오리고기를 올린다. 쪽파와 고수를 뿌린다. 내기 직전에 튀긴 마늘을 올리고 백후추를 뿌린다.

피시 소스, 고춧가루, 백설탕, 식초에 담근 고추를 곁들인다.

4인분

굵직하게 다지거나 뜯어놓은 줄기
   상추
생면 에그 누들 또는 건면 에그 누들
기름에 담가놓은 마늘 튀김 또는 마늘
   튀김과 돼지 껍데기 튀김 3큰술
   (333쪽 참조)
갈아놓은 백후추 1자밤
피시 소스 1작은술
헹궈서 물기를 뺀 절인 중국 배추
   (dtang chai) 1큰술
다듬어서 약 3cm 길이로 썰어놓은
   채심 1컵
살을 발라내어 얇게 썰어놓은 중국식
   구운 오리 ¼~½마리, 약 150g
다진 쪽파(대파) 3큰술 –
   자투리는 육수용으로 따로 보관
다진 고수 2큰술
갈아놓은 백후추 넉넉한 1자밤
함께 차려낼 피시 소스, 고운 고춧가루,
   백설탕, 식초에 담근 고추(330쪽
   참조)

오리 육수

구운 오리의 뼈 약 400g
연한 닭 육수 또는 돼지 육수 또는
   물 3리터
껍질을 벗기고 얇게 썬 작은 무(mooli)
   ½개 – 남은 절반은 원할 경우
   닭 육수 또는 돼지 육수를 만들 때 사용
쪽파(대파) 자투리 – 바로 위 레시피
   참조
껍질을 그대로 둔 채 짓이긴 마늘
   4~5쪽
깨끗하게 다듬어서 짓이긴 큼직한
   고수 뿌리 2개
쪼개놓은 백후추 1자밤
쪼개놓은 초피 1자밤 – 선택 사항
팔각 ¼개
굴 소스 2큰술
부숴 놓은 황빙당 1작은술
소금 1자밤
피시 소스 1~2큰술
백설탕 1자밤

해산물과 돼지고기 에그 누들

MIXED SEAFOOD AND PORK EGG NOODLES ■ BA MII HAENG TARLAE ■ บะหมี่แห้งทะเล

2인분

연한 닭 육수 또는 돼지 육수 또는 물
    1컵
소금
손질한 돼지 등심 또는 앞다리 살 100g
깨끗하게 손질한 조개 또는 홍합
    6~8개(홍합은 수염 제거)
꼬리는 남긴 채 껍질을 벗기고 내장을
    제거한 중간 크기의 생새우 4마리
내장을 제거하고 4조각으로 썰어놓은
    오징어 또는 갑오징어 50g
생면 에그 누들 100g 또는 건면 에그
    누들 75g
피시 소스 1큰술 – 맛에 따라 가감
백설탕 1자밤
갈아놓은 백후추 넉넉한 1자밤
기름에 담가놓은 마늘 튀김 또는 마늘
    튀김과 돼지 껍데기 튀김 3큰술
    (333쪽 참조)
헹궈서 물기를 뺀 절인 배추
    (dtang chai) 넉넉한 1자밤
굵직하게 다지거나 뜯어놓은 줄기
    상추(green coral lettuce) 1컵
함께 차려낼 다진 고수 1자밤과
    라임 웨지

새우, 게, 오징어 또는 홍합 등의 해산물이 이 맛있는 국수 안에 모두 들어가 있다. 닭고기 또는 바비큐 오리고기와 돼지고기도 완벽하게 어우러질 수 있다. 데쳐낸 국수가 끈적이지 않도록 잘 헹궈서 전분을 최대한 많이 없애주는 것이 중요하다. 이 국수에는 풍미를 보태줄 수 있는 별도의 국물이 없기 때문에 면에 피시 소스, 기름에 담가놓은 마늘 튀김 또는 돼지 껍데기, 설탕, 후추 등의 양념을 넣고 맛있게 버무려야 한다.

작은 냄비에 소금 1자밤과 육수 또는 물을 붓고 끓을 때까지 가열한다. 돼지고기를 넣고 익을 때까지 10~15분간 뭉근하게 삶는다. 고기를 덜어내고 식혀서 매우 얇게 썰어준다. 육수는 해산물을 익힐 때 사용하도록 따로 보관한다.

육수를 다시 가열해서 끓인다. 조개를 넣고 껍데기가 벌어지기 시작하면 새우와 오징어를 넣고 젓는다. 해산물이 완전히 익으면 −1분이 채 안 걸린다− 건져낸 다음 식히는 동안 국수를 데친다.

커다란 냄비에 소금물을 붓고 끓을 때까지 가열한다. 뭉쳐 있는 국수 가닥을 풀어서 떼어낸 다음 끓는 물에 넣는다. 부드러워질 때까지 끓였다가 건져서 물기를 빼고 뜨거운 물에 헹군 다음 다시 건져서 물기를 뺀다. 커다란 그릇에 국수를 담고 피시 소스, 설탕, 후추, 튀긴 마늘, 절인 배추를 넣어 젓가락으로 비벼 버무린다. 익힌 해산물과 얇게 썰어놓은 돼지고기를 넣고 줄기 상추를 섞어 넣는다.

그릇 두 개에 나누어 담고 고수, 라임 웨지와 함께 차려낸다.

생선과 쌀국수 탕면

FISH AND RICE NOODLE SOUP ■ GUAY TIO NAHM PLAA ■ ก๋วยเตี๋ยวน้ำปลา

4인분

돼지 탕 육수(204쪽 참조) 또는
　닭 육수
묶어놓은 판단 잎 1장
얇게 썬 생강 1~2조각
농어 또는 큰입선농어(barramundi)
　살 250g
다진 줄기 상추 1컵
기호에 따라 넓거나 가는 생면 쌀국수
　300g
기름에 담가놓은 마늘 튀김 또는
　마늘 튀김과 돼지 껍데기 튀김
　2~3큰술(333쪽 참조)
갈아놓은 백후추
헹궈서 물기를 뺀 절인 배추
　(dtang chai) 2큰술
갈랑갈 가루 넉넉한 1자밤 - 선택 사항
다듬어서 헹군 다음 물기를 뺀 숙주 1컵
다진 아시아 셀러리 2큰술
다진 쪽파(대파) 2큰술
다진 고수 2큰술
함께 차려낼 구운 고춧가루, 백설탕
　그리고 식초에 담근 고추(330쪽
　참조)

소스

깨끗하게 다듬어서 다진 고수 뿌리
　1큰술
소금 1자밤
껍질을 벗긴 마늘 3쪽
얇게 썬 갈랑갈 1~2조각
물에 헹군 황두장 소스 2큰술
식초 3큰술
갈아놓은 백후추 1자밤
설탕 넉넉한 1자밤 - 맛에 따라 가감
썰어놓은 홍고추 ¼개

돼지 육수는 아시아 국수 요리에서 가장 흔히 볼 수 있는 기본 재료로, 탕면이 은은하면서 부드러운 맛을 내도록 한다. 식이 제한이 있는 사람들에게는 닭고기 육수가 더 나을 수도 있다.

이 레시피에는 생선만 들어가는데 살이 많고 깨끗한 흰살생선이 가장 좋아서 농어, 바라문디, 달고기 또는 부시리도 탁월한 선택이 될 수 있다. 약간의 게살 또는 껍질을 벗긴 새우 한 줌도 섞어 넣을 수 있고, 태국에서는 완탕, 어묵(옆 사진 참조)과 소시지도 탕에 등장하곤 하는데 취향에 따라 더 복잡하게도, 또 더 간단하게도 구성할 수 있다. 소스는 몇 시간 전에 미리 만든다. 보존성이 좋아질 뿐만 아니라 밀폐 용기에 담아 냉장고에 넣어두면 일주일 정도 보관할 수 있다.

먼저 소스를 만든다. 절구에 고수 뿌리와 소금을 넣고 빻은 다음 마늘, 갈랑갈, 생강을 넣고 곱게 빻는다. 황두장 소스를 넣고 짓이긴다. 황두장을 페이스트 상태가 될 때까지 빻는 요리사들도 있지만 나는 그 질감이 조금 느껴지는 상태를 더 좋아한다. 식초를 넣어 수분을 보탠 다음 후추, 설탕, 고추를 넣고 섞는다. 이 소스는 새콤하고 선명하며 짭조름한 맛이 나야 한다.

탕을 만든다. 육수를 끓일 때까지 가열해서 판단 잎, 생강을 넣고 다른 재료들을 조합하고 준비하는 동안 부유물을 걷어내면서 몇 분 정도 뭉근하게 끓인다. 육수는 간이 잘 맞아야 하며 너무 졸아들면 안 된다. 육수가 졸아들면 맛이 너무 진해져 짜고 느끼해서 입맛에 맞지 않을 수도 있다. 그럴 경우에는 물을 보충해준다.

생선을 길이 3cm, 폭1cm 크기의 마름모꼴로 보기 좋게 자른다. 그릇 4개에 줄기 상추를 깔고 냄비에 소금과 물을 넣고 끓인다. 쌀국수 가닥들을 떼어서 끓는 물에 넣는다. 1~2분 정도 삶다가 건져낸 다음 물기를 빼고 그릇에 담는다. 그 위에 튀긴 마늘 약간, 백후추 1자밤, 절인 배추, 갈랑갈 가루(사용할 경우)를 올린다.

끓는 물에 생선을 넣고 몇 분간 삶다가 익자마자 건져낸다. 물기를 잘 빼고 국수 위에 올려놓는다. 숙주를 살짝 데쳐서 물기를 뺀 다음 생선 옆에 올려놓고 끓고 있는 육수를 그 위에 끼얹는다.

다진 아시아 셀러리, 쪽파, 고수, 남아 있는 튀긴 마늘, 백후추를 탕에 흩뿌린다. 구운 고춧가루, 백설탕, 식초에 담근 고추를 종지에 담은 소스와 함께 차려낸다.

치앙마이 커리 국수와 닭고기

CHIANG MAI CURRIED NOODLES AND CHICKEN ■ KAO SOI GAI ■ ข้าวซอยไก่

5인분

코코넛 크림 2컵
2cm 크기의 조각으로 다진 닭 다리와
　넓적다리 2개씩
얇게 깎은 팜슈거 약 1작은술 –
　맛에 따라 가감
연한 간장 또는 피시 소스 2큰술
진한 간장 3작은술
육수, 물 또는 코코넛 밀크 2컵
묶어놓은 판단 잎 1~2장
조미용 고운 고춧가루
생면 에그 누들 250g 또는 건면
　에그 누들 200g
식용유 1~2큰술

카오 소이 페이스트

대나무 꼬치 3개
말린 홍고추 4개
고수 씨앗 1½작은술
겉껍질을 털어낸 검은 카다멈 또는
　갈색 카다멈 ½개
껍질을 벗기지 않은 중간 크기의
　붉은 샬롯 4개
껍질을 벗기지 않은 큼직한 마늘
　3~4쪽
얇게 썬 터메릭 1큰술
얇게 썬 생강 2큰술
소금 넉넉한 1자밤
깨끗하게 다듬어서 다진 고수 뿌리 3개

태국 북부 대부분의 지역에는 이슬람 무역업자들과 함께 중국 남부에서 유입되었을 것으로 추정되는 이런 형태의 국수 요리가 있는데 이 국수는 그중에서도 북부의 수도인 치망마이식이다. 국물은 미리 만들어서 계속 뭉근하게 끓이다가 주문이 들어오면 즉시 부어서 낸다. 국물은 너무 걸쭉하면 안 되고 닭을 익히고 코코넛 크림을 끓일 때 녹아 나온 반짝이는 기름막이 듬성듬성 떠 있어야 한다. 이 기름 층이 국수에 입혀져서 깊고 감미로운 맛을 내므로 매우 중요하다. 이 요리에 최적의 국수는 5mm 너비의 에그 누들이다. 말린 새눈고추와 함께 아주 뜨겁고 맑은 기름에 잠시 튀겨서 고명으로도 사용하는데, 팽창하면서 바삭해질 때 기름이 튈 수도 있으므로 조심해야 한다.

검은 카다멈 또는 갈색 카다멈은 퀴퀴한 냄새가 나면서 한쪽이 볼록 솟아 있는 어두운 색의 씨앗으로, 살짝 시큼한 맛과 함께 그슬린 향이 난다. 일부 요리사들은 페이스트를 만들 때 약간의 팔각과 계피를 추가로 넣거나 카다멈 대신 넣기도 한다.

먼저 페이스트를 만든다. 대나무 꼬치를 30분 정도 물에 담가둔다. 말린 고추 꼭지를 따고 세로로 길게 반 잘라서 씨를 긁어낸다. 고추가 부드러워지도록 15분 정도 물에 담가둔다.

그동안 고수 씨앗과 카다멈을 각각 바닥이 두꺼운 팬에 넣고 향기로운 냄새가 날 때까지 흔들어주면서 덖는다. 전동 분쇄기에 넣고 갈거나 절구에 넣고 빻아 가루로 만든다.

고추를 건져서 물기를 최대한 많이 짜낸 다음 고추, 샬롯, 마늘, 터메릭, 생강을 각각 별도의 꼬치에 꿴다. 이 꼬치를 모두 석쇠에 굽는다. 고추, 터메릭, 생강은 색이 변할 정도로만 구우면 되지만 샬롯과 마늘은 거뭇거뭇하게 타면서 속살이 물러져야 한다. 식혔다가 샬롯과 마늘의 껍질을 벗긴다.

절구에 구운 고추와 소금을 넣고 빻은 다음 샬롯, 마늘, 터메릭, 생강, 고수 뿌리를 하나씩 순서대로 넣으면서 빻아 입자가 고운 페이스트로 만든다. 전동 블렌더에 재료들을 넣고 갈아서 퓌레로 만들어도 되는데 이때 분쇄가 원활하도록 약간의 물이 필요할 수도 있지만 지나치게 많을 경우 페이스트를 희석해서 커리 맛이 변하는 결과를 초래하므로 필요 이상으로 넣으면 안 된다. 중간에 블렌더를 끄고 주걱으로 옆면을 긁어서 안쪽으로 모은 다음 다시 작동시켜서 페이스트가 완전히 퓌레 상태가 될 때까지 갈아준다. 마지막으로 갈아놓은 향신료와 함께 골고루 섞는다.

코코넛 크림 1컵을 냄비에 넣고 걸쭉해지면서 기름이 살짝 떠올라 분리되기 시작할 때까지(또는 기름 층에 균열이 보이기 시작할 때까지) 끓인다. 카오 소이 페이스트를 코코넛 크림에 넣고 향이 짙어지면서 기름기가 돌 때까지 5분 정도 볶다가 화력을 줄인 다음 닭고기를 넣고 몇 분간 끓인다. 팜슈거로 간을 하고 연한 간장 또는 피시 소스와 진한 간장 2큰술을 넣는다. 육수, 물 또는 코코넛 밀크로 수분을 보충하고 닭고기가 완전히 익을 때까지 약 20분 정도 끓인다. 남아 있는 코코넛 크림과 판단 잎을 넣고 향이 우러나와 숙성되도록 약 30분 정도 그대로 둔다. 간을 본다. 국물은 짭조름한 맛이 나면서 향신료 향이 나야 하며 코코넛 크림의 단맛이 느껴져야 한다. 구운 고춧가루를 약간 넣어야 할 수도 있다.

커다란 냄비에 소금물을 끓인다. 뭉쳐 있는 국수 가닥을 풀어서 서로 떼어낸 다음 끓는 물에 넣는다. 부드러워질 때까지 삶아서(생면은 1~2분 정도면 충분하고 건면은 시간이 조금 더 걸린다) 건져낸다. 물기를 빼고 뜨거운 물에 헹궈서 다시 물기를 뺀다. 전분이 최대한 많이 빠지도록 국수를 한 번 더 데쳐서 물기를 빼고 남은 분량의 진한 간장 1작은술과 식용유를 넣고 버무린다.

그릇 5개에 국수를 나눠 담고 닭고기 커리 국물을 붓는다. 고명으로 튀긴 국수, 쪽파, 고수, 튀긴 고추를 올려서 곁들임 재료들과 함께 차려낸다.

+ 기름에 담근 건고추

대나무 꼬치 3개
말린 홍고추 1컵(약 15개)
껍질을 벗긴 마늘 2쪽
소금 넉넉한 1자밤
식용유 4큰술
구운 고춧가루 크게 1자밤

꼬치를 30분 정도 물에 담가둔다. 말린 고추 꼭지를 따고 세로로 길게 반 잘라서 씨를 긁어낸다. 고추가 부드러워지도록 15분 정도 물에 담가둔다.

고추를 건져서 물기를 최대한 많이 짜낸 다음 꼬치에 꿰어 노릇노릇하게 굽는다. 식으면 전동 분쇄기에 갈거나 절구로 빻아서 가루로 만든다.

마늘을 소금과 함께 으스러뜨려서 입자가 거친 페이스트로 만든다. 절구에 넣고 빻거나 칼로 곱게 다져도 된다. 작은 웍 또는 팬에 기름을 두르고 가열한 다음 페이스트를 넣고 노릇해질 때까지 볶는다. 고춧가루를 넣고 향이 짙어질 때까지 끓였다가 식혀서 사용한다.

고명

튀긴 에그 누들 약 25g
다진 쪽파(대파) 3큰술
다진 고수 3큰술
기름에 튀긴 말린 새눈고추 10~15개

곁들임

얇게 썬 붉은 샬롯 1컵
웨지로 자른 라임 2개
헹궈서 물기를 뺀 다음 잘게 채 썬
    절인 겨자 잎 1컵
기름에 담근 말린 고추 1종지
    (왼쪽 참조)

소고기와 건새우로 맛을 낸 락사

LAKSA WITH BEEF AND DRIED PRAWNS ■ GUAY TIO KAEK ■ ก๋วยเตี๋ยวแขก

4인분

소 앞치마살, 볼살, 정강이살 또는
    양지 400g
코코넛 크림 2컵
육수 또는 물 3컵
코코넛 크림 2¼컵
소금 넉넉한 1자밤
카다멈 잎 또는 말린 월계수 잎 3장
태국 카다멈 또는 녹색 카다멈
    꼬투리 2개
3cm 크기의 계피 조각
묶어놓은 판단 잎 2장
피시 소스 2~3큰술
백설탕 1자밤
구운 고춧가루 ¼~½작은술
얇게 썬 붉은 샬롯 ⅓컵
튀김용 식용유
말린 새눈고추 5~10개
단단한 두부 150g
생면 쌀 버미첼리 250g 또는 물에
    약 20분간 불렸다가 건져낸 건면 쌀
    버미첼리 200g
다듬어놓은 숙주 3컵
굵직하게 다진 건새우 ¼컵
헹궈서 물기를 뺀 절인 배추 2큰술
껍질을 까서 4등분한 삶은 달걀 3개
굵직하게 갈아놓은 볶은 땅콩 ¼컵
다진 쪽파(대파) 2큰술
다진 고수 2큰술
함께 차려낼 라임 웨지와 고운
    고춧가루

락사는 중국인과 말레이인들이 그들의 전통, 즉 음식을 비롯한 일체의 문화와 함께 국경을 넘어 들여온 파란만장한 역사의 산물이다. 태국에서 가장 흔히 볼 수 있는 락사는 소고기와 건새우로 만든 것으로 남쪽으로 갈수록 만나기가 쉽지 않다. 한편 이 아시아의 유서 깊은 탕면에는 생새우, 닭고기, 조개, 생선 완자 등을 넣어 먹기도 한다.

향신료의 종류는 이 요리가 무슬림의 음식에서 유래했다는 사실을 증명한다. 페이스트는 만들기 복잡하지만 그 맛은 제 몫을 톡톡히 해내는데, 하루 전에 미리 만들어둘 수도 있어서 밀폐 용기에 담아 냉장고에 보관하면 된다. 내 입장에서는 용납할 수 없지만 방콕의 일부 요리사들은 그저 붉은 커리 페이스트에 커리 가루 1큰술을 첨가해서 이를 락사 페이스트로 속여 사용하기도 한다.

먼저 페이스트를 만든다. 대나무 꼬치를 30분 정도 물에 담가둔다. 말린 홍고추 꼭지를 따고 세로로 길게 반 잘라서 씨를 긁어낸다. 고추가 부드러워지도록 15분 정도 물에 담가둔다.

그동안 바닥이 두꺼운 팬에 고수, 커민, 정향을 따로따로 넣고 향기로운 냄새가 날 때까지 팬을 흔들어주면서 덖는다. 전동 분쇄기에 넣고 갈거나 절구에 넣고 빻아 가루로 만든다.

생강과 마늘을 별도의 꼬치에 꿰어 석쇠에 굽는다. 생강은 색이 변할 정도로만 구우면 되지만 마늘은 거뭇거뭇하게 타면서 속살이 물러져야 한다. 식혀서 마늘 껍질을 벗긴다.

고추를 건져서 물기를 최대한 많이 짜낸 다음 굵직하게 다진다. 말린 새눈고추를 헹궈서 먼지를 없앤다. 절구에 구운 고추와 소금을 넣고 빻은 다음 새눈고추를 넣는다. 레몬그라스, 갈랑갈, 샬롯, 생강, 마늘, 새우 페이스트 가피를 하나씩 순서대로 넣으면서 빻아 입자가 고운 페이스트로 만든다. 전동 블렌더에 재료들을 넣고 갈아서 퓌레로 만들어도 되는데 이때 분쇄가 원활하도록 약간의 물이 필요할 수도 있지만 지나치게 많을 경우 페이스트를 희석해서 커리 맛이 변하는 결과를 초래하므로 필요 이상으로 넣으면 안 된다. 중간에 블렌더를 끄고 주걱으로 옆면을 긁어서 안쪽으로 모은 다음 다시 작동시켜서 페이스트가 완전히 퓌레 상태가 될 때까지 갈아준다. 마지막으로 갈아놓은 향신료, 커리 파우더, 넛멕를 넣고 골고루 섞는다.

소고기를 다듬어서 2cm 크기의 사각형으로 얇게 자른 다음 헹궈서 말린다. 커다란 소스 냄비나 육수 전용 냄비에 코코넛 밀크, 육수 또는 물 2컵과 코코넛 크림 1컵, 소금을 넣고 끓을 때까지 가열한다. 페이스트를 넣고 완전히 풀어지면 소고기를 넣는다. 소고기가 알맞게 익으면서 부드러워질 때까지 가끔씩 저어주면서 뭉근하게 끓인다. 소고기의 부위나 육질에 따라 25~45분 정도 걸린다. 바닥이 두꺼운 팬에 카다멈 잎 또는 월계수 잎, 카다멈 꼬투리와 계피를 잠시 덖어서 판단 잎과 함께 소고기를 익히고 있는 냄비에 넣는다. 부유물을 걷어주면서 5분 정도 끓인다. 시간에 너무 얽매일 필요는 없다. 굵은 체에 국물을 내려 향신료를 걸러내는 요리사들도 있지만 그대로 두는 걸 좋아하는 요리사들도 있다. 그 누구도 아닌 여러분이 바로 요리사이니 뜻대로 하시길.

어느 쪽이든 국물을 다시 끓여서 피시 소스, 설탕, 고춧가루로 약하게 간을 한다. 남아 있는 분량의 육수 또는 물과 코코넛 크림을 넣는다. 필요에 따라 저어주면서 몇 분간 뭉근하게 끓인다. 이 상태로 한 시간 정도 그대로 두면 훨씬 맛있어진다.

그동안 크고 안정감 있는 웍 또는 넓고 바닥이 두꺼운 팬에 튀김용 기름을 ⅔ 정도 높이까지 붓는다. 중고온의 화력으로 조리용 온도계가 180℃를 표시할 때까지 기름을 가열한다. 빵 조각 하나를 기름에 떨어트려보면 온도를 알 수 있는데 10~15초 안에 빵이 갈변하면 충분히 가열된 것이다. 샬롯을 넣고 고르게 익도록 뒤적여주면서 노릇노릇해질 때까지 튀긴 다음 종이 타월에 건져낸다. 말린 고추도 몇 분간 튀겨서 종이 타월에 건져낸다. 두부에 있는 물기를 닦아 없앤 다음 표면이 노릇노릇해질 때까지 튀겨서 종이 타월에 건져내어 식으면 5mm 두께로 자른다. 튀김 기름은 따로 보관한다. 락사에 더 깊은 맛을 내려면 이 기름이 약간 필요하다.

거의 다 완성되었으면 국물을 데워서 간을 본다. 풍성하면서 매콤하고 짭조름한 맛이 나면서도 너무 걸쭉하면 안 된다. 소스가 아니라 국물이다. 표면에는 보기 좋을 정도의 기름이 듬성듬성 떠 있어야 한다. 기름이 충분치 않으면 튀김 기름 1~2큰술을 넣으면 좋다.

커다란 냄비에 소금물을 끓인다. 뭉쳐 있는 면의 가닥을 다 풀어서 숙주 2컵과 함께 끓는 물에 넣는다. 1~2분 정도 삶아 건져낸 다음 그릇 4개에 나누어 담는다. 소고기를 올리고 국물을 끼얹는다.

갈아놓은 건새우를 뿌리고 절인 배추, 삶은 달걀 ¼쪽, 볶은 땅콩과 나머지 분량의 숙주를 올린다. 그릇마다 코코넛 크림 1큰술, 튀긴 샬롯 1큰술과 약간의 쪽파와 고수를 올린다.

라임 웨지와 고운 고춧가루를 곁들여낸다.

락사 페이스트

대나무 꼬치 2개
말린 홍고추 5개
고수 씨앗 1큰술
커민 씨앗 1작은술
정향 2~3개
얇게 썬 생강 5조각
말린 새눈고추 4~5개
소금 1자밤
다진 레몬그라스 2큰술
다진 갈랑갈 1큰술
다진 붉은 샬롯 2큰술
태국 새우 페이스트 가피 1작은술
소고기용 커리 파우더 2작은술
　(331쪽 참조)
강판에 간 넛멕 1자밤

페이스트 보관법

절구로 빻아 만드는 페이스트는 며칠 전에 미리 만들어둘 수 있다. 비닐 랩으로 싸서 납작하게 눌러 밀폐 용기에 담아 냉장고에 넣어두면 오래 보관할 수 있다. 반면에 물을 넣어서 블렌더로 갈아 만든 페이스트는 쉽게 상한다. 기껏해야 하루 정도 보관할 수 있다.

저녁

열대지방에는 밤이 일찍 찾아온다. 낮과 밤을 구분하는 황혼을 보기 힘든 이유이기도 하다. 보통 저녁 6시 30분만 되면 어둑해지기 일쑤지만 이 때부터 거리는 또다시 살아 숨쉰다. 저녁 식사도 이른 편이라 오후 5시가 되자마자 요깃거리를 찾아 돌아다니는 사람들이 있을 정도다. 사실 동트기 전부터 일어나 있던 사람들에게는 딱 맞는 식사 시간이기도 하다. 야시장은 저녁 7시쯤부터 2시간 동안 가장 붐비며 이 시간 이후에는 늦게 합류한 사람들이나 배가 덜 찬 사람들, 2차를 원하는 사람들만 남아 있게 된다. ✿ 음식의 층위는 하루 중 그 어느 때보다 다양하다. 태국인들 중 상당수가 더는 가정에서 요리를 하지 않기에 집으로 돌아가는 길에 음식을 포장해가는 편이 더 쉽고 편하다는 사실을 잘 알고 있다. 조금 늦게 나서서 가족 또는 친구들과 함께 식사를 하는 사람들도 있다. 저녁 시간에는 아무래도 낮 시간보다 제약이 적기 때문에 메뉴를 고를 때 좀 더 많은 시간을 할애하는 편이다. 사람들은 다양한 노점들의 장점을 샅샅이 훑어볼 뿐만 아니라 어떤 음식이 나와 있는지, 또 어떤 것을 고를지 고민하면서 이미 속속들이 알고 있는 그 거리 구석구석을 어슬렁거리며 돌아다닌다. 이처럼 맛있는 고민이라니! ✿ 밤이 깊어지면 노점은 맨살을 드러낸 전구나 적나라한 색감의 네온 등을 붉 밝히며 손님을 유혹한다. 마치 나방처럼, 사람들은 불빛에 이끌려 길거리 모퉁이, 좁지만 번잡한 골목길, 주유소와 아침 장터 근처에 모여든다. 작은 공간이라도 있으면 그곳에는 어김없이 사람들이 모여 앉아 먹고, 마시고 떠드는 노점이 있다. 노점들은 저마다 특별히 잘하는 음식이 있는데 이를 판자에 써 붙여서 광고한다. 이 중에는 한두 가지 요리만 내는 곳도 있으며 '주문대로(dtam sang)' 요리하는 간편하고 재빠른 볶음 요리들을 다양하게 준비해놓은 곳도 있다. 언뜻 보기만 해도 뭘 파는지 알 수 있지만, 태국어를 모르는 사람들이라도 가까이 가서 보면 뚜렷하게 구분할 수 있어서 여러 가지 종류의 국수, 목을 축일 수 있는 다양한 국물, 홀리 바질로 맛을 낸 볶은 소고기, 새우와 아스파라거스 또는 새우 페이스트로 맛을 낸 시암 스타일의 물냉이, 팔각과 아시아 채소로 맛을 낸 푹 익힌 돼지 족발, 몇몇 고명들을 곁들인 속이 편안한 죽 정도는 어렵지 않게 주문할 수 있다. ❀ 야시장들은 지역 주민들에게 잘 알려져 있다. 대부분의 야시장은 태국인의 거주지나 그들의 일상과 아주 딱 들어맞는 곳에 자리잡고 있다. 주민들은 노점과 그 음식, 그리고 요리사들을 잘 알고 있고 어떤 구역은 특정 요리로 잘 알려져 있어서 시장에는 그 음식을 다른 형태로 만들어 파는 노점이 서너 개 또는 그 이상 있을 정도다. ❀ 관광지 음식의 맛은 기대 이하일 수도 있는데 이 야시장들은 다시 찾아올 가능성이 거의 없는 뜨내기들만 상대하기 때문이다. 따라서 이런 관광지 식당들을 밤마다 단골들과 마주하는 요리사들이 일하는, 그들이 몇 년 동안이나 알고 지낸 지역민들을 상대하는 구역의 노점들과 동일선상에 놓고 비교한다면 손님에 대한 배려와 차려내는 음식의 질 그리고 그 모든 것을 손수 장만하면서 가졌을 그들의 자부심은 상처를 받기 마련이다. ❀ 방콕에 있는 차이나타운은 주거환경으로는 그리 좋은 편이 아니지만 이곳의 야시장은 늦은 밤에 사람들이 배고픔을 달래고 집으로 돌아가기 전에 술을 깨기 위해 들르는 곳이므로 훨씬 더 오래, 심지어 아침까지 계속되기도 한다. 새벽 3~4시까지 남아 있는 노점도 있는데 아침 시장 상인들이 눈을 비비고 일어나 하품을 하면서 문을 열기 시작하는 시간까지 영업을 하기도 한다. 이렇게 일상의 순환이 다시 또 시작된다.

ตามสั่ง
주문대로 만들다
MADE TO ORDER
DTAM SANG

땀상 노점은 쉽게 찾을 수 있다. 이들은 대체로 밤에만 운영하며 밀려드는 군중을 향해 환한 불빛을 비추고 있다. 여기에는 보통 상하기 쉬운 음식들을 보관하는 커다란 유리 진열장이 있는데 재료들은 모두 깔끔하게, 보란 듯이 진열되어 있다. 노점상 중에는 간이 노점들도 있어서 이들은 더 나은 장사를 기대하며 매일 밤 같은 자리로 되돌아오는 수레에 지나지 않는 반면, 더 넓고 안정적으로 자리를 잡은 곳도 있다. 수레는 야시장, 공업단지, 사무실 밀집지역, 번화가의 교차로 등 사람들이 먹거리를 필요로 하는 곳이라면 -태국이라면 사실상 사람이 살고 있는 모든 곳을 의미한다- 어디에서나 싹트고 있는 듯하다. 이제 이들은 시공의 한계를 뛰어넘어 쇼핑몰이나 대형 건물 지하에 가면 낮에도 만날 수 있는 존재가 되었다.

메뉴는 보통 노점에 올려놓은 나무 판에 특정 요리명을 써놓았지만 이들의 세부적인 조합은 철저히 고객의 취향에 달려 있으므로 마음껏 조합해서 주문할 수 있다. 땀상(dtam sang)은 누군가가 원하는 대로 주문한다는 뜻이며 바로 여러분이 해야 하는 것이다. 모든 음식이 주문하는 대로 만들어진다.

차려내는 음식은 간단해서 현지의 식재료와 아주 기본적인 기구들로 만들어낸다. 미리 준비해놓는 음식은 거의 없다고 봐야 하며 아마도 특정의 육수(대개의 경우 물만 사용하지만), 얇게 썬 고기, 깨끗하게 다듬어놓은 채소와 해산물 그리고 근처 시장에서 구매한 페이스트 정도가 전부일 것이다. 대부분의 음식을 강한 불에 볶아내거나 튀기거나 때로는 삶아서 조리한다. 튀겨서 만든 별미들이 그러하듯 강한 불에 볶아낸 채소, 각기 다른 특색이 있는 맵고 새콤한 탕은 매우 인기 있는 서민적인 요리들이다.

땀상 노점의 음식들은 약간 혼종이라고도 할 수 있는데 중국과 태국 음식이 섞여 있고 주로 중국 이민자들의 후손인 남자들이 요리한다. 초기 메뉴들은 볶음밥 몇 종, 강한 불에 볶은 국수 또는 홀리 바질과 함께 볶아낸 소고기가 전부였을 정도로 매우 간단하고 실용적이었다. 이후 메뉴가 점차 늘어나면서 구운 돼지고기, 숙주, 공심채, 말린 생선 등 다수의 중국 식재료들이 사용되었고 이는 그 요리사들이 가정에서 만들어 먹었던 음식들을 그대로 반영한 것이었다. 그러나 맵고 새콤한 탕에 들어 있는 고추나 그들만의 방식으로 호쾌하게 볶아낸 커리 등이 메뉴에 오르면서 태국적인 요소들이 슬며시 자리를 잡았다.

요리들은 원래 차오 프라야Chao Phraya 강 하구 인근의 연안을 따라 자라는 맹그로브 나무로 만든 숯을 사용해서 만들었다. 아직도 이 땔감을 사용하는 노점이 있긴 하지만 이제 대부분의 노점은 가스 버너를 사용한다. 중요한 기구가 하나 있는데 보통 뭔가를 끓이는 용도로 사용하는 알루미늄 재질의 낡은 냄비다. 그러나 가장 중요한 것은 이 많은 음식에서 중국인의 유산을 반영하고 있는 웍으로, 바닥이 둥그스름하게 생긴 탄소강 웍은 흔하게 볼 수 있는 조리 도구다. 웍은 고리처럼 생긴 손잡이가 두개 달려 있는 웍과 나무 손잡이 한 개가 있는 웍, 이렇게 두 종류가 있는데 나는 음식을 뒤적이기 더 쉬운 후자를 선호한다.

웍에 기름을 잘 먹이면 식재료를 강한 불에 잘 볶아냈을 때의 그 특징인 은은한 불 맛이 더 잘 스며든다. 웍 길들이기는 아주 쉬운 과정으로 한 번만 해놓으면 언제나 최상의 상태로 사용할 수 있는데 태국에서는 보통 크림을 추출하고 남은 찌꺼기인 갈아놓은 코코넛 과육을 사용하곤 한다. 이 과정에서 소금을 사용하는 사람들도 있지만 나는 기름을 사용해왔다. 코코넛으로 길들이는 방법은 간단하다. 웍 안쪽에 갈아놓은 코코넛을 넣고 잘 덮어서 그 부분을 중간 화력으로 몇 분간 가열한다. 웍을 뒤집어서 타버린 코코넛을 버리고 좀 더 많은 양의 코코넛을 넣고 덮어서 다시 가열하는 방식으로 웍 전체를 이와 같이 처리하면 표면의 색이 변하면서 기름기가 돌게 된다. 소금 또는 기름을 사용한다면 코코넛처럼 길들이는 과정 중에 따로 보충할 필요가 없지만 기름이 과열되면 불꽃이 일어나므로 주의해야 한다. 찌꺼기를 닦아내고 웍을 헹군 다음 다시 가열해서 말리고 한 번 더 태운다. 이제 준비가 끝났다. 볶기 전에

웍은 항상 뜨거운 상태여야 함을 명심하자.

사용한 후에는 웍 전용 대나무 솔로 남아 있는 음식물 찌꺼기들을 쓸면서 물로 깨끗히 씻는다. 대나무 솔은 차이나타운에서 쉽게 구할 수 있는데 웍에 입혀놓은 기름 층을 벗겨내거나 거슬리는 찌꺼기들을 힘들게 긁어내지 않고도 쉽게 없앨 수 있다(솔을 유연하게 만들려면 사용하기 몇 시간 전에 차가운 물에 담가두면 되고 다음번 사용할 때마다 몇 분씩 담가놓으면 된다). 웍은 다시 가열해서 말린다. 여러분은 땀상 요리사들만큼 웍을 자주 사용하지는 않을 테니 보관할 때는 철이 산화되거나 녹슬지 않도록 안쪽에 약간의 기름을 발라두는 것이 좋겠다. 혹시라도 자주, 내 말은 정말 끊임없이 웍을 사용한다면, 이 과정은 필요 없다.

아스파라거스와 새우 볶음

ASPARAGUS STIR-FRIED WITH PRAWNS ■ GUNG PAT NOR MAI ■ กุ้งผัดหน่อไม้

2인분

가는 아스파라거스 10개
중간 크기의 생새우 10마리
껍질을 벗긴 마늘 2쪽
소금 1자밤
식용유 2큰술
목이버섯 5~6개
육수 또는 물 ¼컵
연한 간장 1큰술
굴소스 약간 – 선택 사항
백설탕 1자밤
갈아놓은 백후추 1자밤

이것은 깍지 완두 또는 그 밖의 아시아 채소를 단독으로 볶거나 관자, 돼지고기 또는 닭고기와 함께 볶을 때 기본 재료로도 사용할 수 있는 간단한 요리다. 태국 아스파라거스는 대체로 어리고 가늘고 아삭하기에 단단한 줄기 끝단은 잘라낸다 하더라도 껍질은 벗길 필요가 없다. 따라서 가급적 가늘고 신선한 아스파라거스를 구해보자. 노력에도 불구하고 굵은 아스파라거스를 구했다면 아마도 껍질을 벗겨야 할 것이다. 생목이버섯은 수많은 볶음 요리에 이채로운 질감을 부여하는 용도로 사용된다. 아시아 식품점이나 슈퍼마켓에 가면 가끔씩 신선한 것을 구할 수 있다. 말린 것은 중국 식품점에 가면 항상 구할 수 있는데 꼼꼼하게 씻어서 먼지를 제거한 다음 물에 10분 정도 담갔다가 건져서 사용한다

아스파라거스를 씻어서 다듬는다. 단단한 끝단을 잘라내고 4cm 정도 길이로 자른다. 새우는 꼬리를 남긴 채 껍데기를 벗기고 내장을 제거한다. 대가리도 붙여두면 더 먹음직스럽게 보이지만 나중에 먹을 때는 걸리적거린다.

마늘을 소금과 함께 으스러트려서 입자가 굵은 페이스트로 만든다. 절구에 넣고 빻거나 칼로 곱게 다져도 상관없다.

기름을 잘 먹인 웍을 중불로 가열해서 뜨거워지면 식용유를 붓고 마늘 페이스트, 아스파라거스, 새우를 넣는다. 마늘이 타지 않도록 주의하면서 센불에 재빨리 볶는다. 새우와 아스파라거스가 적당히 익거나 마늘의 색이 짙어지기 시작하면 목이버섯을 넣고 육수 또는 물을 넣어 수분을 보탠 다음 잠시 끓인다. 간장과 굴소스, 설탕, 후추로 간을 한다. 고소하고 짭조름한 맛이 나야 한다.

쌀밥과 함께 차려낸다.

새우 페이스트로 맛을 낸 시암 물냉이 볶음

SIAMESE WATERCRESS STIR-FRIED WITH SHRIMP PASTE ■ PAK BUNG PAT GAPI ■ ผักบุ้งผัดกะปิ

캉쿵kangkung 또는 물 시금치로도 알려진 시암 물냉이는 태국 음식의 구심점으로, 다양한 방법으로 요리해 먹을 수 있다. 이것은 길거리에서 더 유명한 요리 중 하나로, 새우 페이스트를 약간만 넣어서 향이 과하지 않도록 볶아낸다. 반드시 최상급의 새우 페이스트를 사용해야 한다. 운이 나쁘면 물로 희석시켜도 고약한 냄새가 나면서 그 맛이 짜고 덟은 제품을 고를 수도 있다. 황두장 또는 삭힌 두부를 새우 페이스트 대신 사용할 수 있고 약간의 생새우 또는 건새우를 버무려 넣기도 한다. 채심 또는 배추와 같은 다양한 종류의 신선한 줄기 채소를 시암 물냉이 대신 사용할 수 있다.

절구에 고추와 소금, 마늘을 넣고 빻아 입자가 아주 굵은 페이스트로 만든다.

기름을 잘 먹인 웍을 달궈서 식용유를 붓고 뜨거워지면 마늘, 고추 페이스트를 넣고 살짝 노릇해질 때까지 볶는다. 새우 페이스트를 넣고 잠깐 볶다가 시암 물냉이를 넣고, 용감하다고 자신한다면 새눈고추도 넣는다. 육수 또는 물로 수분을 보충하고 센불로 잠시 끓인다. 아주 깊은 맛이 나면서 부드럽고 기름지고 맵고 짭조름한 맛이 나야 한다.

쌀밥과 함께 차려낸다.

2인분

홍고추 ½개
소금 1자밤
껍질을 벗긴 큼직한 마늘 1쪽
식용유 2큰술
최상급 태국 새우 페이스트 가피
  1작은술
깨끗하게 다듬어서 3cm 길이로 잘라
  놓은 시암 물냉이(물 시금치) 200g
짓이긴 새눈고추 4~7개 – 용감한 자의
  선택 사항
육수 또는 물 3~4큰술

커리 가루로 맛을 낸 해산물 볶음

MIXED SEAFOOD STIR-FRIED WITH CURRY PASTE ■ PAT PRIK GENG TARLAE ■ ผัดพริกแกงทะเล

3~4인분

식용유 3~4큰술
깨끗하게 다듬어놓은 홍합과 바지락
    150g
꼬리를 남긴 채 껍데기를 벗기고
    내장을 제거한 커다란 생새우 3마리
내장을 제거하고 깨끗하게 다듬어놓은
    오징어 100g
피시 소스 1~2큰술
백설탕 1자밤 - 선택 사항
육수 또는 물 ¼컵
잘게 채 썬 그라차이(야생 생강) 2큰술
큼직하게 뜯어놓은 카피르 라임 잎
    2~3장
다듬어서 3cm 길이로 잘라놓은 그린
    빈스(껍질 콩)
생 녹색 통후추 3~4가닥 - 선택 사항
어슷하게 썰어놓은 홍고추 또는 풋고추
    2개 - 씨를 제거해도 무관
타이 바질 또는 홀리 바질 잎 ¼컵

레드 커리 페이스트

말린 홍고추 3~5개
말린 새눈고추 2~3개 - 선택 사항이나
    추천
생새눈고추 2~3개
소금 1자밤
다진 갈랑갈 ½큰술
다진 레몬그라스 1큰술
강판에 곱게 간 카피르 라임 껍질
    ½작은술
다진 고수 뿌리 ½작은술
다진 그라차이(야생 생강) 1큰술
다진 붉은 샬롯 2큰술
다진 마늘 2큰술
태국 새우 페이스트 가피 ½작은술

강한 불에 볶아서 만드는 커리는 땀상 노점에서 흔히 만날 수 있는 음식이다. 많은 요리사가 시장에서 레드 커리 페이스트를 구입해서 만들지만 여기 소개하는 것은 좀 더 독특한 것으로, 맵고 뚜렷하면서도 절묘한 맛을 만들어낸다. 결과물의 차이는 상당히 크다.

    뜨겁게 가열하고 있는 기름에 부순 마늘을 넣고 맛과 향이 더 좋아지도록 색이 날 때까지 기다리는 요리사들도 있고 다른 요리사들은 더 깔끔한 맛을 내기 위해 먼저 해산물을 데친 다음 소스가 끓을 때 넣기도 한다. 해산물이기만 하면 거의 모든 조합이 가능하다. 목록에 있는 해산물은 그 시작에 불과하다.

먼저 커리 페이스트를 만든다. 말린 고추 꼭지를 따고 세로로 길게 반 잘라서 씨를 긁어낸다. 고추가 부드러워지도록 15분 정도 물에 담가두었다가 물기를 빼고 굵직하게 다진다. 말린 새눈고추를 씻어서 먼지를 없앤다. 절구에 고추와 소금을 넣고 빻은 다음 목록에 있는 나머지 재료들을 하나씩 순서대로 넣으면서 빻아 입자가 고운 페이스트로 만든다. 바질을 다듬을 때 나온 씨앗, 꽃, 꼬투리도 모두 넣는다. 전동 블렌더에 재료들을 넣고 갈아서 퓌레로 만들어도 되는데 이때 분쇄가 원활하도록 약간의 물이 필요할 수도 있지만 지나치게 많을 경우 페이스트를 희석해서 커리 맛이 변하는 결과를 초래하므로 필요 이상으로 넣으면 안 된다. 중간에 블렌더를 끄고 주걱으로 옆면을 긁어서 안쪽으로 모은 다음 다시 작동시켜서 페이스트가 완전히 퓌레 상태가 될 때까지 갈아준다. 살짝 거친 질감을 즐길 수 있도록 페이스트의 입자를 굵직하게 만드는 요리사들도 있다.

기름을 잘 먹인 웍에 식용유를 두른 다음 페이스트를 넣고 중불로 향기로운 냄새가 날 때까지 약 1분간 볶는다. 눌어붙기 시작하면 물 1~2큰술을 넣어 촉촉하게 만든다. 홍합과 비자락을 넣고 껍데기가 열리기 시작할 때까지 볶다가 새우를 넣고 몇 분 뒤에 오징어를 넣는다. 피시 소스, 설탕으로 간을 하고 육수 또는 물, 그라차이, 카피르 라임 잎, 그린 빈스, 녹색 통후추(사용할 경우)와 썰어놓은 고추를 넣는다. 모든 재료가 익을 때까지 잠시 끓인다.

이 커리는 맛이 풍부하면서 맵고 짭조름하고 약간 기름져야 한다. 바질 잎을 넣고 완성한다.

쌀밥과 함께 차려낸다.

바지락과 홍합 손질하기
바지락은 보통 소금물에 하룻밤 정도 담가서 모래와 뻘을 빼내는데, 이미 해감을 해놓은 바지락을 구매할 수도 있다. 홍합은 해감할 필요는 없지만 껍데기를 잘 문질러 씻어야 하고 수염을 제거해야 할 수도 있다. 수염은 홍합 껍데기 밖으로 늘어져 있는 잡초처럼 생긴 가닥들을 칭하는 말인데 손으로 뜯어내야 한다.

커리 가루로 맛을 낸 게 볶음

CRAB STIR-FRIED WITH CURRY POWDER ■ BPUU PAT PONG GARI ■ ปูผัดผงกะหรี่

2~3인분

껍질을 벗긴 마늘 1~2개
비슷한 양의 껍질을 벗긴 생강
소금 1자밤
식용유 3~4큰술
커리 가루 수북이 2큰술
피시 소스 1~2큰술
백설탕 작은 1자밤
생게살 200g
깨끗하게 다듬어서 2cm 길이로 자른
    아시아 샐러리 작은 1다발, 약 1컵 -
    선택 사항이나 추천
잘게 채 썬 생강 1큰술
어슷하게 썰어 놓은 황고추, 홍고추
    또는 풋고추 1~2개 - 씨를 제거해도
    무관
얇게 썬 작은 양파 ½개
깨끗하게 다듬어서 3cm 길이로 자른
    작은 쪽파 3~4개
다진 고수 1큰술

생게 요리하기

살아있는 게를 요리하려면 우선 1시간 정도 냉동해서 가능한 인도적으로 처리한 다음 종에 따라 kg당 6~10분 정도 삶거나 찐다. 산출되는 게살은 게 무게의 40~50% 정도 된다.

태국 사람들은 이 요리에 아마도 고춧가루를 조금 첨가해서 맛을 낸 듯한 통상적인 커리 가루를 사용할 텐데 여러분이 선호하는 커리 조합이 있으면 자유롭게 사용하면 된다. 하지만 순혈주의자라면 게와 해산물에 특히 잘 어울리는 커리 파우더 레시피가 331쪽에 있으니 참고하면 된다. 이 요리에 코코넛 밀크를 넣어 더 풍성한 맛을 내는 요리사들도 있고 달걀을 풀어서 걸쭉하게 만드는 요리사도 있는데 이는 전적으로 요리사에게 달려 있다. 나는 쪽파와 얇게 썬 양파의 조합을 좋아하는데 이들은 향신료들과도 잘 어울리며 게의 단맛을 한층 더 끌어올려준다. 이 요리에는 톱날 꽃게, 농게 또는 태국 꽃게를 주로 사용하며 갓 익힌 게살은 시간을 아껴주는 축복이라 할 만하다. 게살은 태국 시장에 있는 괜찮은 생선 가게라면 어디에서나 구할 수 있다. 이러한 여건이 안 된다면 생게를 직접 장만해서 기가 막힌 선도를 담보하는 수밖에 달리 방도가 없다(왼쪽 참조). 익힌 게를 식혔다가 무거운 칼등으로 껍데기를 살살 깨트려서 비튼 다음 게살을 빼낸다. 게살은 큼직한 덩어리로 빼내야 하는데 그렇지 않을 경우 볶을 때 부서져서 으깨어진다. 원할 경우 무섭게 생긴 집게발은 따로 보관했다가 장식으로 사용한다.

절구에 마늘, 생강, 소금을 넣고 빻아서 다소 거친 페이스트로 만든다.

뜨겁게 달군 웍에 식용유를 두른 다음 페이스트를 넣고 중불로 몇 분간 볶는다. 색이 변하기 시작하자마자 커리 가루를 뿌린다. 화력을 조금 줄이고 계속 저어주면서 몇 분 더 볶다가 향기로운 냄새가 나면 피시 소스, 설탕으로 간을 하고 잠시 끓인다.

이제 게살, 아시아 셀러리, 생강, 고추, 양파, 쪽파를 넣는다. 잠시 데웠다가 간을 본다. 향기롭고 풍성하며 짭조름한 맛이 나야 한다.

고수를 뿌리고 쌀밥과 함께 차려낸다.

고추와 홀리 바질로 맛을 낸 다진 소고기 볶음

STIR-FRIED MINCED BEEF WITH CHILLIES AND HOLY BASIL ■ NEUA PAT BAI GRAPAO ■ เนื้อผัดใบกระเพรา

이 음식은 비교적 최근인 약 50년 전쯤에 길거리로 나와 태국 길거리 음식 목록에 올랐다. 내 생각에, 이 요리의 비결은 이 단순한 볶음 요리를 불 맛으로 가득 채워주는 웍의 온도 조절에 있다. 소고기가 이 요리에 쓰인 최초의 고기였을지는 몰라도 지금은 닭고기와 돼지고기 나아가 새우와 내장을 뺀 오징어, 심지어 생선 완자까지 이 방식으로 요리하고 있다. 나는 좀 굵게 간 고기를 사용하면 더 맛있다는 사실을 알아냈는데 지방이 약간 붙어 있는 부위인 양지, 우둔, 앞다리 살을 손으로 직접 다지면 가장 좋다. 특이하게도 나는 마늘과 고추를 빻지 않고 갈거나 다져서 사용했을 때 요리의 풍미가 더 좋아진다는 사실을 알아냈다. 이것은 원래 매운 요리이므로 새눈고추는 10개 한도 안에서 견딜 수 있을 만큼 넣으면 된다. 고추의 작열감은 달걀프라이가 적절하게 잡아준다. 나는 피시 소스로만 간을 한 소스를 좋아하는데 약간의 굴 소스 또는 고추 잼을 넣는 요리사들도 있다. 이 요리에 피시 소스에 담근 고추 1종지와 달걀 1~2개를 올린 쌀밥을 곁들이면 그것이 곧 태국의 진미다.

마늘을 고추, 소금과 함께 굵직하게 다진다.

기름을 잘 먹인 웍을 센불로 달군 다음 화력을 줄이고 식용유 2큰술을 두른다. 달걀 1개를 깨뜨려 넣고 기호에 맞는 상태로 익을 때까지 붙지 않도록 흔들어가며 천천히 튀긴다. 나는 노른자가 흘러내리면서 가장자리가 바삭하고 들쭉날쭉한 상태를 좋아한다. 노른자가 고르게 익도록 뜨거운 기름을 끼얹는다. 주걱으로 조심스럽게 들어 올려 따뜻한 접시에 올려놓고 한 개 더 튀긴다. 소고기를 익히는 동안 달걀을 따뜻하게 유지한다.

웍에 기름을 더 넣는다. 웍에 약 4큰술 정도의 기름이 있어야 한다. 기름이 뜨거워지면 마늘, 고추를 넣고 색이 나지 않도록 볶는다. 소고기를 넣고 알맞게 익을 때까지만 잠시 볶는다. 피시 소스와 설탕으로 간을 하되 너무 짜지 않도록 주의한다.

육수 또는 물을 붓고 잠시 끓인다. 팔팔 끓이거나 너무 장시간 끓이면 소고기가 질겨지고 수분이 과하게 증발하므로 주의한다. 충분한 양의 소스가 만들어져야 한다. 홀리 바질을 넣고 숨이 죽자마자 불에서 내린다. 맵고 짭조름하고 풍성한 맛이 나면서 바질의 알싸한 맛도 함께 느껴져야 한다.

접시 2개에 쌀밥을 듬뿍 담고 달걀프라이를 올린 다음 한 쪽에 피시 소스에 담근 고추 종지를 곁들인다.

2인분

껍질을 벗긴 마늘 4쪽
새눈고추 4~10개
소금 1자밤
식용유 3~4큰술
달걀 2개
굵직하게 다진 소고기 200g
피시 소스 약 2큰술
백설탕 넉넉한 1자밤
육수 또는 물 ¼컵
홀리 바질 잎 넉넉한 2줌
함께 차려낼 피시 소스에 담근 고추
　(아래 참조)

+ 피시 소스에 담근 고추

피시 소스 ¼컵
가늘게 채 썬 새눈고추 10~15개
얇게 썬 마늘 2쪽 – 선택 사항이나
　추천
라임 즙 1큰술 – 선택 사항
다진 고수 넉넉한 1자밤

피시 소스, 고추, 마늘을 그릇에 담아 섞어서 한쪽에 둔다. 시간이 좀 필요한데 실제로 하루 정도 숙성시키면 맛이 깊어지면서 부드러워진다. 미리 만들었으면 반드시 뚜껑을 덮어서 보관한다. 피시 소스가 증발했으면 그 양만큼의 물을 부어서 희석한다. 내기 직전에 라임 즙과 고수를 넣고 섞는다.

공심채를 곁들인
바삭한 돼지고기 볶음

STIR-FRIED CRISPY PORK WITH CHINESE BROCCOLI ■ PAT KANAA MUU GROP ■ ผัดคะน้าหมูกรอบ

2~3인분

공심채 작은 1다발
1cm 크기로 자른 구운 돼지고기 200g
연한 간장 약간
육수 또는 물 몇 큰술
백설탕 1자밤
다진 마늘 1큰술
소금 1자밤
식용유 2큰술
갈아놓은 백후추 1자밤

이 음식은 태국 요리의 목록에 그 이름을 올린 원형 그대로의 중국 요리다. 돼지고기에 들어 있는 소금과 기름은 공심채의 쌉쌀한 맛과 흙내를 잡아준다. 공심채가 어리면 껍질을 벗기지 않아도 된다. 채심이나 배추도 이와 같은 방식으로 요리할 수 있다.

구운 돼지고기는 대부분의 중국 바비큐 가게에 가면 쉽게 구할 수 있는데 황금색의 바삭한 껍질은 붉은 빛으로 물든 다른 바비큐 돼지고기와 뚜렷이 구분된다. 직접 만들어보고자 하는 사람들을 위해 이 책 286쪽에 그 레시피를 실어놓았다.

공심채를 깨끗하게 다듬어서 줄기를 3cm 길이로 자른다. 필요시 껍질을 벗긴다. 잎을 큼직하게 뜯거나 자른다.

준비된 공심채와 돼지고기를 굴소스, 간장, 육수, 물, 설탕과 함께 버무린다. 마늘을 소금과 함께 으스러트려서 다소 거친 페이스트로 만든다. 절구에 넣고 빻거나 칼로 곱게 다진다.

기름을 잘 먹인 웍을 달군 다음 식용유를 두른다. 엄청나게 뜨거워지면 마늘을 넣고 색이 변할 때까지 재빨리 저어 볶다가 버무려놓은 재료들을 넣고 공심채가 익을 때까지 몇 분간 센불로 볶는다.

후추를 뿌리고 쌀밥과 함께 차려낸다.

여주를 곁들인 돼지갈비 찜

PORK RIBS STEAMED WITH BITTER MELON ■ DTUM MARA SII KRONG MUU ■ ตุ๋นมะระขี้โครงหมู

3~4인분

손질해놓은 돼지갈비 300g
여주 1개
작은 크기의 말린 표고버섯 6~8개
깨끗하게 다듬은 고수 뿌리 4개
껍질을 벗긴 붉은 샬롯 3개
찜 그릇에 부을 끓는 물 또는 육수
황두장 소스 3큰술
연한 간장 2~4큰술
설탕 넉넉한 1자밤
다진 아시아 셀러리 2큰술
갈아놓은 백후추 넉넉한 1자밤
튀긴 마늘 1자밤
다진 고수 1작은술 - 선택 사항

'이중으로 찌기'는 느리게 익히는 중국식 조리법으로 음식에 약효 성분을 스며들게 할 때 주로 사용했다. 커다란 금속 찜통을 준비하자. 찜통에 넣을 그릇은 주의 깊게 골라야 한다. 모든 재료가 담길 정도로 깊고 커야 하고 육수가 그 모든 재료를 덮을 수 있어야 한다는 점도 명심해야 하며 무엇보다 찜통에 그릇이 들어갈 수 있어야 한다. 시작하기 전에 이러한 사항들을 점검하자.

당연히 정육업자가 여러분이 원하는 대로 갈비를 잘라주겠지만 그럴 수 없다 하더라도 걱정은 말자. 가정에서도 충분히 할 수 있다. 갈비 대신 삼겹살 또는 뒷다리 살을 사용해도 되고 깔끔하게 정리한 닭고기나 오리고기도 이 육수와 잘 어울린다.

여주는 소금으로 그 쓴맛을 줄인 다음 깨끗하게 헹궈내야 한다. 논리적으로는 울외 또는 동아, 박으로 대체할 수도 있지만 이들은 그 맛이 순해서 전 처리를 할 필요가 없다. 데쳐낸 죽순 채를 대신 사용해도 좋다.

돼지갈비를 2~3cm 크기의 조각으로 자른다. 차가운 물에 넣고 끓여서 데친 다음 잘 헹궈서 이물질을 제거하고 물기를 뺀다(길거리에서는 이렇게 하는 경우가 드물지만 육수는 확실히 맑아지면서 깨끗한 맛이 난다).

여주는 양끝을 잘라내고 길게 반으로 갈라서 반쪽당 3~4조각으로 자른다. 씨와 매우 쓴맛이 나는 하얀 속살을 긁어낸다. 여주 조각들을 소금으로 문질러서 쓴맛이 빠져나오도록 콜랜더에 밭쳐 20분 정도 그대로 둔 다음 잘 헹궈낸다. 쓴맛을 도저히 용납할 수 없는 사람들은 이 단계 이후 차가운 물에 넣고 끓여서 데쳐내면 된다.

표고버섯을 헹궈서 뜨거운 물에 약 10분간 담갔다가 질긴 줄기를 뜯어낸다.

절구에 고수 뿌리, 샬롯을 넣고 빻아서 입자가 고운 페이스트로 만든다.

돼지고기와 여주를 찜통에 들어갈 만한 크기의 커다란 그릇에 담는다. 돼지고기와 여주가 잠길 정도의 끓는 육수 또는 물을 붓고 고수와 샬롯 페이스트, 황두장 소스, 간장, 설탕, 소금을 섞어 넣는다. 그릇을 호일로 덮어서 찜통에 넣고 뚜껑을 덮는다. 1시간 30분 정도 찐다. 찜통에는 증기를 만들어낼 물이 가득 들어 있어야 한다. 돼지고기가 연해지면 거의 다 된 상태다. 짭조름하고 깊은 맛이 나면서도 깔끔하고 쌉쌀한 끝맛이 나야 한다.

백후추, 튀긴 마늘, 다진 고수를 약간씩 뿌린다. 원할 경우 쌀밥과 함께 차려낸다.

마늘과 후추로 맛을 낸 소프트 셸 크랩 튀김

DEEP-FRIED SOFT-SHELL CRABS WITH GARLIC AND BLACK PEPPER ■
BPUU NIM TORT PRIK THAI DAM ■ ปูนิ่มทอดพริกไทยดำ

살아 있는 소프트 셸 크랩을 파는 가게가 있는 시장은 극히 드물다. –취급 자체가 힘들다– 하지만 냉동 제품이라면 좀 더 쉽게 구할 수 있다. 둘 다 구하기 어렵다면 생선, 큰 새우, 오징어 또는 껍데기가 단단한 종류의 게도 사용할 수 있으니 걱정 말자.

　태국 마늘은 아린 맛이 덜하고 크기도 작다. 껍질은 얇고 속살은 연하면서 부드럽고 수분이 많다. 대부분의 서양 마늘은 톡 쏘는 매운 맛이 있는데 크기가 크고 껍질이 질겨서 과하게 단단한 부위는 걷어내고 사용해야 한다. 그러니 가급적 태국 마늘과 그 맛이 비슷한 햇마늘을 찾아서 사용하는 것이 좋다.

　스리라차 소스는 아시아 상점이라면 어디에서나 구할 수 있는 엄청나게 맛있는 칠리 소스로 마늘과 후추로 맛을 낸 튀김 요리에 기본적으로 곁들이는 양념이기도 하다.

게를 손질한다. 몸통 아래 위의 껍데기를 열어서 이파리처럼 생긴 아가미를 긁어낸다. 눈과 주둥이를 잘라내고 재빨리 헹군 다음 종이 타월로 닦아 물기를 제거한다.

절구에 고수 뿌리와 소금을 넣고 빻아서 페이스트로 만든다. 마늘을 넣고 약간 거친 페이스트 상태가 되도록 빻아준다. 제대로 빻아지지 않은 마늘 또는 질긴 껍질을 빼낸 다음 후추를 넣고 살짝 깨트려주면서 휘저어 섞는다.

넓은 볼에 밀가루와 소금 1자밤을 넣고 섞는다. 손질한 게에 밀가루를 묻히고 여분의 밀가루를 털어낸 다음 마늘과 후추 페이스트를 묻힌다.

크고 안정적인 웍 또는 넓고 바닥이 두꺼운 팬에 기름을 ⅓ 정도 높이까지 붓는다. 중고온의 화력으로 조리용 온도계가 180℃를 표시할 때까지 기름을 가열한다. 빵 조각 하나를 기름에 떨어뜨려 보면 온도를 알 수 있는데 10~15초 안에 빵이 갈변하면 충분히 가열된 것이다.

가열된 기름에 게를 넣고 고르게 익도록 몇 번씩 뒤집으면서 마늘이 노릇해질 때까지 3~4분간 튀긴다. 게가 제대로 익기 전에 마늘에서 타는 듯한 냄새가 나고 색이 너무 진해지면 재빨리 빼낸다. 다 튀겨진 게는 건져내어 종이 타월에 올려 기름을 뺀다.

다진 고수를 뿌리고 쌀밥, 스리라차 소스와 함께 차려낸다.

2인분

한 마리당 60g~75g 정도의 소프트 셸 크랩 4마리 – 냉동된 상태라면 해동해서.
깨끗하게 다듬어서 다진 고수 뿌리 6개
소금
껍질을 벗기지 않은 마늘 8쪽 – 약 3큰술
검은 통후추 1작은술
중력분 3~4큰술
튀김용 식용유
다진 고수 1큰술
함께 차려낼 스리라차 소스

고추 잼과 타이 바질로 맛을 낸 바지락 볶음

STIR-FRIED CLAMS WITH CHILLI JAM AND THAI BASIL ■ HOI LAAI PAT NAHM PRIK PAO ■ หอยลายผัดน้ำพริกเผา

3~4인분

작은 크기의 바지락 500g
식용유 1~2큰술
고추 잼 2~3큰술
뜯어놓은 카피르 라임 잎 2장
다듬어서 짓이긴 레몬그라스 1대 –
    선택 사항
백설탕 넉넉한 1자밤
피시 소스 1~2큰술
타이 바질 잎 넉넉한 1줌
얇게 썬 홍고추 또는 풋고추 1개,
    씨를 제거해도 무관

이 요리에는 작은 크기의 바지락을 사용하는 것이 가장 일반적이지만 백합, 가리비, 홍합, 새우, 생선으로도 만들 수 있다. 나는 바삭한 돼지고기 구이와 오징어를 고추 잼에 같이 볶아내는 조합을 좋아하지만 길거리에서는 좀처럼 만날 수 없는 음식이다.

바지락은 미리 손질해놓은 것을 구입할 수도 있지만 대개의 경우 하룻밤 정도 소금물에 담가 해감을 해줘야 한다.

대부분의 태국 사람들은 고추 잼을 사러 다양한 종류를 고를 수 있는 시장에 간다. 어떤 것은 엄청나게 매운데, 건새우를 넣고 만든 것과 그렇지 않은 것도 있다. 일반적으로 공산품 고추 잼의 경우 공산품 커리 페이스트보다 더 접하기 쉽지만 직접 만든 고추 잼은 요리에 깊이 있는 맛과 품격을 더해준다.

필요에 따라 바지락을 하룻밤 소금물에 담가 해감한다. 헹궈서 물기를 뺀다.

기름을 잘 먹인 웍에 식용유를 두르고 달군 다음 고추 잼을 넣는다. 바지락, 카피르 라임 잎, 레몬그라스를 넣고 섞어서 바지락이 벌어질 때까지만 끓이다가 설탕과 피시 소스로 간을 한다. 바지락이 너무 짜지지 않도록 주의한다. 바지락이 잘 벌어지지 않아서 시간이 더 필요한 경우에는 고추 잼이 눌어붙지 않도록 물 1~2큰술을 추가해야 할 수도 있다.

타이 바질과 고추를 넣고 섞어서 완성한다. 깊은 맛과 함께 기름기가 돌고 달콤하고 짭조름한 맛이 나면서 너무 맵지 않아야 한다.

쌀밥과 함께 차려낸다.

새우 페이스트와 돼지고기로 맛을 낸 새또 콩* 볶음

STIR-FRIED SADTOR BEANS WITH PRAWNS, SHRIMP PASTE AND PORK ■ GUNG PAT SADTOR ■ กุ้งผัดสะตอ

3~4인분

깨끗하게 다듬은 고수 뿌리 큰 것 1개
  또는 작은 것 2개
소금 1자밤
껍질을 벗긴 마늘 3쪽
새눈고추 5~10개
최상급 태국 새우 페이스트 가피
  1큰술
껍질을 깐 새또 콩 20개 또는 3cm
  길이로 자른 줄기콩, 깍지콩, 줄콩
  ½컵
중간 크기 이하의 껍데기를 벗기지
  않은 생새우 10마리
식용유 10큰술
매우 얇게 썰어 놓은 돼지 앞다리 살
  또는 등심 100g
육수 또는 물 3~4큰술
큼직하게 뜯어 놓은 카피르 라임 잎
  3~4장
백설탕 넉넉한 1자밤
라임 즙 또는 식초 적당량 – 선택 사항
피시 소스 1~2큰술

새또 콩은 껍질을 까면 누에콩과 비슷하게 생긴 연두색 콩이지만 특유의 톡 쏘는 맛으로 인해 누에콩과는 뚜렷하게 구분된다. 숙련된 요리사들은 이 콩을 끓는 물에 데친 다음 흐르는 찬물에 식혀서 강한 맛을 줄이고 연두색도 그대로 유지한다. 아시아 상점에 가면 가끔씩 구할 수도 있지만 쉽게 구할 수 있는 깍지콩이나 줄콩을 대신 사용해도 좋다.

이 요리에는 다소 거친 질감이 필요하므로 페이스트를 너무 곤죽이 되도록 빻으면 안 된다. 새우 대신 홍합과 가리비를 사용할 수 있으며 돼지고기 대신 닭고기를 사용해도 된다. 타이 바질 또는 고수를 넣어 완성하는 형태도 있다.

절구에 고수 뿌리와 소금을 넣고 빻아 페이스트로 만든다. 마늘, 고추를 넣고 계속 빻아서 다소 거친 페이스트로 만든 다음 새우 페이스트를 넣고 섞는다.

준비된 콩을 끓고 있는 소금물에 잠시 데쳐서 물기를 뺀 다음 흐르는 찬물에 식혀서 다시 물기를 뺀다. 새우는 꼬리를 남긴 채 껍데기를 벗기고 내장을 제거한다. 대가리도 붙여두면 더 먹음직스럽게 보이지만 나중에 먹을 때는 걸리적거린다.

기름을 잘 먹인 웍에 식용유를 붓고 서서히 달군 다음 페이스트를 넣고 향기로운 냄새가 날 때까지 볶는다. 새우, 돼지고기, 오징어, 콩을 넣고 모든 재료가 적당히 익을 때까지만 볶는다. 육수 또는 물을 부어 수분을 보충하고 카피르 라임 잎을 넣은 다음 설탕, 라임 즙 또는 식초, 피시 소스로 간을 한다. 풍성한 맛이 나면서 기름지고 맵고 짭쪼름해야 한다.

쌀밥과 함께 차려낸다.

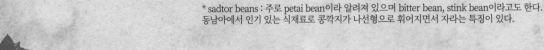

* sadtor beans : 주로 petai bean이라 알려져 있으며 bitter bean, stink bean이라고도 한다.
동남아에서 인기 있는 식재료로 콩깍지가 나선형으로 휘어지면서 자라는 특징이 있다.

맵고 새콤한 새우탕

HOT AND SOUR SOUP OF PRAWNS ■ DTOM YAM GUNG ■ ต้มยำกุ้ง

흔히 듣는 고전이라는 말은 그것이 제대로 만들어졌을 때에 비로소 가치가 있는 것이다. 이 고전 요리에는 그 어떤 크기의 새우라도 사용할 수 있다. 어떤 요리사는 새우 껍데기를 몇몇 향신료와 함께 물에 넣고 내장에서 빠져나온 기름이 표면에 뜰 때까지 끓인 다음 그 액상만 걸러 육수로 사용하기도 한다.

초고버섯은 태국에서 가장 흔하게 쓰이는 버섯이지만 아시아 이외의 지역에서는 날것으로 구하기가 쉽지 않다. 이런 경우엔 느타리버섯을 대신 사용하면 된다.

톰얌은 생선, 홍합, 닭고기 또는 돼지 뒷다리로 만드는 탕을 모두 일컫는 말이지만 생선이나 고기의 풍미가 강할수록 탕의 양념도 강해져야 한다. 이를 위해 일부 요리사들은 갈랑갈을 몇 조각 썰어 넣기도 한다. 짓이긴 새눈고추를 얼마나 넣을지 결정해야 하는 순간이 오면 제대로 된 맛과 변화를 주려는 용기 사이에서 결정하는 수밖에 없다.

탕에 고추 잼을 약간 넣어서 풍미를 내기도 하지만 대부분의 경우 탕을 맑고 깨끗하게 유지한다. 현대적으로 각색된 톰얌 중에서 나를 황당하게 만든 것 중 하나는 탕을 만들 때 우유를 넣는 것이다. 나는 톰얌의 새콤한 풍미에 깊이를 더하고 더 어우러진 맛이 날 수 있도록 타마린드 물을 넣곤 한다. 또한 전통에 얽매이기보다는 다소 과감하게 토마토를 넣어서 탕에 먹음직스러운 황금 색을 내기도 한다.

냄비에 육수를 붓고 끓을 때까지 가열해서 소금과 설탕으로 간을 한 다음 토마토와 말린 고추를 넣는다. 토마토가 갈라질 때까지 몇 분간 끓인다.

새우는 꼬리를 남긴 채 껍데기를 벗기고 내장을 제거한다. 대가리도 붙여두면 더 먹음직스럽 보이지만 나중에 먹을 때는 걸리적거린다.

절구에 레몬그라스, 라임 잎, 갈랑갈, 샬롯, 고수 뿌리, 녹색 새눈고추를 넣고 짓이겨서 끓고 있는 육수에 넣고 버섯을 자르거나 손으로 뜯어서 함께 넣는다. 버섯이 연해질 때까지 끓인 다음 새우와 타마린드 물을 넣는다. 새우가 익을 때까지 2~3분간 끓인다.

담아낼 그릇에 라임 즙과 피시 소스, 고추, 고춧가루, 고수를 섞어 담는다. 탕을 붓고 골고루 저어준다. 매운맛, 짠맛, 새콤한 맛이 비슷한 정도로 느껴져야 한다. 이에 따라 간을 맞추거나 기호에 맞게 간을 맞춘다.

쌀밥과 함께 차려낸다.

3~4인분

닭 육수 4컵
소금 넉넉한 1자밤
백설탕 1자밤
4등분해서 씨를 빼낸 큼직한 토마토
　1개 – 선택 사항
굵직하게 다진 말린 홍고추 1개
껍데기를 벗기지 않은 생새우
　8~12마리
다듬어놓은 레몬그라스 3~5대
큼직하게 뜯어놓은 카피르 라임 잎
　4~5장
얇게 썬 갈랑갈 2~3조각
껍질을 벗긴 붉은 샬롯 5개
깨끗하게 다듬은 고수 뿌리 4~5개
녹색 새눈고추 5~10개
깨끗하게 다듬은 초고버섯 또는
　느타리버섯 200g – 약 2컵
타마린드 물 1~2큰술 – 선택 사항
라임 즙 2~4큰술
피시 소스 1~2큰술
짓이긴 새눈고추 3~10개
구운 고춧가루 1자밤
다진 고수 1큰술

꽃부추로 맛을 낸 오징어 볶음

STIR-FRIED SQUID WITH FLOWERING GARLIC CHIVES ■ PLAA MEUK PAT GUI CHAI ■ ปลาหมึกผัดกุยช่าย

2인분

오징어 250g
꽃부추 1다발 - 약 125g
마늘 1~2쪽
소금 1자밤
식용유 1~2큰술
육수 또는 물 ¼컵
연한 간장 약 1큰술
백설탕 1자밤
갈아놓은 백후추 1자밤

깨끗한 풍미의 직관적인 요리다. 쪽파, 꽃부추가 없을 때는 깍지 완두 또는 다양한 아시아 채소로 대체할 수 있다. 내 생각에는 오징어에 붙어 있는 보라색의 표피를 남겨두면 더 돋보이는 요리가 될 듯하다.

여러분에게 아주 뜨거운 화력이 있다면 –내 말은 방콕 거리에 있는 웍 노점의 그것만큼 뜨거운 열을 낼 수 있는– 마늘을 넣기 전에 먼저 오징어를 강한 화력에 잠시 볶아야 한다. 이렇게 하면 마늘이 타지 않는다. 그저 보통의 화력이 있는 평범한 부엌이라면 여기에 있는 방식을 따르도록 하자.

먼저 오징어를 다듬는다. 몸통 안쪽에서 단단하고 투명한 뼈와 촉수를 조심스럽게 당겨내어 분리한다. 촉수에서 눈, 검은 부리를 제거하고 먹물 주머니가 붙어 있으면 역시 제거한다. 촉수에 거친 빨판이 붙어 있으면 긁어낸다. 오징어가 너무 작으면 촉수를 통째 남겨두고 그렇지 않은 경우에는 2~3조각으로 나누어 자른다.

몸통을 세로로 길게 갈라 흰색의 축축한 내장을 제거한다. 칼을 비스듬히 쥐고 몸통에 남아 있는 내장을 긁어낸 다음 몸통 가장자리의 너덜너덜한 부분을 정리한다. 오징어를 뒤집어서 귀를 떼어낸다. 보라색 표피가 아주 싱싱하고 온전하게 붙어 있으면 원할 경우 그대로 둔다. 그렇지 않을 경우에는 그냥 벗겨버린다.

이제 손질해놓은 오징어를 씻어서 물기를 제거한다. 오징어가 아주 클 경우에는 고르게 익도록 몸통에 칼집을 낸다. 오징어 몸통에서 내장을 제거한 안쪽이 위를 향하도록 도마에 놓고 칼을 비스듬하게 쥔 채 5mm 간격의 사선으로 칼집을 낸다. 이때 오징어를 완전히 자르지 않도록 주의한다. 나는 한쪽 방향으로만 칼집을 내는 편인데 꽤 많은 요리사가 다이아몬드 모양을 좋아하는 것으로 알고 있다. 여러분 역시 다이아몬드 모양을 선호한다면 오징어를 45도 각도로 돌려서 다시 칼집을 내면 된다. 칼집을 낸 다음 4cm x 3cm 크기의 사각형으로 자른다.

부추를 준비한다. 줄기 끝단의 질긴 부위를 다듬는다. 3~4cm 길이로 자른 다음 씻어서 물에 잠시 담가 흙먼지를 씻어내고 물기를 뺀다.

마늘을 소금과 함께 으스러트려서 입자가 거친 페이스트로 만든다. 절구에 넣고 빻거나 칼로 곱게 다져도 된다.

기름을 잘 먹인 웍을 달궈서 식용유를 두르고 잠시 가열했다가 마늘 페이스트와 오징어를 넣는다. 아주 뜨거운 상태에서 오징어가 거의 다 익을 때까지 30~60초 정도 볶는다. 부추를 넣고 숨이 죽을 때까지 볶는다. 웍은 아주 메마른 상태여야 하며 타는 냄새가 조금씩 나기 시작해야 한다. 필요 시 약간의 기름을 둘러줘도 된다. 육수 또는 물을 붓고 간장, 설탕, 후추로 간을 한다. 풍성하면서 짭조름하고 불 맛도 약간 나야 한다.

쌀밥과 함께 차려낸다.

마늘과 통후추를 넣은 생선튀김

DEEP-FRIED WHOLE FISH WITH GARLIC AND PEPPERCORNS ■
PLAA TORT GRATIAM PRIK THAI ■ ปลาทอดกระเทียมพริกไทย

2인분

내장을 제거하고 비늘을 벗긴 300g
　짜리 통 생선 1마리 – 도미, 적돔,
　농어, 강꼬치 고기 등
연한 간장 1~2큰술
백설탕 1자밤
깨끗하게 다듬은 고수 뿌리 3개
소금 넉넉한 1자밤
백 통후추 ½작은술
쪽으로 부숴놓은 커다란 통마늘 1개
튀김용 식용유
다진 고수 1큰술
함께 차려낼 스리라차 소스 또는 라임
　즙과 새눈고추를 넣은 피시 소스

마늘, 고수 뿌리, 소금, 후추의 조합은 커리, 탕, 샐러드 심지어 드물게는 디저트에 이르기까지 수많은 태국 요리에 사용되는 기본 양념이다. 특히 이 요리에서는 빼놓을 수 없는 가장 중요한 요소다. 태국 마늘은 서양에서 흔히 구할 수 있는 마늘에 비해 더 작고 아린 맛도 덜하다. 따라서 태국 사람들은 이 마늘을 양껏 사용한다. 좀 더 거친 서양 마늘을 빻으려면 먼저 단단한 심을 제거하거나 페이스트에 일부 남아 있는 껍질을 빼내야 할 수도 있다. 마늘이 과조리되지 않도록 해야 하는데 연갈색의 꿀과 같은 색이 날 정도여야 한다. 더 짙어지면 마늘이 타버릴 수도 있어서 그럴 경우 쓴맛이 나고 결국 요리 전체를 망치게 된다.

　다음 페이지에 보이는 생선은 큰 메기로 방콕을 관통해서 흐르는 차오 프라야 강에서 잡은 민물고기지만 대부분의 생선과 해산물 심지어 육류도 이 방식으로 요리할 수 있다. 아시아 슈퍼마켓에서 구할 수 있는 흔한 소스인 스리라차를 이 생선 요리와 함께 차려내곤 한다.

생선을 씻어서 종이 타월로 닦아 물기를 없앤다. 양면에 칼집을 2~3개씩 넣고 유리나 도자기 그릇에 담는다. 간장과 설탕을 넣고 몇 분간 그대로 재워둔다.

그동안 절구에 고수 뿌리와 소금, 통후추를 넣고 빻아 페이스트로 만든다. 마늘을 넣고 계속 빻아서 거친 페이스트로 만든 다음 남아 있는 껍질을 꺼내서 버린다. 간장에 재워둔 생선과 섞는다.

크고 안정감 있는 웍 또는 넓고 바닥이 두꺼운 팬에 튀김용 기름을 ⅔ 정도 높이까지 붓는다. 중고온의 화력으로 조리용 온도계가 180℃를 표시할 때까지 기름을 가열한다. 빵 조각 하나를 기름에 떨어트려보면 온도를 알 수 있는데 10~15초 안에 빵이 갈변하면 충분히 가열된 것이다.

생선과 마늘, 후추 페이스트를 기름에 넣고 마늘과 생선이 노릇하게 변하면서 바삭하게 익을 때까지 계속 저어주며 튀긴다. 종이 타월에 건져내어 기름을 뺀다. 생선의 크기에 따라 마늘을 좀 더 일찍 건져내야 할 수도 있다. 마늘이 타버리기 전에 재빨리 종이 타월에 건져내어 기름을 뺀다(식으면서 바삭해진다).

고수를 뿌리고 스리라차 소스 또는 라임 즙, 다진 고추로 양념한 피시 소스를 곁들여낸다.

삭힌 생선튀김

DEEP-FRIED FERMENTED FISH ■ PLAA SOM TORT ■ ปลาส้มทอด

태국에서는 통 생선과 생선살을 아주 맛있는 방식으로 다루는데 이와 같은 방식은 북동부 지역에서 전해진 것으로 알려져 있다. 대부분의 태국 시장에는 이 요리에 특화된 노점이 적어도 하나씩은 있고, 이런 노점들은 대체로 새우 페이스트 가피와 익히지 않은 발효 생선도 같이 판매하곤 한다.

이 요리를 상하지 않게 만들려면 다소 주의가 필요하다. 통 생선을 사용한다면 특히 위장이 터지지 않도록 주의하면서 신중하게 세척해야 한다. 월등한 풍미를 내려면 좋은 품질의 소금을 사용해야 하는데 생선이 절여지면서 질감도 바뀌어 쉽게 부스러진다. 생선을 튀기는 동안 부스러지지 않게 하려면 생선을 아주 차갑게 보관해야 한다. 태국 사람들이라면 이런 과정쯤은 신경도 쓰지 않을 테지만 생선을 차갑게 보관하면 살이 더 단단해져서 부스러지지 않는다.

찹쌀을 넉넉한 양의 물에 담가 하룻밤 불린다.

다음 날, 쌀을 건져 물기를 빼고 헹군 다음 찜통에 넣는다. 보통 생찹쌀 알갱이는 서로 들러붙기 때문에 구멍으로 빠지는 경우가 드물지만 좀 더 주의를 기울이려면 물에 적신 면포를 찜통 바닥에 깔아주면 된다. 찹쌀이 너무 높이 쌓이거나 너무 넓게 펼쳐지지 않도록 해야 고르게 익으며 찜통 아래에 담긴 물의 수위를 높게 유지해야 충분한 양의 증기를 만들어낼 수 있다. 찹쌀이 부드러워질 때까지 찐다(가장 깊숙한 곳에 있는 찹쌀 알갱이 몇 개로 확인해본다). 이 과정은 45분에서 1시간가량 걸린다. 찹쌀을 덜어내고 상온이 될 때까지 식힌 다음 헹궈서 물기를 뺀다.

통 생선 또는 생선살에 관통되지 않도록 주의해서 세 번 정도 칼집을 낸다. 물에 소금 1자밤을 녹여서 생선이 잠기도록 붓고 약 1시간 정도 담가둔다.

절구에 마늘과 갈랑갈, 남은 분량의 소금을 넣고 빻아 페이스트로 만든다. 찹쌀을 넣고 빻아 다소 거친 페이스트로 만들되 너무 심하게 빻으면 결착력이 과해져서 결국 못 쓰게 된다. 소금 간이 딱 맞는지 맛을 본다. 짜지도 싱겁지도 않아야 한다.

생선을 건져서 물기를 제거한다. 찹쌀 페이스트를 생선에 문질러 발라서 유리 또는 도자기 그릇에 담는다. 비닐 랩을 씌워 밀봉한 채로 문을 약간 열어둔 채 점화용 불씨만 남겨둔 오븐 속처럼 따뜻한 곳에 두고 절인다. 이 과정은 보통 하루를 살짝 넘긴다. 생선에서 뭔가가 확실히 발효된 듯한 향이 나야 한다. 이 과정까지 도달했으면 찹쌀 페이스트를 적당히 제거한 다음 생선을 깨끗한 보관 용기에 옮겨 담고 냉장고에 적어도 하루 정도 보관하되 3일을 넘기지 않도록 한다.

요리할 준비를 마쳤으면 크고 안정감 있는 웍 또는 넓고 바닥이 두꺼운 팬에 튀김용 기름을 ⅔ 정도 높이까지 붓는다. 중고온의 화력으로 조리용 온도계가 180℃를 표시할 때까지 기름을 가열한다. 빵 조각 하나를 기름에 떨어트려보면 온도를 알 수 있는데 10~15초 안에 빵이 갈변하면 충분히 가열된 것이다.

발효된 생선에 묻어 있는 찹쌀 페이스트를 붓으로 털어낸 다음 자주 뒤집어주면서 골고루 노릇하게 익을 때까지 튀긴다. 종이 타월에 건져서 기름을 뺀 다음 접시에 옮겨 담는다.

생선 위에 샬롯과 고추를 뿌리고 라임 웨지, 쌀밥을 곁들여낸다.

3인분

찹쌀 1컵
내장을 제거하고 깨끗하게 손질한 민물 농어, 강꼬치 고기 같은 민물 생선 150g x 3 또는 그 생선살 300g
천일염 5큰술
껍질을 벗긴 마늘 15쪽
얇게 썬 갈랑갈 3조각
튀김용 식용유
얇게 썬 붉은 샬롯 3큰술
새눈고추 5~10개
함께 차려낼 라임 웨지

생선 삭히기

생선을 쌀에 파묻어 발효시키면 생선살이 더 고소해지고 시큼한 맛이 난다. 이 맛은 꽤 중독성이 있다. 태국 사람들은 사진에 있는 잉어 같은 민물 생선만 사용하는데 태국 잉어는 사촌격인 서양 잉어보다 훨씬 더 맛있다. 태국 잉어를 구할 수 없을 테니 민물 농어나 강꼬치 고기를 추천한다.

고추와 라임 소스 생선찜

STEAMED FISH WITH CHILLI AND LIME SAUCE ■ PLAA NEUNG PRIK MANAO ■ ปลานึ่งพริกมะนาว

2~4인분

내장과 비늘을 제거한 생선 400g
    1마리 - 농어, 바라문디, 달고기,
    도미 등
바나나 잎 1장 - 선택 사항
함께 차려낼 다진 고수

고추와 라임 소스

깨끗하게 다듬은 고수 뿌리 1~2개
소금 1자밤
껍질을 벗긴 마늘 2~3쪽
새눈고추 3~5개 - 원할 경우 더 많아도
    무관
백설탕 1큰술
라임 즙 3~4큰술
피시 소스 1~2큰술

길거리 노점에서는 음식을 빨리 차려내기 위해 생선을 미리 알맞게 쪄놓는 경우가 흔하다. 그러나 가정에서라면 그때그때 쪄야 한다. 생선에 칼집을 내면 더 고르게 빨리 익힐 수 있다. 내장을 빼낸 자리에 레몬그라스 줄기, 판단 잎, 고수 뿌리를 채워 넣는 요리사들도 있다.

태국의 식객들은 생선을 완전히 익혀 먹는 것을 좋아해서 생선을 찔 때도 엄청나게 뜨거운 열기에 노출시킨다. 그러나 현대의 진보된 요리법에 따르자면 팔팔 끓는 물에서 뿜어져 나오는 증기는 생선살을 질기고 푸석푸석한 상태로 만들기에 부드러운 질감의 생선찜을 즐기려면 적당한 열기에 노출시키는 것이 좋다.

생선을 잘 씻어서 종이 타월로 닦아 물기를 제거한다. 칼로 생선의 양면에 칼집을 비스듬하게 3~4개씩 넣는다.

소스를 만든다. 절구에 고수 뿌리와 소금을 넣고 빻아 페이스트를 만든다. 마늘과 고추를 넣고 거친 페이스트가 되도록 다시 빻는다. 설탕, 라임 즙, 피시 소스로 간을 한다. 소스는 맵고 새콤하고 짭쪼름한 맛이 나면서 약간 달콤해야 하지만 기호에 따라 조절이 가능하다. 작은 그릇에 옮겨 담고 한쪽에 둔다.

바나나 잎 또는 내열 접시에 생선을 올리고 찜통에 넣고 약 15~20분간 찐다. 칼집을 낸 살에서 뼈까지 불투명하게 변해야 한다.

고추와 라임 소스를 생선에 끼얹고 다진 고수를 뿌려서 차려낸다.

여주 덩굴손 볶음

STIR-FRIED BITTER MELON TENDRILS ■ PAT PAK MAEW ■ ผัดผักแม้ว

<u>3~4인분</u>

여주 덩굴손 400g – 약 4~5컵
마늘 1~2쪽
소금 1자밤
빨간 새눈고추 2~3개 – 녹색도 가능
　하지만 덜 맵게 보일 수도 있다.
식용유 1큰술
육수 또는 물 몇 큰술
연한 간장 1큰술
백설탕 1자밤
갈아놓은 백후추 1자밤

이 요리는 공심채, 채심, 시암 물냉이와 완두콩 순 등을 비롯한 그 어떤 아시아 채소로도 만들 수 있는 아주 간단한 것이다.

　이 요리에 가장 잘 어울리는 간장은 연한 태국 간장인데 맛이 좋고 연한 갈색이면서 염도가 높지 않은 것이 특징이다. 이 간장을 구할 수 없을 경우에는 일반 간장에 물을 약간 넣어 희석해서 사용하면 된다.

　길거리 요리사들은 껍질이 얇아서 벗길 필요 없이 그대로 먹을 수 있는 태국 마늘을 사용하는데 햇마늘과 비슷하다. 일반 마늘을 사용한다면 껍질을 벗기는 것이 좋다.

여주 덩굴손을 손질한다. 질긴 줄기 끝단을 잘라내고 잔 잎을 정리한다. 씻어서 물기를 제거한 다음 4cm 정도 길이로 자른다.

마늘을 소금과 함께 으스러트려서 다소 거친 페이스트로 만든다. 절구에 넣고 빻거나 칼로 곱게 다져도 된다. 고추를 칼 옆면이나 절구로 짓이긴다.

마늘, 고추, 여주 덩굴손을 버무린다.

기름을 잘 먹인 웍을 아주 뜨겁게 달군 다음 식용유를 두르고 채소를 넣어 살짝 부드러워질 때까지만 몇 분간 잠시 볶는다. 타지 않도록 주의한다. 육수 또는 물로 수분을 보탠 다음 간장, 설탕, 후추로 간을 한다.

쌀밥과 함께 차려낸다.

염장 돼지갈비 튀김

DEEP-FRIED CURED PORK RIBS ■ NAEM SII KRONG MUU TORT ■ แหนมซี่หมูโครงทอด

2~3인분

찹쌀 ½컵
2cm 크기로 자른 돼지갈비 500g
껍질을 벗긴 마늘 3~4쪽
소금 1큰술
바나나 잎 – 선택 사항
튀김용 식용유
으스러트린 마늘 2~3큰술
고수 한 줌
함께 차려낼 잘게 채 썬 생강, 얇게 썬
　　붉은 샬롯, 볶은 땅콩, 새눈고추 –
　　선택 사항

이것은 맛있고 중독성 있는 요리다. 준비하는 데 시간이 좀 걸리긴 하지만 과정은 꽤 쉽고 결과물은 입술까지 핥아먹을 정도로 맛있어서 양을 두 배로 늘리게 될지도 모른다.

　이 요리에 가장 적합한 돼지 부위는 연골이 부드럽고 고기에 단맛이 나는 갈비 맨 윗부분이다. 이 부위는 중국인이 운영하는 정육점에서라면 더 쉽게 구할 수 있겠지만 구할 수 없을 경우에는 정육점 주인에게 갈비를 작은 조각으로 잘라달라고 요청하면 된다. 삼겹살도 가능한데 지방이 너무 많지 않은 것을 찾아야 한다. 전통적으로 돼지고기는 바나나 잎에 싸서 염장했는데 이제는 비닐 봉지가 그 자리를 차지했다. 나는 전통을 존중하는 의미로 플라스틱 포장 용기에 바나나 잎 조각을 깔아서 사용하곤 한다.

　돼지고기를 튀길 때는 마늘이 타지 않도록 적절한 화력에서 튀겨야 하며 기름을 뺀 다음 약간 식혔다가 먹는다. 당연히 한 손에는 맥주를 들고서. 완벽한 조합이 아닌가.

찹쌀을 넉넉한 양의 물에 담가 하룻밤 불린다.

다음 날, 찹쌀을 건져 물기를 빼고 헹군 다음 찜통에 넣는다. 보통 생찹쌀 알갱이는 서로 들러붙기 때문에 구멍으로 빠지는 경우는 드물지만 좀 더 주의를 기울이려면 물에 적신 면포를 찜통 바닥에 깔아주면 된다. 쌀이 너무 높이 쌓이거나 너무 넓게 펼쳐지지 않도록 해야 쌀이 고르게 익으며 찜통 아래에 담긴 물의 수위를 높게 유지해야 충분한 양의 증기를 만들어낼 수 있다. 찹쌀이 부드러워질 때까지 찐다(가장 깊숙한 곳에 있는 찹쌀 알갱이 몇 개로 확인해본다). 이 과정은 25분에서 35분가량 걸린다. 찹쌀을 덜어내고 상온이 될 때까지 식힌 다음 헹궈서 물기를 뺀다.

돼지갈비를 씻어서 물기를 제거한다. 절구에 마늘과 소금을 넣고 빻아 페이스트로 만든다. 찹쌀을 넣고 빻아 다소 거친 페이스트로 만들되 너무 심하게 빻으면 결착력이 과해져서 결국 못 쓰게 된다.

찹쌀 페이스트와 돼지갈비를 버무려서 바나나 잎으로 단단히 감싸거나 밀폐 용기에 담아 염장한다. 돼지고기가 상했다는 표시인 기포가 생기지 않아야 한다. 염장은 상온에서 보통 2~5일이 걸린다. 여기서 상온은 태국의 기온을 말한다. 서늘한 날씨라면 햇볕이 내리쬐는 따뜻한 곳에 두거나 문을 약간 열어둔 채 점화용 불씨만 남겨둔 오븐 속에 넣어두어도 된다. 너무 따뜻하면 이틀 뒤에, 서늘하면 사흘 뒤에 확인해본다. 수분이 많이 빠져나와 있을 것이므로 흘리지 않도록 주의한다. 깔끔하면서도 시큼한 향이 나야 한다. 이런 향이 나지 않으면 하루 더 발효시킨다. 발효가 길어질수록 향은 더 강해진다. 꺼림칙한 냄새가 나면 버린다.

돼지고기 염장이 성공하면 강한 향을 내뿜으면서 촉촉하면서 탄탄하고 시큼한 상태가 된다. 제대로 된 것 같으면 한 조각을 완전히 익을 때까지 튀겨본다. 깊은 풍미와 함께 군침 도는 시큼한 맛이 나야 한다.

이 단계가 되면 염장 돼지고기를 냉장고에서 일주일 이상 보관할 수 있다(실제로 튀기기 전에 차갑게 보관하는 것이 좋다). 안전을 기하기 위해 요리하기 직전에 다시 한 번 튀겨서 확인해본다.

다음 페이지에 계속 >

요리 준비가 완료되면 돼지고기에 묻어 있는 찹쌀 페이스트 외에 나머지 불순물을 깨끗하게 닦아 낸다. 크고 안정감 있는 웍 또는 넓고 바닥이 두꺼운 팬에 튀김용 기름을 ⅔ 정도 높이까지 붓는다. 중고온의 화력으로 조리용 온도계가 180℃를 표시할 때까지 기름을 가열한다. 빵 조각 하나를 기름에 떨어트려보면 온도를 알 수 있는데 10~15초 안에 빵이 갈변하면 충분히 가열된 것이다. 돼지고기를 튀긴다. 돼지고기가 거의 다 익었을 때쯤 으스러트린 마늘을 넣는다. 돼지고기와 마늘이 노릇하게 익을 때까지 튀긴 다음 종이 타월에 건져 기름을 뺀다.

고수를 뿌려서 낸다. 이 요리는 잘게 채 썬 생강, 얇게 썬 샬롯, 볶은 땅콩, 다진 새눈고추와 잘 어울린다. 쌀밥은 선택이지만 내 생각에 맥주는 필수다!

두부, 파래, 돼지고기 완자탕

BEAN CURD, SEAWEED AND PORK DUMPLING SOUP ■
DTOM JEUT DTAO HUU SAARAAI ■ ต้มจืดเต้าหู้สาหร่าย

이 요리는 바다 상추라고도 불리는 파래인 울바 락투카Ulva lactuca, 즉 말린 녹색 해조류의 깊고 이끼 같은 맛이 우러난 탕이다. 파래는 중국 식품점에 가면 쉽게 구할 수 있다. 탕에 얌전히 담겨 있는 멋진 모양새의 연두부는 누구라도 좋아할 만하고 나는 여기에다 육류보다는 작은 생새우 또는 건새우 한 줌이나 약간의 게살을 추가하면 더 재미있는 식감을 연출하리라 생각하곤 한다.

먼저 돼지고기, 간장, 설탕, 후추를 섞는다. 잘 버무린 다음 간이 된 고기를 뭉쳐서 그릇 바닥에 몇 번 반복해서 내리친다. 이렇게 하면 돼지고기에 있는 단백질이 더 탄탄해진다.

육수를 끓을 때까지 가열한 다음 소금, 간장, 설탕으로 간을 한다. 양념한 돼지고기를 작은 완자 모양으로 만들어 육수에 넣는다. 잠시 끓이다가 연두부를 넣고 약간만 쪼갠다. 마지막으로 파래를 넣고 물러질 때까지 잠시 끓인다.

불에서 내린 다음 1분 정도 그대로 둔다. 간을 본다. 짭쪼름하고 고소하고 해조류의 미네랄 맛도 살짝 나야 한다. 그릇에 국자로 떠서 담고 쪽파, 백후추, 튀긴 마늘, 고수 잎을 뿌린다.

쌀밥과 함께 차려낸다.

4인분

연한 닭 육수 또는 돼지 육수 4컵
소금 1자밤
연한 간장 2~3큰술
백설탕 1자밤
연두부 150g
뜯어서 조각낸 말린 파래 2장 – 약 30g
다진 쪽파(대파) 2큰술
갈아놓은 백후추 1자밤
튀긴 마늘 1작은술(333쪽 참조)
고수 잎 넉넉한 1자밤

완자

갈아놓은 돼지고기 100g
연한 간장 1~2큰술
백설탕 1자밤
갈아놓은 백후추 1자밤

ชุมชนจีน
차이나타운

CHINATOWN

1782년 방콕이 타이 왕국의 수도가 되기 전까지 이곳은 주로 중국 상인과 시장의 원예업자들이 거주하던 과수원으로 둘러싸인 마을이었다. 방콕이 수도가 되면서 중국인들이 정착한 곳은 가장 길한 곳으로 여겨졌고(방어가 용이한 지역인 것만은 확실했다), 그 결과 중국인들은 삼펭sampeng이라는 남쪽의 습지로 이주하게 되었다. 그리고 이곳은 오늘날에도 하루가 다르게 변화하고 있는 곳이다.

중국인들의 수가 늘어나면서 이들은 차이나타운 경계를 벗어나 점차 그 주변지역으로 거주지를 넓혀나갔으며 이후 방콕 전 지역과 그 너머의 중앙 평원, 나아가 더 멀리 떨어진 시골까지 그 세를 넓혀나갔다. 융합된 문화와 변화된 풍습은 결과적으로 태국인들의 식문화에 심대한 영향을 끼쳤다. 국수와 쌀 콘지(죽), 돼지고기와 오리고기, 생선 완자와 황두장이 방콕 식단에 등장했으며 곧장 일상식으로 자리잡았다.

이러한 식문화에서 가장 두드러진 차이점 중 하나는 중국인들의 경우 집 밖에서 자주 끼니를 해결한다는 것이었다. 중국에서 전해진 풍습과는 달리 태국인들은 주로 집에서 음식을 만들어 먹었다. 자신들의 풍습에 부응하기 위해 일부 중국인들과 그 후손들은 인근의 제분소나 부두의 노동자들이 바로 먹을 수 있거나 간단히 조리할 수 있는 음식을 만들어 팔기 시작했다. 이들은 대나무 장대에 대나무 바구니를 달아 음식을 날랐다. 국수, 죽, 완전히 조리된 간식거리들도 예외가 아니었다.

눈여겨볼 또다른 차이점이 있다면 이들 음식의 대부분을 중국인들의 방식, 즉 오목한 숟가락과 젓가락으로 먹었다는 점이었다. 이후 행상인들이 몇몇 가게를 열었고 그 가게들이 성공하면서 이들이 취급하는 요리들은 푹 익힌 족발, 오리구이, 채소국, 또한 여러 가지 국수를 포함한 다양한 요리로 넓혀져 나갔다.

방콕 차이나타운의 특징이라면 하루에도 여러 번 다른 모습으로 탈바꿈한다는 점이다. 이른 아침과 한낮에는 아주 분주해서 일하고, 배달하고, 장사를 준비하는 상인으로 북적거린다. 동이 트기도 전에 문을 여는 시장은 상품과 음식을 구매하려는 사람들로 가득 찬다. 노점은 말린 향신료, 차, 다양한 종류의 두부, 해파리와 해초, 오리구이와 돼지구이, 잎 채소와 박 속처럼 태국 사람들은 좀처럼 취급하지 않는 중국 식재료들로 차고 넘친다. 커피 가게와 찻집은 신문을 읽고 뉴스에 관해 의견을 나누거나 잡담을 하고 음료 한 모금에 느긋한 시간을 보내는 남자들로 만석이다. 그런 시간이 흐른 후 하나둘 여러 가게들이 문을 열면서 차이나타운은 특히 금을 찾는 손님들로 북새통을 이룬다. 더 아래쪽 작은 거리에는 믿기지 않을 정도로 많은 수의 엔진 가게들이 자리잡고 있다.

밤이 되면 여러 길목들은 환하게 불밝힌 음식 노점들이 줄을 짓고 웨이터들은 호객하느라 분주하다. 이들은 생선찜, 게 튀김, 튀긴 빵과 함께 제공되는 돼지고기 다짐육 또는 생선으로 맛을 낸 쌀죽, 맑은 돼지탕, 향신채를 곁들인 내장 요리 또는 두부와 해조류, 그리고 단품으로 내거나 밥 또는 국수 위에 올려서 내는 돼지구이와 오리구이 등으로 손님들을 유혹한다.

중국 상인들은 네온 불빛 아래 그 어디에나 있다. 그들은 거리에서 런닝 셔츠차림으로 음식을 만들고 노점을 하며 살아간다.

팔각 향 돼지 족발

PORK HOCKS BRAISED WITH STAR ANISE ■ KHAA MUU PARLOW ■ ขาหมูพะโล้

4~5인분

깨끗하게 다듬어서 다진 고수 뿌리 4개
소금 넉넉한 1자밤
껍질을 벗긴 마늘 3~4쪽
백 통후추 8~10알
식용유 약 2큰술
오향 가루 수북이 1큰술
얇게 깎은 팜슈거 2큰술
피시 소스 2~3큰술
육수 또는 물 6컵
굴 소스 2큰술 – 선택 사항
750g~1kg 정도의 돼지 족 1개
껍질을 그대로 둔 채 짓이긴 작은
　크기의 통마늘 또는 마늘 몇 쪽 –
　선택 사항
짓이겨놓은 2cm 크기의 생강 1조각 –
　선택 사항
공심채 1다발 – 약 200g
다진 고수와 갈아놓은 백후추

소스

황고추 또는 홍고추 1~2개, 씨를
　제거해도 무관
소금 1작은술
껍질을 벗긴 마늘 2~3쪽
얇게 썬 갈랑갈 1~2조각 – 선택 사항
식초 ½컵

시장과 길거리에는 제대로 만든 이 중국 요리가 멋진 놋쇠 웍에 담긴 채 진열되어 있다. 통통하게 생긴 누런 색의 족발이 망 아래에 매달려 주문을 기다리는 동안 진한 풍미의 짙은 색 육수가 보글보글 끓으면서 그 향을 내뿜는다. 마호가니 색으로 물든 고기 주위로는 데쳐낸 공심채가 적당히 둘러질 것이다.

　이 요리에 태국식 이름을 지어준 장본인은 중국 남부에서 온 차오저우(潮州) 이민자들이었는데(팔로우parlow는 차오저우 말로 오향을 뜻한다) 이제 이들은 태국 내에서 가장 큰 중국인 연합이 되었다. 이러한 방식의 조리법은 고기를 졸이면 나타나는 짙은 색의 매혹적인 윤기 때문에 홍소(red-braising)라고도 한다.

　이 요리는 다양하게 변형되었는데, 어떤 노점에서는 졸인 족발에다 데친 공심채만 곁들여서 내기도 하고 또 다른 곳에서는 땅콩이나 절인 겨자 잎을, 또 다른 곳에서는 조리 시에 삶은 달걀 몇 개 또는 두부 한두 모를 넣기도 한다. 하지만 이 모두는 손쉽게 구할 수 있거나(하지만 오래된 것일 수도 있다) 직접 만들어 사용할 수 있는 팔로우 또는 오향 가루를 기본 재료로 사용한다.

　돼지 족은 보통 털을 없앤 상태로 판매하지만 남아 있는 털이 보인다면 태워 없애야 한다. 집게로 돼지 족을 단단히 쥔 채, 불 위로 서너 번 통과시켜서 그슬린 털을 제거한 다음 깨끗하게 씻는다. 나는 주로 물이 차가울 때 돼지 족을 넣고 1~2번 데쳐내는 편이다. 이런 방법은 확실히 노점식이 아니지만 돼지고기의 이물질이 제거되어 육수도 기가 막힐 정도로 맑게 나온다.

　오향 돼지고기는 항상 쌀밥과 함께 차려내는데, 대개의 경우 돼지고기의 강한 풍미에 물리지 않도록 약간의 고추와 식초 소스를 근처에 놓아둔다. 이 소스는 즉시 만들어 사용할 수 있지만 시간이 지나면 맛이 더 좋아진다. 밀폐 용기에 넣어 보관한다. 태국에서는 상온에 내버려두지만(이렇게 보관하면 맛이 빨리 순해진다) 3일 이상 두고 먹을 생각이라면 냉장 보관하는 것이 좋다.

절구에 고수 뿌리와 소금, 마늘, 통후추를 넣고 빻아 페이스트로 만든다. 커다란 냄비에 기름을 두르고 가열한 다음 페이스트를 넣고 약간 노릇해지면서 향기로운 냄새가 날 때까지 볶는다. 오향 가루를 넣고 잠시 뒤에 설탕과 피시 소스로 간을 한 다음 좀 더 볶다가 육수 또는 물, 굴 소스를 넣는다. 끓을 때까지 가열한 다음 돼지고기를 넣고 부유물을 계속 걷어주면서 1시간 정도 또는 고기가 연해질 때까지 끓인다. 고기를 눌러서 확인해보는데 뼈에서 고기가 떨어져나올 때까지 너무 오래 익히면 안 된다. 불에서 내린다. 냄비에 짓이긴 마늘과 생강을 넣고 풍미가 배어들도록 30분 정도 그대로 둔다.

그동안 소스를 만든다. 절구에 고추와 소금, 마늘, 갈랑갈을 넣고 빻아서 아주 고운 페이스트로 만든다. 식초로 수분을 조절한다. 새콤하고 짭쪼름하고 매워야 한다.

공심채를 준비한다. 줄기 하단의 질긴 부분을 다듬어 내고 4cm 길이로 잘라서 깨끗하게 씻은 다음 물기를 뺀다. 냄비에 소금물을 붓고 끓여서 공심채를 넣고 줄기의 굵기에 따라 30~60초간 데친다. 건져서 차가운 물에 담가 식힌다. 냄비에 남아 있는 물을 그대로 계속 끓인다.

다음 페이지에 계속 >

차려낼 준비가 되면 졸인 돼지고기를 적당히 데운다. 아주 뜨겁지 않아도 된다. 돼지 족을 꺼내어 고기와 껍데기가 최대한 많이 붙어 있도록 뼈에서 떼어낸다. 큼직하게 3~4조각으로 분리되면 가장 좋다. 각 조각들을 결을 가로질러서 아주 얇게 썰어준다.

국자로 조리액을 떠서 각각의 그릇에 담고 그 위에 썰어놓은 돼지고기를 담는다. 공심채를 끓는 물에 넣어 데운 다음 재빨리 건져서 물기를 빼고 돼지고기 주위로 가지런히 놓는다.

다진 고수와 후추를 뿌리고 푸짐하게 담은 쌀밥과 소스를 곁들여낸다.

새우 당면

PRAWNS WITH GLASS NOODLES ■ GUNG OP WUN SEN ■ กุ้งอบวุ้นเส้น

단순하지만 무척이나 맛있는, 마치 비단결 같은 같은 이 요리는 국수와 쌀밥을 함께 먹을 수 있는 몇 되지 않는 음식 가운데 하나다. 국수에 돼지 등 지방을 넣으면 풍성한 부드러움을 느낄 수 있는데 이 국수만의 매력이기도 하다. 새우는 이 요리에 가장 잘 어울리는 해산물로, 차선책으로는 작은 머드 크랩을 몇 조각으로 잘라서 사용할 수도 있지만 조리 시간이 조금 더 길어진다.

　이 국수는 전통적으로 투박하게 생긴 토기 냄비로 조리했으며 이 냄비는 지금도 가끔씩 보이기는 하지만 묵직한 알루미늄 냄비를 사용하는 것이 일반적이다. 아시아 상점에 가면 비슷하게 생긴 옹기 냄비를 구할 수 있지만 냄비와 그 뚜껑은 불에 올렸을 때 깨지지 않도록 사용하기 몇 시간 전에 반드시 물에 담가두어야 한다. 길거리에서는 비슷한 모양의 금속 냄비를 사용하는 것이 일반적이다. 알루미늄 재질의 냄비는 깨지지 않는다는 점에서 더 실용적이긴 하지만 쉽게 변색되기 때문에 오래 사용해서 얼룩덜룩한 흔적이 남아 있는 옹기 냄비가 더 매력적으로 보이는 이유이기도 하다. 어떤 용기를 사용하든 이 요리는 일단 뜨겁게 달군 냄비로 시작해서 뭉근하게 끓여서 익혀야 한다. 그렇기에 냄비를 간이 오븐 형태로 변형해서 사용하는 노점도 있을 정도다.

　당면은 녹두 가루로 만드는데 광이 나는 실 가닥처럼 생겼다. 건조된 상태에서는 매우 질기지만 15분 정도만 물에 담가 불리면 훨씬 부드럽고 다루기도 쉬워진다. 당면은 보통 작은 다발로 포장해서 판매하며 아시아 식품점에서 쉽게 구할 수 있다. 내가 무척이나 좋아하는 면류 중 하나다.

새우를 씻어서 물기를 뺀 다음 꼬리는 그대로 남긴 채 껍질을 벗기고 내장을 제거한다. 대가리를 남겨두면 당면에 깊은 풍미가 스며들고 더 먹음직스럽게 보인다.

당면이 부드러워지도록 따뜻한 물에 15분 정도 담가둔다. 물기를 빼고 가위로 적당히 자른다. 보통 7cm 정도가 적당하다.

오븐을 200℃로 예열해서 냄비를 넣고 10분간 데운다.

그동안 돼지 등 지방을 3cm x 1cm 크기로 얇게 자른다.

절구에 고수 뿌리와 마늘, 굵직하게 부순 통후추를 넣고 짓이긴다.

작은 냄비에 육수를 붓고 가열한 다음 굴 소스, 연한 간장, 설탕을 넣고 섞는다.

오븐에서 뜨겁게 달궈진 냄비를 조심하며 꺼내어 약불에 올린다. 썰어놓은 돼지 지방을 냄비 바닥에 깔고 그 위에 당면을 올린 다음 그 위에 고수 뿌리, 마늘, 통후추를 뿌린다. 간을 한 육수를 당면에 붓고 그 위에 새우를 올려놓는다. 모든 재료들이 고르게 깔리도록 잘 섞는다. 화력을 강하게 올려서 재빨리 끓인 다음 뚜껑을 덮고 오븐에 넣어 10분간 익힌다. 완성된 요리는 수분이 없고 새우는 당연히 잘 익어서 예쁜 붉은색이어야 한다.

후추와 고수 잎을 뿌려서 차려낸다.

3~4인분

커다란 생새우 6~8마리
　약 400~500g
건조 당면 150g
돼지 등 지방 50g
깨끗하게 다듬은 고수 뿌리 4개
껍질을 벗긴 마늘 3쪽
백 통후추 10알
연한 육수 1컵
굴 소스 2큰술
백설탕 1작은술
갈아놓은 백후추와 고수 잎

바삭한 삼겹살 튀김

CRISPY PORK BELLY ■ MUU GROP ■ หมูกรอบ

약 200g 분량

삼겹살 250g
식초 2작은술
소금 1작은술
튀김용 식용유

기포가 뒤덮인 바삭한 껍질로 인해 길거리 노점 여기저기에 걸린 채 한 입 뜯어달라며 손님을 유혹하고 있는 이 돼지고기는 한층 더 매혹적으로 보인다. 이 요리는 준비하기에 아주 간편하긴 하나 돼지고기가 뜨거운 기름 속에서 바삭한 껍질 층을 만들어내려면 소금과 식초를 모두 흡수해야 하므로 다소 시간이 필요하다. 튀길 때는 무조건 조심해야 하며 -팡팡 터진다- 튀긴 후에는 충분히 식혀야 한다.

단품으로 낼 때는 대개의 경우 썰어서 밥 위에 올리고 고추, 간장 소스(293쪽 참조) 한 종지를 곁들인다. 하지만 다양하게 응용할 수도 있어서 아스파라거스, 배추, 줄콩, 깍지 완두콩, 그중에서도 공심채 같은 아시아 채소와 함께 볶아내기도 하며(242쪽 참조) 가끔씩 국수 요리에 불쑥 등장하기도 한다. 이 맛있는 돼지고기라면 그 어떤 요리에서 만나게 되더라도 무조건 환영이다.

삼겹살을 다듬어서 만졌을 때 연하면서도 살짝 탄성이 느껴질 때까지 끓는 물에 삶는다. 약 15분 정도 걸린다. 건져서 물기를 빼고 말린 다음 3cm 크기의 2~3조각으로 자른다. 식초와 소금을 섞어서 돼지고기 껍데기에 문질러 바른다. 망에 올려 바람이 잘 통하는 따뜻한 곳에 두고 약 3시간 정도 말린다.

크고 안정감 있는 웍 또는 넓고 바닥이 두꺼운 팬에 튀김용 기름을 ⅔ 정도 높이까지 붓는다. 중고온의 화력으로 조리용 온도계가 180℃를 표시할 때까지 기름을 가열한다. 빵 조각 하나를 기름에 떨어트려보면 온도를 알 수 있는데 10~15초 안에 빵이 갈변하면 충분히 가열된 것이다.

껍데기가 바삭해지면서 기포가 생길 때까지 중불로 자주 뒤집어주면서 튀긴다. 기름이 가볍게 튀다가 온 집안을 태울 듯 폭발적으로 비산할 수 있으니 극도로 조심하자. 다 튀겨졌으면 건져서 망에 올려 기름을 뺀다. 충분히 식혀서 썰어낸다.

닭고기와 오징어를 넣은 볶음 쌀국수

FRIED CHICKEN AND SQUID RICE NOODLES ■ GUAY TIO KUA GAI ■ ก๋วยเตี๋ยวคั่วไก่

2인분

기호에 따라 껍질이 있거나 없는
    닭 가슴살 100g
연한 간장 약간, 추가 2큰술
껍질을 벗긴 마늘 1쪽
소금 1자밤
식용유 3큰술
내장을 빼내고 가늘게 채 썬 오징어
    절임 또는 생오징어나 한치 75g
갈아놓은 백후추
씻어서 물기를 뺀 배추 절임
    (dtang chai) 1~2작은술
다진 쪽파 수북이 2큰술
다진 아시아 셀러리 수북이 2큰술 –
    선택 사항
넓은 쌀국수 생면 250g
진한 간장 1~2작은술
백설탕 넉넉한 1자밤
달걀, 가급적 오리알 2개
눌러 담지 않은, 매우 큼직하게
    썰어놓은 줄기 상추 1컵
튀긴 마늘 1자밤
다진 고수 1~2큰술
함께 차려낼 스리라차 소스

이 요리는 방콕 스타일의 국수로 지난 30년간 그 인기가 계속 치솟았다. 면은 덖거나 거의 굽다시피 해서(태국 말로 '쿠아ᵏᵘᵃ') 거뭇거뭇하게 그을려져 있으며 불 맛이 난다. 이 과정에서 웍에 기름이 너무 많으면 면이 쪼그라들면서 울퉁불퉁하게 변하고 서로 엉겨 붙는다.

이 요리에는 상온에 둔 생면을 사용하면 가장 좋은데 면을 냉장고에 보관했을 경우에는 잠시만 쪄서 부드럽게 만든 다음 식혀서 사용하면 된다. 건면은 이 요리에 맞지 않다.

오징어 절임은 태국 시장 어디에서나 쉽게 구할 수 있는데 전 세계에 퍼져 있는 차이나타운에서도 종종 보인다. 오징어를 연한 산성 용액에 하루 이틀 담가서 만드는데 이 기간 동안 오징어가 퍼지면서 씹는 맛이 좋아진다. 그 후에 절여진 오징어를 씻어서 화학 잔여물을 헹궈낸다. 얼리지 않은 것을 사더라도 보관이 쉽지 않아서 냉동했다가 필요한 만큼 녹여서 사용해야 한다. 생오징어 또는 한치는 손쉬운 천연 대용품이라 할 수 있다. 물론 깨끗하게 손질해야 하지만 보라색 표피는 벗기지 않는 편이 더 먹음직스럽게 보인다.

스리라차 소스는 아시아 식료품점에서 구할 수 있는 아주 맛있는 칠리 소스다.

닭고기는 얇게 썰어서 연한 간장을 조금 뿌려 잠시 재운다. 마늘을 소금과 함께 으스러트려 다소 거친 페이스트로 만든다. 절구에 넣고 빻거나 칼로 곱게 다져도 된다.

웍을 달궈서 식용유 2큰술을 두른다. 닭고기와 오징어 절임을 넣고 거의 다 익어서 노릇한 색이 날 때까지 살짝 볶는다. 마늘 페이스트, 백후추 1자밤, 배추 절임 그리고 쪽파와 아시아 셀러리를 각각 1큰술씩 넣는다. 이때쯤이면 기름이 거의 다 흡수되어야 한다. 남아 있는 기름은 모두 없앤다.

쌀국수 가닥들을 떼어서 웍에 담긴 재료와 웍 표면 위로 고르게 펼친다. 건드리지 말고 잠시 그대로 둔 다음 –30초 정도– 면과 웍을 흔들어주면서 천천히 젓기 시작한다. 이 과정 중에 면 가닥들이 끊어지지 않게 하는 것이 무엇보다도 중요하다. 면에 연한 간장 2큰술, 진한 간장, 설탕을 뿌린다. 남아 있는 아시아 셀러리와 쪽파를 조금만 남긴 채 백후추와 함께 뿌린다. 화력을 높여서 면을 이따금씩 조심스럽게 저어주면서 약간 캐러멜화한다. 1~2분 뒤에 면을 웍 한쪽으로 밀어놓고 남은 식용유 1큰술을 넣는다. 화력을 높여서 달걀을 깨트려 넣고 흰자 가장자리가 갈색으로 변하기 시작하면서 굳을 때까지 튀긴다. 노른자를 흩트린 다음 살살 저으면서 면에 섞어 넣고 국수가 캐러멜화하면서 살짝 그을릴 때까지 몇 분간 익힌다. 줄기 상추와 남아 있는 아시아 셀러리를 넣고 완성한다.

튀긴 마늘, 남아 있는 쪽파, 고수, 백후추 1자밤을 뿌려서 차려낸다.

스리라차 소스 1종지를 곁들인다.

돼지 바비큐

BARBEQUE PORK ■ MUU DAENG ■ หมูแดง

4~5인분

돼지 앞 등심, 목심 또는 앞다리 살 2kg

재움장

쪽파(대파) 4~5대
깨끗하게 다듬은 고수 뿌리 3~4개
껍질을 벗기고 짓이긴 붉은 샬롯 2~3개
짓이겨놓은 얇게 썬 갈랑갈 10~15조각
짓이겨놓은 얇게 썬 생강 20조각
팔각 1개
2cm 길이의 계피 1조각
정향 2~3개
오향 가루 넉넉한 1자밤
말린 편귤 껍질 1조각 – 선택 사항
연한 간장 3~4큰술
진한 간장 1큰술
청주 2~3큰술
백설탕 ¾큰술
삭힌 두부 즙 2큰술 – 선택 사항
붉은 식용 색소 1큰술 – 선택 사항

끼얹는 시럽

맥아당 ¼컵
백설탕 ¼컵
연한 간장 1큰술
꿀 1큰술 정도
호이신 소스(해선장) 1큰술
붉은 식용 색소 약간 – 선택 사항

차이나타운을 지나가면 손님을 유혹하듯이 유리판 뒤에 오리나 돼지 바비큐 고기를 걸어놓고 파는 가게들을 꼭 만나게 된다. 나는 이 요정들의 손쉬운 먹잇감이다. 이들의 유혹을 도저히 거부할 수가 없다. 중국식 바비큐 기술을 익히려면 몇 년이 걸리는데 자신들의 비법을 공개하는 가게는 거의 없다. 아래에 나오는 레시피는 이 어둡고 자욱한 연기의 세계에서 오랜 세월 은밀히 곁눈질로 얻어낸 것이다.

재움장과 끼얹는 시럽은 미리 만들어두기에 수월하다. 삭힌 두부 즙을 재움장에 넣으면 색감과 맛이 깊어진다. 특히 붉은 계열은 돼지고기에 착색이 잘 되므로 더 즐겨 사용한다. 붉은 식용 색소의 사용을 제안하기가 내키지는 않았지만 길거리 요리사들이 하는 방식 그대로인지라 레시피에 포함시켜두었다. 여러분도 색소 사용이 내키지 않는다면 온라인에서 천연 식용 색소를 찾아서 사용할 수도 있다(아쉽게도 비트는 묵직한 흙냄새가 나서 사용할 수 없다. 비트 본연의 맛 그대로다. 식재료로서 훌륭한 것만은 사실이지만 이 요리에는 맞지 않다). 맥아당은 캐러멜화된 고기의 표층에 반짝이는 윤기와 함께 바삭한 식감을 선사한다. 색이 연한 종류보다 짙은 호박색의 맥아당이 더 좋다.

원래는 돼지고기를 장작으로 익혔지만 요즘은 대부분 가스 점화식 기구로 만들어내고 있다. 여러분의 부엌 찬장 주변에 이런 기괴한 장치들이 매달려 있을 리가 만무하므로 오븐 선반을 맨 윗단으로 옮긴 다음 고기 고리를 매달아 즉석에서 만들어보면 어떨까 한다. 고기가 오븐 바닥에 닿지 않아야 하겠지만 만에 하나 그렇다면 적당히 잘라내어 크기를 맞춘다. 돼지고기가 고르게 익으면서 색이 나고 캐러멜화되도록 고기 사이에는 적당한 간격이 있어야 한다. 오븐이 고기를 매달아놓을 수 있을 정도로 크지 않다면 로스팅 용기에 담아 오븐 선반에 올려서 자주 뒤집어주면 된다. 나는 고기에 흑갈색으로 변한 바삭한 조각들이 만들어지도록 조리가 거의 끝나갈 무렵에 온도를 높이곤 하는데 내 생각에 가장 맛있는 부위가 아닐까 한다. 당연히 모든 요리사들의 생각이 나와 같지는 않아서 더 밝은색과 가벼운 풍미를 좋아하는 요리사들도 있다.

바비큐 돼지는 단독으로는 잘 먹지 않고 탕이나 국수에 넣어 먹는데 길거리에서는 대부분 고기 결을 가로질러 썰어서 밥 위에 오이와 함께 올린 다음 고기 위에 깊은 맛이 나는 짙은 색의 소스를 끼얹는다(뒷면 참조). 고추, 간장 소스를 종지에 담아 항상 곁들인다.

재움장을 만든다. 쪽파, 고수 뿌리, 샬롯, 갈랑갈, 생강을 물 1½컵에 넣고 5분 정도 끓인다.

그동안, 팔각, 계피, 정향을 물기 없는 바닥이 두꺼운 팬에 볶은 냄새와 향기로운 냄새가 날 때까지 따로 덖는다. 끓고 있는 육수에 오향 가루, 편귤 껍질과 함께 넣는다. 간장, 식초, 설탕을 넣고 저어준 다음 삭힌 두부 즙, 식용 색소를 넣고 몇 분 더 끓여서 식힌다.

돼지고기를 손질해서 가급적 근육 결을 따라 4cm 너비의 조각으로 자른다(오븐에 매달아서 익힐 생각이라면 이 단계에서 고기 크기가 오븐 높이에 들어맞는지 확인하는 것이 좋다). 돼지고기를 재움장에 완전히 잠기도록 넣고 약 4시간 이상 또는 하룻밤 냉장한다.

작은 냄비에 맥아당과 설탕, 물 ⅓컵을 넣고 완전히 녹을 때까지 끓여서 끼얹는 시럽을 만든다. 간장, 꿀, 해선장, 식용 색소와 기호에 따라 재움장에 있는 팔각, 계피, 정향을 꺼내어 함께 넣고 잠시 끓였다가 식혀서 걸쭉하게 만든다.

다음 페이지에 계속 >

+ 고추 간장 소스

진한 간장 4큰술
식초 2큰술
가늘게 썬 홍고추 ¼개

간장과 식초, 물 2큰술을 섞는다. 고추를 넣고 저어준
다음 작은 그릇에 옮겨 담는다. 몇 시간 정도 보관할 수
있다.

오븐을 140℃로 예열하고 재워두었던 돼지고기를 꺼낸다. 오븐 안에 매달아서 조리하려면 조리하는 동안 잘 고정되어 있도록 고기 조각마다 한쪽 끝을 작은 정육 고리로 꿰어놓는다. 재움장이 흘러내리도록 잠시 그대로 들고 있다가 고기 밖으로 나와 있는 정육 고리 한쪽 끝을 가장 위쪽 오븐 선반에 조심스럽게 걸어준다. 돼지고기에서 빠져나오는 즙이 모아지도록 바닥에 견고한 용기를 받쳐놓는다(또는 돼지고기를 로스팅 용기에 담아 오븐 선반에 올려놓는다). 10분 정도 굽다가 꺼내어 끼얹는 시럽을 몇 분 동안 발라준 다음 다시 오븐에 넣고 5분간 굽는다(이제 오븐 온도를 올려서 맛있게 캐러멜화할 시간이다). 시럽을 한 번 더 발라주고 마지막으로 5분 더 굽는다. 돼지고기를 꼬집듯이 눌러서 제대로 익었는지 확인한다(완전히 익어야 한다). 단단하면서도 탄력이 느껴져야 한다. 미심쩍다면 조금 잘라서 확인해본다. 착색된 표층을 제외한 나머지 부분은 일반적인 돼지구이처럼 윤기 없는 유백색이어야 한다. 완전히 익었다면 고기를 꺼내어 즙이 모일 수 있도록 아래에 용기를 받쳐둔 채 식힌다.

바비큐 돼지고기는 며칠 동안 냉장 보관할 수 있다.

+ 바비큐 돼지고기와 쌀밥용 소스

참깨 1작은술
연한 육수 1컵
갈아놓은 백후추 넉넉한 1자밤
오향 가루 넉넉한 1자밤
팔각 ½개
남겨놓은 끼얹는 시럽 2큰술(이전 페이지 참조)
연한 간장 2큰술
진한 간장 1작은술
옥수수가루(옥수수 전분) 2작은술

바닥이 두꺼운 작은 팬에 참깨를 넣고 중불로 노릇해질 때까지 덖는다. 그릇에 옮겨 담고 한쪽에 둔다. 냄비에 육수, 오향 가루, 팔각을 넣고 5분 정도 뭉근하게 끓인 다음 육수를 걸러서 다시 끓인다. 끼얹는 시럽, 간장을 넣고 5분 더 끓인다. 물 2큰술에 옥수수 전분을 섞어 현탁액을 만들어서 소스에 섞어 넣고 소스가 걸쭉해질 때까지 계속 저어주면서 1분 정도 끓인 다음 볶은 참깨를 넣는다. 짭쪼름하고 고소하고 깊은 맛이 나야 한다. 상온 상태로 낸다.

바삭한 에그 누들을 곁들인 새우

PRAWNS WITH CRISPY EGG NOODLES ■ RAAT NAR GUNG BA MII GROP ■ ราดหน้ากุ้งบะหมี่กรอบ

2인분

생면 에그 누들 100g 또는 건면
    에그 누들 75g
튀김용 식용유
껍질을 벗긴 마늘 3쪽
소금
깨끗하게 다듬어서 다진 고수 뿌리
    1작은술
백 통후추 넉넉한 1자밤
황두장 2큰술
꼬리는 남긴 채 껍질을 벗기고 내장을
    제거한 중하 생새우 8~10미
다듬어서 3cm 길이로 자른 공심채
연한 닭 육수 또는 돼지 육수 3컵
연한 간장 1~2큰술
굴 소스 2큰술
백설탕 넉넉한 1자밤
갈아놓은 백후추 넉넉한 1자밤
물 4큰술과 타피오카 가루 2큰술을
    섞어서 만든 현탁액
함께 차려낼 구운 고춧가루, 백설탕,
    피시 소스, 식초에 담근 고추

이 요리는 태국식 초우멘chow mein이다. 에그 누들은 두 시간 전에 미리 튀겨놓을 수 있는데 태국에서는 거의 다 이런 식으로 한다. 이 요리에 가장 잘 어울리는 에그 누들은 단면이 둥글고 아주 가는 종류다. 면 타래를 1인분씩 나눠서, 담아낼 접시 크기보다 조금 더 작은 크기의 둥지 또는 뗏목 모양으로 만들어놓는다.

그에 반해 소스는 전분이 들어가 걸쭉하게 되므로 만든 즉시 차려낼 수 있어야 하는데 너무 오래 놔두면 타피오카 현탁액이 풀어지고 소스가 다시 질어지면서 약간 분리된 상태가 된다.

이 요리에는 닭고기, 돼지고기, 오징어 등도 어울리고 이 모두를 함께 넣어도 잘 어울린다.

뭉쳐 있는 에그 누들을 풀어서 떼어낸다. 크고 안정감 있는 웍 또는 넓고 바닥이 두꺼운 팬에 튀김용 기름을 ⅔ 정도 높이까지 붓는다. 중고온의 화력으로 조리용 온도계가 180℃를 표시할 때까지 기름을 가열한다. 빵 조각 하나를 기름에 떨어트려보면 온도를 알 수 있는데 10~15초 안에 빵이 갈변하면 충분히 가열된 것이다. 에그 누들을 넣고 노릇한 색이 나면서 바삭해질 때까지 튀긴다. (면에 자잘한 기포가 생기면서 지글거리고 약간 부푼다). 종이 타월에 건져서 기름을 뺀다. 이 과정을 1~2시간 전에 미리 해놓을 수 있다. 쓰고 난 기름을 잘 보관한다.

절구에 마늘, 소금, 고수 뿌리, 통후추를 넣고 빻아 다소 거친 페이스트로 만든다.

웍에 식용유 2~3큰술을 넣고 가열한 다음 페이스트를 넣고 색이 나기 시작할 때까지 볶는다. 황두장 소스를 넣고 1분 뒤에 향이 나면 나면 새우를 넣는다. 잠시 볶다가 공심채를 넣고 볶는다. 새우와 공심채가 적당히 익으면 육수를 붓고 끓을 때까지 가열한다. 간장, 굴 소스, 설탕, 후추로 간을 하는데 너무 짜지 않도록 주의한다. 타피오카 현탁액을 넣고 저어서 걸쭉해질 때까지 15~20초간 끓인다.

튀겨놓은 에그 누들을 접시에 담고 새우와 공심채 소스를 보기 좋게 올린다.

구운 고춧가루, 백설탕, 피시 소스, 식초에 담근 고추를 곁들여낸다.

걸쭉한 그레이비 소스의 농어와 쌀국수

SEA BASS AND RICE NOODLES IN THICKENED 'GRAVY' ■ RAAT NAR PLAA GRAPONG ■ ราดหน้าปลากะพง

면, 마늘, 간장을 함께 볶으면서 색을 낼 때 면이 끊어지더라도 너무 걱정할 필요 없다. 그래도 훌륭한 맛은 변함이 없을 테고 여러분은 약간의 소스로 그 '죄'를 묻어버릴 수 있다. 이 국수들은 거의 다 상온에서 내기 때문에 미리 만들어서 마르지 않도록 뚜껑을 덮어 따뜻한 곳에 보관하면 된다. 생선도 차려내기 직전에 만들 소스만 남기고 조금 일찍 조리해둘 수 있다.

흰살생선이라면 어느 것이라도 농어 대신 사용할 수 있다. 달고기 또는 도미로도 만들어보자. 새우 또는 오징어도 아주 마음에 드는 후보자들이며 튀길 필요도 없다. 그냥 깨끗하게 손질해서 황두장 소스를 넣기 직전에 마늘과 함께 웍에 넣고 볶으면 된다.

마늘을 소금과 함께 으스러트러서 다소 거친 페이스트로 만든다. 절구에 넣고 빻거나 칼로 곱게 다져도 된다.

웍에 식용유 1~1½큰술을 넣고 가열한다. 절반 분량의 마늘 페이스트를 넣고 색이 나기 시작할 때까지 볶는다. 면과 간장을 넣고 맛있는 냄새가 나면서 색이 변하기 시작할 때까지 볶는다. 마늘이 타면 요리 전체를 망치므로 타지 않게 주의한다. 면을 덜어내고 뚜껑을 덮어서 따뜻한 곳에 둔다.

이제 생선을 튀긴다. 생선을 4cm x 2cm 크기의 조각으로 자른다. 크고 안정감 있는 웍 또는 넓고 바닥이 두꺼운 팬에 튀김용 기름을 ⅔ 정도 높이까지 붓는다. 중고온의 화력으로 조리용 온도계가 180℃를 표시할 때까지 기름을 가열한다. 빵 조각 하나를 기름에 떨어트려보면 온도를 알 수 있는데 10~15초 안에 빵이 갈변하면 충분히 가열된 것이다. 생선이 익으면서 노릇한 색이 날 때까지 튀긴 다음(3~4분 정도) 종이 타월에 건져 기름을 뺀다.

웍에 기름 1큰술만 남기고 나머지는 따라낸 다음 남아 있는 마늘 페이스트를 넣고 향이 날 때까지 볶는다. 황두장 소스를 넣고 1분간 볶다가 육수를 붓는다. 공심채를 넣고 연한 간장, 굴 소스, 후추, 설탕으로 간을 해서 약 30초 정도 끓인다.

타피오카 현탁액을 넣고 계속 저어주며 걸쭉해질 때까지 끓인다. 간을 본다. 짭쪼름하면서 후추 향과 함께 불 맛이 나야 한다.

접시 2개에 면을 나누어 담는다. 깔아놓은 면 위에 생선을 올리고 소스를 끼얹는다. 백후추를 뿌리고 피시 소스, 백설탕, 고춧가루, 식초에 담근 고추를 곁들여낸다.

2인분

껍질을 벗기지 않은 마늘 2~3쪽
소금 넉넉한 1자밤
식용유 1~1½큰술
넓은 쌀국수 생면 200g
진한 간장 2~3큰술
바라문디 또는 농어살 150g
튀김용 식용유
황두장 소스 1큰술
연한 육수 1½컵
2~4cm 길이로 자른 공심채 150g
연한 간장 1큰술
갈아놓은 백후추 ½작은술
백설탕 ½작은술
물 ¼컵과 타피오카 가루 2큰술을
　섞어서 만든 현탁액
함께 차려낼 갈아놓은 백후추, 피시
　소스, 백설탕, 고운 고춧가루, 식초에
　담근 고추

흰죽

PLAIN RICE CONGEE ■ JOK PLAW ■ โจ๊กเปล่า

4~6인분

부숴놓은 쌀(파쇄미) 2컵 – 약 500g
부숴놓은 찹쌀(파쇄 찹쌀) 3큰술 –
　선택 사항이지만 식감이 더 좋아지
　고 걸쭉해진다.
소금 1작은술 – 맛에 따라 추가
묶어놓은 판단 잎 1장

파쇄미는 도정 과정에서 깨지고 으스러진 쌀 알갱이를 말한다. 이 낟알들은 최상품의 쌀과 분리해서 별도로 파는데 낮은 등급의 쌀이긴 하지만 손상된 쌀의 함량이 높지 않다. 파쇄미는 익힐 때 전분 유출이 심해서 끈적한 풀처럼 덩어리지기 때문에 밥짓기용으로는 적합하지 않다. 이 쌀로 밥을 하면 분명 낭패를 당하겠지만 죽에는 더할 나위 없이 좋다. 죽에 탄성이 생긴다며 햅쌀로 죽을 만드는 태국 요리사들도 있고 특유의 향 때문에 묵은 쌀을 사용하는 요리사들도 있는데, 나는 후자에 속한다.

파쇄미는 태국에서 쉽게 구할 수 있고 중국 식품점에서도 흔하게 볼 수 있다. 만들기도 쉬워서 필요한 양만큼 분쇄하거나 빻기만 하면 된다.

죽은 천천히, 최대한 뭉근하게 끓여야 하며 너무 걸쭉하거나 텁텁하지도 않아야 한다. 일반적으로 끓이는 동안 물을 계속 보충해준다. 일단 완성되면 좀 더 복잡한 죽의 기본 재료로 사용할 준비가 된 것이다. 흰죽은 그야말로 환자식인데 태국인들과 중국인들은 이 싱거운 맛과 소화가 잘 되는 질감을 꽤 좋아한다.

쌀과 찹쌀을 섞고 잘 씻어서 물기를 뺀다. 넉넉한 양의 차가운 물에 2~3시간 정도 담가둔다. 너무 오래 담가두면 죽이 묽어져서 끈기도 줄어들고 특유의 향도 없어진다.

바닥이 두꺼운 커다란 냄비에 소금, 판단 잎, 물 8컵을 붓고 끓을 때까지 가열한 다음 쌀을 조금씩 부으면서 물이 다시 끓을 때까지 천천히 계속 저어준다. 찹쌀이 냄비에 붙어서 타면 죽을 망친 것이다. 쌀이 부풀어오르기 시작하면 불을 아주 약하게 줄이고 뚜껑을 닫은 채 규칙적으로 저어주면서 최대한 뭉근하게 끓인다. 필요에 따라 물을 보충해주면서 쌀 알갱이가 거의 풀어질 때까지 45분에서 1시간 정도 끓인다. 완성 되면 뚜껑을 덮은 채 한쪽에 두고 몇 시간 내에 모두 사용한다.

돼지고기 다짐육과 달걀을 넣은 죽

RICE CONGEE WITH MINCED PORK AND EGG ■ JOK MUU BACHOR SAI KAI ■ โจ๊กหมูบะช่อใส่ไข่

이 죽은 지친 몸과 마음에 푸근한 온기를 채워주는 음식이다. 순하고도 비단결 같이 부드러운 이 죽 한 그릇이면 모든 것을 잊을 수 있고 또 용서할 수 있다. 만찬 음식 중 하나로, 저녁 식사로, 가끔씩은 아침 식사로도 먹으며 특히 몸이 안 좋은 사람들에게는 이 이상의 음식이 없을 정도다.

보통 중국 튀김 빵을 곁들이는데 나는 빵 조각을 이 죽에 몇 분 정도 푹 담갔다가 먹곤 한다. 죽을 먹을 때는 중국식 숟가락과 젓가락을 사용한다.

돼지고기 다짐육과 소금 1자밤, 연한 간장 2큰술, 후추 1자밤을 섞어 버무려서 10분간 그대로 둔다.

흰죽에 육수와 소금 1자밤을 넉넉하게 넣고 섞은 다음 완전히 섞어서 매끄러운 상태가 될 때까지 계속 저어주면서 끓인다. 뚜껑을 닫은 채 눌어붙지 않도록 규칙적으로 저어주면서 10분간 최대한 뭉근하게 끓인다. 필요시 물 몇 큰술을 보충한다.

고기 다짐육을 지름 1cm 정도의 완자 모양으로 굴리거나 적당히 뜯어서 죽에 넣고 익을 때까지 몇 분 정도 끓인다. 달걀을 죽에 깨트려 넣고 젓지 말고 잠시만 가만히 익힌다. 생강과 연한 간장 1큰술을 넣고 한두 번 휘저어서 달걀과 생강, 간장을 섞어 넣는다. 간을 본다. 싱거우면 연한 간장을 조금 더 넣는다.

쪽파와 후추를 뿌리고 튀김 빵과 함께 차려낸다.

4~6인분

돼지고기 다짐육 200g –
   가급적 지방이 많은 부위
소금
연한 간장 3~4큰술
갈아놓은 백후추
미리 만들어놓은 흰죽 5컵
   (옆 페이지 참조)
연한 돼지 육수 또는 닭 육수 1컵
달걀 2개
잘게 채 썬 생강 3~4큰술
다진 쪽파(대파) 1큰술
함께 차려낼 중국 튀김 빵(18쪽 참조)

303

돼지고기 다짐육과 달걀을 넣은 죽

농어 국밥

SEA BASS WITH RICE SOUP ■ KAO DTOM PLAA ■ ข้าวต้มปลา

2~3인분

자스민 라이스 1컵 - 가급적 묵은 쌀
    (110쪽 참조)
농어 살 150g
연한 돼지 육수 또는 닭 육수 - 2컵
연한 간장 2큰술
소금
씻어서 물기를 뺀 중국 배추 절임
    (dtang chai) 적당량
갈랑갈 가루 넉넉한 1자밤
함께 차려낼 아시아 셀러리 또는 고수
    잎, 다진 쪽파(대파), 기름에 담가
    놓은 튀긴 마늘(333쪽 참조), 갈아
    놓은 백후추

+ 황두장 소스

황두장 소스 3큰술
식초 1큰술
백설탕 1큰술
얇게 썬 2cm 길이의 홍고추 또는
    황고추 또는 새눈고추 2~3개

작은 그릇에 모든 재료를 담고 섞는다.
짭쪼름하고 새콤하고 약간 단맛이 나야
한다.

이것 또한 세상의 모든 걱정을 잊게 할 따스한 위로의 요리다. 이 요리에 들어가는 밥은 굉장히 많은 양의 물에 삶기 때문에 일단 익혀놓으면 보통 밥보다 더 부드럽다. 냄비에서 밥을 바로 덜어내어주는 곳도 있는 반면에 좀 더 부지런한 노점상들은 밥이 데워지도록 끓는 물에 재빨리 담갔다가 건져서 준비해놓은 그릇에 담기도 한다.

　이 요리에는 농어나 도미, 달고기, 바라문디 같은 흰살생선이 가장 좋다. 다만 싱싱하고 살이 단단하면서 기름지지 않아야 한다. 생선살 대신 새우, 굴, 바지락, 가리비 또는 바닷가재 살을 넣어도 좋다. 나는 심지어 오돌오돌한 식감의 해파리를 넣어 만들기도 했다. 생선 육수를 넣어 만들기도 하는데 이 경우 비린내가 심하게 날 수도 있어서 나는 주로 돼지 육수나 닭 육수를 사용하는 편이다. 사실 일부 노점에서는 비린내가 나지 않도록 생선을 따로 삶아내기도 한다.

　황두장 소스 한 종지와 식초에 담근 고추를 같이 낼 수도 있으며 이 국은 중국식 숟가락과 젓가락으로 먹는다.

쌀을 맑을 물이 나올 때까지 서너 번 씻는다. 바닥이 두꺼운 냄비에 담고 물이 쌀 위에서 검지손가락 첫 마디까지 차도록 넉넉하게 붓는다. 뚜껑을 닫고 쌀이 물을 거의 다 흡수해서 부드럽게 익을 때까지 약 25분 정도 끓인다. 불에서 내린 다음 최소 30분 정도 뜸을 들인다.

생선살을 깨끗하게 씻어서 남아 있는 뼈를 제거하고 3cm x 5cm 크기로 보기 좋게 자른다. 육수를 끓을 때까지 가열한 다음 간장과 소금으로 간을 한다. 생선살을 넣고 알맞게 익을 때까지 약 2분간 삶는다.

그릇에 준비된 밥을 담는다. 그 위에 약간의 육수와 함께 생선을 떠 올리고 배추 절임, 갈랑갈 가루를 뿌린다. 아시아 셀러리 또는 고수 잎, 쪽파, 튀긴 마늘, 후추를 곁들여서 황두장 소스와 함께 차려낸다.

삼겹살을 넣은 채소국

MIXED VEGETABLE AND PORK BELLY SOUP ■ JAP CHAI ■ จับฉ่าย

6인분

껍질을 벗기고 씨를 뺀 다음 3cm
　크기로 썰어 놓은 여주
굵직하게 다진 배추 1통
다듬어서 2~3cm 길이로 자른 시암
　물냉이 1단
다듬어서 2~3cm 길이로 자른 공심채
　작은 1단
껍질을 벗기고 2~3cm 크기로 얇게 썬
　무(mooli)
묶어놓은 말린 백합대 3큰술 -
　선택 사항
껍질을 벗기고 짓이긴 마늘 5~6쪽
황두장 소스 3~4큰술
2cm x 1cm 크기로 자른 삼겹살
　400~500g
소금 1큰술
연한 간장 4큰술
백설탕 넉넉한 1자밤
갈아놓은 백후추 1자밤

차오저우(潮州) 방언으로 잡차이jap chai는 여러 가지 채소를 뜻하며 녹색 엽채류와 무 그리고 버섯이 들어가는 이 국의 이름이기도 하다. 나는 말린 백합대를 넣곤 하는데 술타나(씨 없는 건포도)와 그 맛이 약간 비슷하고 대부분의 중국 상점에 가면 어렵지 않게 구할 수 있다. 백합대는 국에 넣기 전에 씻어야 하고 요리사들은 이를 하나씩 매듭으로 묶어서 사용한다.

삼겹살은 이 국을 만들 때 가장 흔히 사용하는 돼지 부위다. 고기 속에 뼈가 조금씩 남아 있어도 신경쓸 필요 없다. 뼈가 있으면 맛이 오히려 더 좋아지는데 그런 의미에서 갈비도 사용할 수 있다. 심지어 나는 가끔씩 채소들이 죽 이어져 있는 가운데 난데없이 오리고기가 등장하는 것을 본 적도 있다.

이 국이 가장 맛있을 때는 갓 만들었을 때가 아니다. 물론 그렇게 먹을 수도 있지만 시간이 지날수록 더 맛있어진다. 이 레시피로 꽤 많은 양을 만들 수 있는데 내 생각에 여러분들은 분명 한 그릇 더 먹고 싶어지게 될 것이다. 냉장고에서 이틀 이상 보관하면 이 국은 그 진가를 드러낸다. 달큰한 맛을 유지하려면 이틀에 한번씩 끓여줘야 한다는 사실을 기억하자.

여주 속에 있는 하얀 속을 긁어내고 그 조각들을 소금으로 문질러서 쓴맛이 빠져나오도록 콜랜더에 받쳐 20분 정도 그대로 둔 다음 잘 헹궈낸다. 여주와 채소, 백합대, 마늘, 황두장을 육수 전용 냄비나 크고 바닥이 두꺼운 냄비에 담는다. 삼겹살을 넣고 모든 재료가 잠길 정도로 물을 붓는다. 소금, 연한 간장, 설탕, 후추로 간을 하고 끓을 때까지 가열한 다음 부유물을 걷어주면서 2~3시간 정도 뭉근하게 끓인다. 수시로 물을 채워넣고 눌어붙지 않도록 가끔씩 젓는다. 식혀서 하룻밤 냉장고에 넣어둔다.

다음 날 국을 다시 끓인다(약간 젤리처럼 되어 있으면 탕이 녹으면서 열이 가해질 때 눌어붙지 않도록 물을 몇 큰 술 넣는다). 간을 본다. 천연의 단맛이 풍부하게 느껴져야 하며 약간 짭쪼름해야 한다. 싱거우면 간장을 조금 더 넣는다.

이 국의 풍미는 며칠 동안 계속 나아진다. 냉장을 잘 유지해야 하는데 이틀 이상 보관하려면 이틀에 한 번씩 끓여줘야 한다.

국을 그릇에 담고 접시에 쌀밥을 담아 곁들여낸다. 매번 먹을 때마다 더 맛있어진다는 것을 느끼게 될 것이다.

ของหวาน
디저트
DESSERTS
KORNG WARN

태국인들의 디저트 사랑은 유별나다. 이들은 디저트를 간식으로, 아침 식사로, 점심 식사로, 심지어 저녁 식사나 만찬 메뉴 중 하나로도 곁들이며 식사 대신 또는 식사를 마무리할 때, 배고픔을 달래거나 여가 시간을 보낼 때도 즐겨 먹는다. 다시 말해 태국에서는 그 언제라도 디저트를 즐길 수 있다. 그야말로 전 국민의 구세주가 아닐 수 없다.

태국 디저트는 생각보다 상당히 클 수도, 심지어 무거울 수도 있다. 디저트가 꼭 식사의 일부로 여겨지는 것은 아니라서 하루 중 언제든 먹을 수 있기 때문이다. 아침에는 코코넛으로 찐 옥수수나 태국 컵케이크처럼 단맛이 덜한 간식류를 선호하지만 시간이 흐르면서 즐겨 찾는 맛이 바뀌어 오후가 되면 코코넛 크림이 들어간 좀 더 풍성한 맛의 디저트를 찾는다. 디저트는 식재료의 수급 문제 외에도 날씨의 영향으로 인해 계절에 따라 바뀌기도 해서 더운 계절에는 당연히 얼음을 넣은 음료 디저트가 인기를 얻는다.

길거리와 시장에서는 단 과자와 일상식의 경계가 모호하다. 후추, 마늘, 고수 심지어 새우와 말린 생선 또는 돼지고기가 들어 있는 디저트도 있으며 반대로 식사용 간식 중에는 단맛이 나는 것도 있다. 서양인들의 경우엔 이러한 미각은 후천적으로 습득해야 하는 것들이겠지만 일단 그 맛에 길들여지면 좀처럼 벗어나기 힘들다. 설탕과 진정 효과가 있는 코코넛 크림은 고추와 다른 향신료들의 맹공이 가해진 이후에 미각을 회복시키는 데 도움이 된다.

모든 태국 음식 중에서 가장 전문적인 기술을 요하는 것이 바로 디저트다. 디저트를 익히려면 고도의 집중력과 수많은 시간, 피나는 연습이 필요하지만 그 결과물은 대단히 중독적이다. 대부분의 가정에 약간의 디저트 요리법이 있다 하더라도 실제로 디저트를 만들어 먹는 일은 흔치 않다. 달리 말하자면 태국 사람들은 전문가들이 만든 디저트를 더 선호해서 시장과 길거리로 나가 이 방면에 숙련된 전문가가 만들어놓은 디저트를 사 먹는다.

디저트를 만들고 노점을 운영하는 사람들은 대부분 여성들로 이들은 모두 유쾌하고 농담을 잘 하며 통통한 편이다. 노점들은 대체로 한두 종류만 전문적으로 판매하거나 특정 기술, 즉 찌거나 끓이거나 튀겨서 만든 단 과자로 특화되어 있는 경우가 많다. 하지만 모든 시장에는 쪄서 만든 여러 가지 푸딩 또는 디저트들을 진열해놓은 노점들이 적어도 하나씩은 있게 마련이다. 보통은 더 많다.

디저트 요리사들은 대부분 아침에 시장으로 향한다. 일찍 준비를 마쳐야 장사도 일찍 시작할 수 있어서 이른 시간에 움직이는 노점들은 동트기 전에 일어나서 시장으로 가 하루 일과를 시작한다.

디저트에 특화된 몇몇 주방은 백 년 전의 모습을 그대로 간직하고 있다. 난로에 숯을 넣어 불을 지핀 다음 문이 달린 철제 상자를 숯 위에 올리는데 남은 불씨를 맨 위에다 올리는 방식으로 상자 내부가 오븐처럼 고른 열을 내게 하여, 그 속에다 반죽을 넣고 굽는다. 갓 짜낸 코코넛 크림에 방금 만든 향물을 넣어 희석한다. 페이스트리 반죽을 만들고, 달걀을 휘저어 거품을 내는 동안 판단 잎의 독특한 향기와 상쾌하고 달콤한 자스민 향이 공기를 가득 채운다. 주방은 보통 문이 열려 있어서 환기가 잘 되는 편이지만 끓고 있는 다양한 설탕 시럽과 부글거리는 페이스트, 빨갛게 불타는 숯으로 인해 상당히 덥다. 물론 더 실용적인 현대식 주방도 많이 있지만 세월의 흔적을 그대로 간직한 시골 주방의 매력은 찾아보기 힘들다.

디저트를 만들고 나면 판매할 노점으로 가져간다. 디저트가 주문되면 1인분씩 잘라서 바나나 잎으로 감싼다. 그야말로 능수능란한 기술이다. 바나나 잎은 다듬어서 물을 살짝 적신 천으로 닦아낸 다음 끝을 둥글게 모양낸 긴 조각으로 자른다. 이렇게 만들어놓은 바나나 잎으로 디저트를 재빨리 그리고 우아하게 포장해서 자그마한 대나무 꼬치를 꿰어 고정한다. 이제 기대에 부푼 손님에게 넘겨질 채비가 끝났다.

망고를 곁들인 찹쌀밥

WHITE STICKY RICE WITH MANGO ■ KAO NIAW MAMUANG ■ ข้าวเหนียวมะม่วง

4인분

찹쌀 1컵
태국 자스민 꽃잎 6~8장 – 선택 사항
　　이나 추천
판단 잎 2~3장 – 선택 사항
정제당(매우 고운) ½컵
소금 1½작은술
걸쭉한 코코넛 크림 ½컵
노란 녹두 2큰술
잘 익은 망고 2개
달콤한 코코넛 크림(다음 페이지 참조)

태국식으로 망고 껍질 벗기기

태국 사람들은 좀 특이하다. 예를 들어, 과일 껍질을 벗길 때도 몸 쪽이 아니라 몸 바깥쪽으로 벗긴다. 대부분의 서양 요리사들과는 반대 방향이다. 문화적 차이를 극복하기는 힘들겠지만 흉내라도 내보자. 한 손을 오므려서 망고를 쥐고 다른 손으로는 날카로운 과도를 칼날이 바깥 쪽으로 향하도록 잡는다. 이제 칼을 천천히 바깥쪽으로 밀면서 동시에 망고를 몸 쪽으로 당겨 껍질을 벗긴다. 표피를 얇게 깎아내는 느낌이라고 해도 되겠다. 계속해서 망고를 돌려가며 한쪽 옆면 껍질을 완전히 벗긴 다음 과육을 잘라낸다. 반대쪽도 반복한다. 솜씨 좋은 요리사들은 잘라낸 자국도 없이 껍질을 매끄럽게 벗기지만 나는 항상 칼자국을 남기곤 한다.

태국 사람들은 과일을 자를 때 놋쇠로 만든 칼을 애용하는데 당이나 산에 반응하지 않아서 얼룩이 생기지 않기 때문이다. 일부 꼼꼼한 요리사들은 같은 이유로 놋쇠 웍과 쟁반을 사용한다.

이 디저트는 태국인들 사이에서 인기가 많다. 또한 어느 누구라도 이 디저트를 맛보기만 하면 금세 빠져들게 된다.

　찹쌀은 찜통에 넣고 찌면 그 안에 남아 있는 맛과 냄새를 너무 잘 빨아들이기 때문에 이미 깨끗한 상태의 찜통이라도 사용하기 전에 박박 문질러 씻어야 뒤탈이 없다. 코코넛 크림은 걸쭉한 크림 상태여야 하는데 물론 직접 만들어 사용하는 것이 가장 좋지만(330쪽 참조) 통조림 제품을 사용한다면 절대 흔들지 말고 맨 위에 뭉쳐 있는 고형물만 사용하면 된다.

　노란 녹두는 완성된 요리에 바삭한 질감과 고소한 맛을 내는 역할을 한다. 대부분의 아시아 상점에서 구매할 수 있으며 시간과 힘을 아끼려면 이미 쪼개놓았거나 굵직하게 부숴놓은 것을 찾아보자. 그럼에도 불구하고 제대로 안 부서져 있으면 어금니가 무사하지 못할 수도 있으므로 조심해야 한다.

찹쌀은 맑은 물이 나올 때까지 낟알이 깨지지 않도록 주의해서 씻는다. 구할 수 있다면 태국 자스민 꽃잎 2~3장과 함께 물에 하룻밤 담가둔다.

다음 날, 찹쌀을 건져 물기를 빼고 헹궈서 금속 찜통에 담는다. 보통 생찹쌀 알갱이는 서로 들러붙기 때문에 구멍으로 빠지는 경우는 드물지만 좀 더 주의를 기울이려면 물에 적신 면포를 찜통 바닥에 깔아주면 된다. 찹쌀이 너무 높이 쌓이거나 너무 넓게 펼쳐지지 않도록 해야 한다. 기호에 따라 찜통 하단에 담아놓은 물에 판단 잎 1~2장을 넣고 찹쌀이 부드러워질 때까지 찐다(가장 깊숙한 곳에 있는 찹쌀 알갱이 몇 개로 확인해본다). 이 과정은 45분에서 1시간가량 걸린다. 찹쌀을 찌는 동안 찜통에는 물이 충분히 담겨 있어야 하며 물을 보충해야 할 경우에는 증기가 멈추지 않도록 끓는 물을 부어야 한다. 찹쌀 상태를 확인하고 찜통 뚜껑을 다시 닫을 때는 뚜껑 안쪽에 있는 수분을 닦아낸다.

그동안, 설탕과 소금을 코코넛 크림에 넣고 완전히 녹을 때까지 저어준다. 찹쌀밥이 다 익었으면 유리 또는 도자기 그릇에 옮겨 담는다. 준비된 코코넛 크림을 붓고 찹쌀밥에 완전히 스며들 때까지 섞는다(찹쌀밥은 뜨거운 김을 내뿜고 있는 상태일 때 코코넛 크림을 더 잘 흡수해서 더 깊은 맛을 내고 더 반짝이기도 한다는 사실을 명심해야 한다). 기호에 따라 묶어놓은 판단 잎을 찹쌀밥에 넣고 자스민 꽃잎 몇 장을 뿌려도 된다. 뚜껑을 덮어서 따뜻한 곳에 15분 정도 그대로 둔 다음 사용한다. 그릇을 수건으로 감싸서 따뜻하게 유지하는 요리사들도 있다.

찹쌀밥을 굳히는 동안, 녹두를 물에 5분 정도 담갔다가 건져서 물기를 뺀다. 바닥이 두꺼운 팬 또는 웍에 녹두를 넣고 노릇한 색이 나면서 고소한 냄새가 날 때까지 약불로 자주 흔들어주면서 덖는다. 불에서 내린 다음 절구 또는 전동 분쇄기로 굵직하게 부순다.

날카로운 칼로 망고 껍질을 벗긴 다음 한가운데에 있는 돌덩이 같은 씨앗 양쪽의 볼록한 볼살 같은 과육을 잘라낸다. 잘라놓은 과육을 각각 4~5조각으로 자른다.

찹쌀밥을 그릇 4개에 나누어 담고 썰어 놓은 망고를 한쪽에 올린 다음 그 위에 단맛을 낸 코코넛 크림 1~2큰술을 끼얹는다. 부숴놓은 녹두를 뿌려서 차려낸다.

+ 달콤한 코코넛 크림

코코넛 크림 ½컵
약간의 물 또는 코코넛 크림과 쌀가루 ½컵을 섞어서
   만든 페이스트
소금 넉넉한 1자밤
판단 잎 ½~1장 : 선택 사항이나 추천
백설탕 2큰술 – 조금 더 필요할 수도 있음

작은 냄비 또는 놋쇠 웍에 코코넛 크림과 쌀가루 페이스
트를 넣고 휘저어 섞는다. 소금, 판단 잎을 넣고 크림이
분리되지 않도록 계속 저어주면서 끓을 때까지 가열한
다. 코코넛 크림이 걸쭉해지면 설탕을 넣고 즉시 불에서
내려 설탕이 녹을 때까지 저어준다. 식혀서 사용한다.

코코넛을 올린 카사바 푸딩

CASSAVA PUDDING WITH COCONUT TOPPING ■ TAKO MANSAPALANG ■ ตะโก้มันสำปะหลัง

4~6인분

묶어놓은 판단 잎 2~3장
카사바 200g
소금 1자밤
백설탕 2큰술 - 맛에 따라 가감

코코넛 토핑

쌀가루 2큰술
코코넛 크림 1컵
길게 3~4조각으로 자른 판단 잎 1장
소금 넉넉한 1자밤

카사바

카사바는 거칠고 진한 갈색의 껍질을 가진 대체로 길고 가느다란 구근으로, 대부분의 아시아 상점에 가면 날것과 껍질을 벗겨서 얼린 조각으로 구할 수 있다. 생카사바를 살 때는 뿌리가 단단한지 속살이 하얀지를 꼭 살펴봐야 한다. 카사바는 땅 밖에 오래 노출될수록 뿌리의 색이 짙어지고 쓴맛을 내는 산(acid) 성분이 늘어나서 맛이 더 거칠어지며 장이 민감한 사람들에게는 자극적일 수도 있다. 카사바를 갈아서 씻은 다음 물기를 짜내는 요리사들도 있지만 이는 오래됐거나 색이 짙은 카사바 또는 냉동 카사바일 때만 해당된다.

태국어로 타코tako라는 말은 바나나 잎에 올려 찐 다음 깊은 맛이 나는 걸쭉한 코코넛 크림을 올린 층층이 쌓은 형태의 디저트를 가리킨다. 아래에 있는 층은 대체로 타피오카, 물밤, 옥수수, 타로 또는 카사바와 같은 전분기가 있는 기본 재료를 사용한다. 이런 형태의 디저트들은 작은 사각형 쟁반에 올려 쪄내는데 오래된 노점일수록 매일 사용한 이 쟁반들이 더 낡아 있는 법이다. 형틀은 보통 놋쇠로 만든 것을 사용하지만 2cm 깊이에 8~10cm 정도 크기의 사각형 내열 용기라면 어떤 것이든 사용할 수 있다.

카사바 푸딩은 당일 만든 것이 가장 좋지만 몇 시간 정도는 보관 가능하다. 길거리에서는 작은 주걱으로 덜어낸 다음 들고 갈 수 있도록 바나나 잎으로 감싸서 포장하지만(197쪽 참조) 여러분은 접시 위에 바로 올려놓으면 된다.

작은 냄비에 물 ¾컵과 판단 잎을 넣고 끓을 때까지 가열한 다음 1분 정도 끓인다. 판단 잎을 꺼내고 식힌다.

금속 찜통에 물을 붓고 끓인다.

카사바를 준비한다. 껍질을 벗기고 결을 가로질러 반으로 자른다. 표피 바로 아래에 뿌리를 둘러싸고 있는 검은색의 가는 줄을 볼 수 있는데 이 줄에 자극적인 성분들이 들어 있으므로 모두 벗겨낸다. 뿌리를 잘 씻어서 강판으로 하얀 속살을 곱게 간다. 이때 한가운데에 있는 질긴 심이 있으면 함께 갈지 않도록 주의한다. 갈아놓은 카사바는 약 125g 정도가 되어야 한다. 카사바를 작은 그릇에 옮겨 담고 소금, 설탕, 판단을 우린 물 3큰술과 함께 섞는다. 2cm 깊이에 8~10cm 정도 크기의 사각형 내열 용기에 넣고 투명해질 때까지 약 45분 정도 찐다. 찜통에는 물이 충분히 담겨 있어야 하며 물을 보충해야 할 경우에는 증기가 멈추지 않도록 끓는 물을 부어야 한다. 과정을 확인하고 찜통 뚜껑을 다시 닫을 때는 뚜껑 안쪽에 있는 수분을 닦아낸다.

그동안 코코넛 토핑을 만든다. 쌀가루를 그릇에 담고 판단 물 2큰술을 조금씩 넣으면서 숟가락 뒷면으로 치대어 반죽을 만든다. 뚜껑을 씌워서 약 30분간 휴지시킨다. 휴지가 완료된 반죽을 작은 냄비에 옮겨 담고 나머지 판단물 3큰술을 넣고 섞어서 묽은 반죽을 만든다. 끓을 때까지 가열한 다음 뻑뻑해지지 않도록 판단물 1~2큰술을 넣고 계속 저어주면서 약불로 3~4분간 뭉근하게 끓인다. 코코넛 크림과 판단 잎을 넣고 코코넛 크림이 분리되지 않도록 꾸준하게 저어주면서 3~4분 정도 매우 뭉근하게 끓인다(크림이 분리되려고 하면 즉시 불에서 내린 다음 판단 물 1~2큰술을 넣고 섞는다). 소금으로 간을 한다. 코코넛 토핑은 깊은 맛이 나면서 유백색이어야 하고 소금간을 뚜렷하게 느낄 수 있어야 한다. 체에 내려서 작은 유리 그릇이나 도자기 그릇에 담고 따뜻하거나 너무 뜨겁지 않은 카사바 푸딩 위에 끼얹는다.

1시간 정도 식혀서 굳힌다. 푸딩을 차려낼 때는 3~4cm 크기의 사각형으로 자른다. 끈적하게 붙어 있으므로 완전히 잘라진 것을 확인한 후에 조각을 덜어내야 한다. 첫 번째 조각이 제대로 빠져나오지 않았다면 뜨거운 물에 담갔다 꺼낸 주걱으로 다시 모양을 잡는다. 나머지 조각들은 쉽게 빠져나와야 한다.

토란 푸딩

TARO PUDDING ■ MOR GENG PEUAK ■ หม้อแกงเผือก

4~6인분

토란 400g – 중간 크기 토란 1개
살짝 풀어놓은 오리알 3개 또는
    달걀 4개
코코넛 크림 1½컵
얇게 깎은 팜슈거 ¾컵
쌀가루 1큰술
아주 가늘게 채 썰어놓은 붉은 샬롯
    6~8개
튀김용 식용유

방콕 남서부의 페차부리는 시암 왕국의 왕들이 여름 별궁을 두었던 고대 도시이며 야자나무가 울창하게 자라는 곳이기도 하다. 특히 디저트로도 유명한데 이 푸딩은 페차부리의 특산물 중 하나다. 토란은 울퉁불퉁한 진갈색의 껍질과 검은색 또는 보라색의 반점이 있는 크림처럼 하얀 속살이 특징이다. 생토란에는 피부에 자극을 주는 옥산살칼슘calcium oxalate이 들어 있어서 반드시 장갑을 착용하고 만지는 것이 좋다. 그러나 일단 익히면 안심해도 된다.

이 디저트를 오리알로 만들면 그 풍미와 질감에 깊이를 더할 수 있는데 달걀로 대체해도 된다. 좀 더 전통을 고수하는 주방에서는 이 푸딩을 숯불에 익힌다. 숯불 위에 올려 가열해놓은 쟁반에 푸딩 반죽을 붓고 그 위에 다른 쟁반을 올려 덮은 다음 숯불을 올린다. 이런 식으로 '구워진' 푸딩은 맨 윗부분이 캐러멜화되어 맛있는 껍질 층이 만들어진다. 가정에서 이 방식을 차용하려면 푸딩을 뜨겁게 가열한 그릴에 5분 정도 넣었다가 오븐에 넣고 구우면 된다. 샬롯 튀김 토핑은 서양인의 감성으로는 그야말로 괴상하게 보이겠지만 태국 사람들은 이 토핑의 고소한 맛과 아삭한 식감을 매우 좋아한다. 한번 먹어보면 그 절묘한 궁합에 깜짝 놀라게 된다.

토란 푸딩은 몇 시간 정도 보관이 가능하지만 만든 그날 먹어야 가장 맛있다.

토란의 껍질을 벗기고 깨끗하게 씻는다. 4등분해서 다시 한 번 씻어서 연해질 때까지 15~20분 정도 삶거나 찐다. 식혔다가 눈이 굵은 체에 내려 커다란 그릇에 담는다. 약 ½컵 정도의 토란 퓌레가 만들어져야 한다. 달걀, 코코넛 크림, 설탕, 쌀가루와 함께 골고루 섞는다. 원뿔 모양의 촘촘한 체에 넣고 숟가락 뒷면으로 단단한 조각들을 강하게 눌러주면서 두 번 내린다.

오븐을 90~100℃로 예열한 다음 2cm 깊이에 8~10cm 정도 크기의 사각형 내열 용기를 오븐에 넣고 5분간 가열한다. 용기를 꺼낸 다음 섞어 놓은 토란 반죽을 붓고 푸딩 표면이 황갈색으로 변할 때까지 상부 열원 그릴에 3~4분간 넣어둔다. 오븐에 옮겨 탄탄한 느낌이 들 때까지 30~40분간 굽는다. 푸딩 한가운데에 꼬치를 찔러 넣었다가 빼냈을 때 묻어나지 않아야 한다. 오븐에서 꺼낸 다음 1시간 정도 식힌다.

그동안 샬롯 튀김 토핑을 만든다. 크고 안정감 있는 웍 또는 넓고 바닥이 두꺼운 팬에 튀김용 기름을 ⅔ 정도 높이까지 붓는다. 중고온의 화력으로 조리용 온도계가 180℃를 표시할 때까지 기름을 가열한다. 빵 조각 하나를 기름에 떨어트려보면 온도를 알 수 있는데 15초 안에 빵이 갈변하면 충분히 가열된 것이다. 주의해서 샬롯을 넣고(기포가 생기면서 끓는다) 고소하고 향긋한 냄새가 나면서 노릇한 색이 날 때까지 집게로 계속 저어주면서 튀긴다. 종이 타월에 건져서 기름을 뺀다.

푸딩이 식으면 튀겨놓은 샬롯을 뿌린다. 차려낼 때는 4cm 크기의 사각형으로 썰어서 주걱으로 살살 들어 올린다.

상투 모양의 빨간 사탕

RED TOPKNOT LOLLIES ■ KANOM DTOM DAENG ■ ขนมต้มแดง

<u>6인분</u>

묶어놓은 판단 잎 3~4장
흰 찹쌀가루 ½컵
칡가루 1½ 작은술
갈아놓은 코코넛 1컵
얇게 깎은 팜슈거 ½컵
소금 넉넉한 1자밤

이 풍부한 맛의 디저트는 시암 왕국에서 12살이 된 어린이의 상투를 자르는 의식을 치를 때 내는 상서로운 과자로 여겨졌다. 내가 칭하는 이 과자의 우리식 이름은, 그러니까 좀 더 평범하게 문자 그대로 번역을 하자면 '홍탕과(紅湯菓)'가 된다. 시골에 가면 아직도 머리카락을 땋아놓은 어린아이들을 가끔씩 볼 수 있지만 이러한 관습 또는 의식은 점차 찾아보기 어려워지는 추세다.

중간 크기의 냄비에 물 4~5컵과 판단 잎을 넣고 끓을 때까지 가열해서 1분간 끓인 다음 살짝 식혔다가 판단 잎을 건져낸다.

쌀가루와 칡가루를 체에 내려 그릇에 담고 판단 물 2큰술을 조금씩 넣으면서 말랑한 반죽이 될 때까지 1분 정도 치댄다. 가루의 상태에 따라 물을 가감한다. 지름 3cm 정도의 원통 모양으로 밀어서 비닐 랩으로 감싼 다음 1시간 정도 휴지시킨다.

그동안 코코넛 캐러멜을 만든다. 작은 냄비에 팜슈거, 소금 1자밤을 넣고 캐러멜화되어 황갈색으로 변하기 시작할 때까지 중불로 3~4분간 가열한다. 판단 물 4큰술을 넣고 이어서 코코넛을 넣는다. 뚜껑을 덮은 채 중불로 5분간 끓인다. 코코넛 과육이 투명해지면서 전체적으로 캐러멜화되어 있어야 한다.

상투 사탕을 익힌다. 남아 있는 판단 물에 소금 1자밤을 넣고 끓을 때까지 가열한다. 반죽에 씌워놓은 비닐 랩을 벗기고 5mm 두께의 원판 모양으로 자른다. 끓고 있는 판단 물에 잘라놓은 반죽을 넣고 표면에 뜰 때까지 약 5분간 익힌다. 커다란 그릇에 따뜻한 물을 담고 다 익은 반죽을 건져낸 다음 5분간 담가둔다. 코코넛 캐러멜에 사탕을 넣고 골고루 입혀지도록 1시간 30분 정도 그대로 둔다.

작은 그릇에 담아 차려낸다.

참깨를 뿌린 찹쌀밥 캐러멜

해당 사진은 다음 페이지 >

CARAMELISED WHITE STICKY RICE WITH SESAME SEEDS ■ KAO NIAW DAENG ■ ข้าวเหนียวแดง

이 디저트는 짙은 황색을 띠는 끈적이면서도 약간 바삭거리는 단 과자로 모든 시장 그리고 대부분의 길거리에서 쉽게 만날 수 있다. 태국에서는 이 디저트를 형틀에 넣어 굳힌 다음 사각형으로 잘라내는 것이 일반적이지만 그릇에 담아 굳혀서 숟가락으로 떠 먹어도 된다.

찹쌀을 넉넉한 양의 물에 적어도 3시간 또는 하룻밤 담가둔다.

찹쌀을 건져서 물기를 빼고 헹궈서 찜통에 담는다. 보통 생찹쌀 알갱이는 서로 들러붙기 때문에 구멍으로 빠지는 경우는 드물지만 좀 더 주의를 기울이려면 물에 적신 면포를 찜통 바닥에 깔아주면 된다. 찹쌀이 너무 높이 쌓이거나 너무 넓게 펼쳐지지 않도록 해야 고르게 익으며 찜통 아래에 담긴 물의 수위를 높게 유지해야 충분한 양의 증기를 만들어낼 수 있다. 찹쌀이 부드러워질 때까지 찐다(가장 깊숙한 곳에 있는 찹쌀 알갱이 몇 개로 확인해본다). 이 과정은 25~30분 정도 걸린다.

찜통에서 찹쌀밥을 꺼내 접시에 펼쳐서 20분 정도 식힌 다음 눅눅한 상태로 뭉쳐 있지 않도록 뒤집어서 작은 조각으로 쪼갠다. 찹쌀밥이 식으면 낱알이 깨지지 않게 주의하면서 잘게 부순다.

작은 냄비 또는 놋쇠 웍에 팜슈거(원할 경우 소금 1자밤과 함께)를 넣고 중불로 가열해서 짙은 흑갈색의 캐러멜이 될 때까지 계속 저어주면서 끓인다. 타지 않도록 주의한다. 타기 시작하면 냄새로 알 수 있다.

캐러멜이 짙은 꿀과 같은 색이 되면 불에서 내린 다음 즉시 찹쌀밥을 넣고 모든 낱알이 분리되어 캐러멜이 입혀지도록 나무 주걱으로 섞는다. 이 과정은 캐러멜이 식으면서 굳기 전에 재빨리 진행하는 것이 중요하다. 캐러멜이 굳기 시작하면 잠시 재가열해서 사용한다. 캐러멜을 입힌 찹쌀밥을 형틀 또는 그릇에 떠서 담고 식힌다.

그동안 작은 팬에 참깨를 담고 노릇해지면서 향기로운 냄새가 날 때까지 타지 않도록 팬을 흔들어주면서 덖는다.

차려낼 때는 2cm 크기의 사각형으로 자르거나 -이 경우 뜨겁게 달군 칼이 필요하다- 숟가락으로 떠서 사각형으로 모양을 잡거나 제각기 다른 모양 그대로 두어도 된다. 참깨를 뿌린다. 캐러멜이 식으면서 식감이 바삭해진다. 빨리 말라버리므로 반드시 뚜껑을 씌워서 보관해야 한다.

6인분

흰 찹쌀 ½컵
얇게 깎은 팜슈거 ½컵
소금 1자밤
참깨 1작은술

팜슈거 캐러멜

태국 이외의 지역에서 구할 수 있는 대부분의 팜슈거는 백설탕을 섞은 것이며 이는 곧 순수 팜슈거와는 달리 가열해서 캐러멜을 만들면 결정화된다는 의미이기도 하다. 이를 방지하려면 맥아당, 과당 또는 물엿 1큰술을 넣으면 된다. 나는 캐러멜에 소금을 1자밤씩 꼭 넣는데 길거리에서는 이렇게 하지 않으리라는 것도 잘 알고 있다. 팜슈거 캐러멜을 만들 때는 특히 조심해야 되는데 깊고 풍부한 맛을 내는 불순물로 인해 빨리 타버릴 수 있기 때문이다.

상투 모양의 빨간 사탕(왼쪽)
참깨를 뿌린 찹쌀떡 카라멜(오른쪽)

찐 호박과 코코넛 커스터드

STEAMED PUMPKIN AND COCONUT CUSTARD ■ SANGKAYA FAK TONG ■ สังขยาฟักทอง

4~6인분

단호박 큰 것 1개 또는 작은 것 2개
상온에 둔 달걀 1개
얇게 깎은 팜슈거 3큰술
걸쭉한 코코넛 크림 ½컵
소금 1자밤

태국어로 상카야sangkaya는 커스터드를 말하는데 꽤 많은 태국 디저트의 기본 재료로 사용되고 있다. 이 디저트 가운데 가장 인기있는 것은 코코넛 커스터드를 넣고 쪄낸 호박이다. 태국 호박은 작고 울퉁불퉁한 청녹색 표피에 땅딸막하게 생겼으며 속살은 연한 황금색이다. 단호박은 그 맛과 질감에서 태국 호박과 매우 유사하다. 딱 맞는 크기의 작은 호박을 구할 수 없다면 커스터드를 작은 쟁반에 담아 따로 쪄서 조각낸 찐 호박과 함께 차려내도 된다. 호박 대신 찹쌀밥에 곁들여내기도 한다(312쪽 참조).

　반드시 가장 걸쭉한 코코넛 크림을 사용해야 한다. 그렇지 않으면 커스터드가 갈라질 수 있고 식으면 그 상태로 완전히 굳어버린다. 태국 요리사들은 꽤 높은 온도로 쪄내는데 이 경우에도 커스터드가 갈라질 수 있고 공기가 팽창하면서 그 압력으로 인해 거품이 생성되어 작은 기포 자국을 남기게 된다. 나는 좀 더 부드럽게 다루는 편인데 시간은 더 걸리지만 결과물은 아주 만족스럽다. 커스터드는 팜슈거의 맛이 나야 하며 질감은 비단결처럼 부드러워야 한다.

호박 맨 윗부분을 잘라내고 씨를 주의해서 파낸 다음 깨끗하게 씻는다. 찜통에 호박을 뒤집어놓고 어느 정도 익을 때까지 약 15분 정도 찐다. 호박을 꺼내어 증기가 빠져나가도록 반대로 뒤집는다.

작은 놋쇠 웍 또는 냄비에 달걀, 설탕, 코코넛 크림, 소금을 넣고 섞어서 약불로 상온을 약간 넘길 정도로 서서히 데워서 거른다. 1차로 쪄낸 호박에 붓고 커스터드가 익을 때까지 15~20분간 얌전히 찐다. 커스터드는 호박을 툭 치면 약하게 흔들릴 정도로 부드럽게 굳어야 한다. 커스터드가 덜 익었으면 커스터드에 물방울이 떨어지지 않도록 찜통 뚜껑 안쪽의 물기를 닦아낸 다음 다시 닫는다.

다 익었으면 찜통 바스켓을 통째로 빼낸 다음 커다란 접시에 올린다. 커스터드를 채운 호박을 완전히 식힌 다음 웨지 모양으로 잘라서 차려낸다.

재료와 기본 손질

INGREDIENTS AND BASIC PREPARATIONS

다른 훌륭한 요리들처럼, 태국 음식의 완성도 또한 재료의 품질에 의해 좌우된다. 재료는 요리의 기본이다. 태국은 상상력이 풍부한 민족, 복잡한 역사, 좋은 음식을 추구하는 성향으로 이루어진 비옥한 국가다. 그 결과 태국의 요리는 조리법에 대한 간단한 소개 이상의 설명이 필요한 –심지어 단순화된 조리법이 넘쳐나는 길거리 세계에서조차– 흔치 않은 재료들과 기본 손질법을 숙지해야 한다.

이러한 재료 가운데 일부는 낯설고 이국적으로 보일 수도 있지만 그 외에도 얼마나 많은 재료를 사용할 수 있는지 알게 되면 아마도 놀라움을 금치 못할 것이다. 이런 재료들을 찾을 수 있는 가장 좋은 곳은 바로 태국 특산품 가게다. 각국의 주요 도시에 있는 '타이 타운'은 이 책에서 얘기하고 있는 태국 시장과 유사한 점이 있는데, 태국 지역사회의 욕구에 부응하면서 뿌리를 내리고 있는 이곳은 음식과 재료를 공급할 뿐 아니라 낯설고 새로운 세상에서 문화적인 유대 관계를 유지하는 데 도움을 주기도 한다. 물론 이곳은 우리처럼 낯선 이방인들이 태국 요리를 향한 무모한 시도를 할 때도 도움이 된다.

더 작은 도시에서는 어쩔 수 없이 중국 또는 아시아 상점에서 필요한 재료의 대부분을 구해야 하지만 가급적 태국에서 생산된 제품들을 구입하는 것이 좋다. 이는 어설픈 우월주의의 발로가 아니라 많은 태국산 재료들 –새우 페이스트, 피시 소스, 고추와 타마린드 등– 의 맛이 이웃한 나라의 제품들과는 완전히 다르기 때문이다.

마지막으로, 온라인에서도 전 세계의 특수한 식재료를 구할 수 있고 이제는 문 앞까지 배달도 되는 세상이다. 따라서 물리적인 거리는 더 이상 형편없이 망쳐놓은 타국의 음식에 대한 변명거리가 되지 않는다. 예전에는 이해하기조차 힘들었던 재료들의 날로 증가하는 효용성을 적극 활용하자. 이 요리, 바로 여러분의 요리가 그렇게 더 나아질 것이다.

ASIAN CELERY keun chai ขึ้นฉ่าย 아시아 셀러리
셀러리라기보다는 줄기가 가는 라임 색의 파슬리에 가깝다. 강하고 깔끔한 미네랄 풍미가 특징이며 일반적으로 요리를 내기 직전에 추가한다.

AUBERGINE 가지
EGGPLANT 가지 참조

BANANA BLOSSOMS hua bplii หัวปลี 바나나 꽃
바나나 나무의 꽃봉오리로 설탕 바나나 종의 것이 가장 흔하다. 커다란 엽초만 사용하는데 그 속에 있는 덜 익은 바나나는 매우 쓴맛이 나므로 사용하지 않는다. 이 꽃을 다듬는 가장 좋은 방법은 상대적으로 부드럽고 밝은 색의 내층이 나올 때까지 적갈색의 거친 외피를 벗겨내는 것이다. 그런 다음 세로로 길게 잘라 4등분해서 라임 즙 또는 식초를 넣어 신맛을 낸 물에 담가 변색을 방지한다. 4등분한 조각의 하단에 있는 단단한 심을 잘라내고 쓴맛이 나는 바나나를 털어낸다. 다시 산성 물에 넣고 나머지 조각들도 반복한다. 필요에 따라 얇게 썰거나 잘게 채 썬다. 이 모든 과정은 가능한 차려내는 시점에 가까울수록 좋은데 신맛을 낸 물은 바나나 꽃의 변색을 지연시킬 뿐, 완전히 막을 수는 없기 때문이다.

BANANA LEAVES bai dtong ใบตอง 바나나 잎
신선하고 선명한 녹색의 아주 어린 잎이 가장 좋으며 자라면서 질겨지고 너덜너덜해져서 다루기 힘들어진다. 이런 잎들을 끓는 물에 데쳐서 부드럽게 만드는 요리사들도 있는데 재빨리 담갔다가 건져야 한다. 바나나 잎은 보통 아시아 상점에서 찾을 수 있는데 잘라놓은 잎을 두루마리처럼 말아서 판매하며 사용할 때는 잘 다듬어서 젖은 천으로 닦아내야 한다.

BASIL 바질
태국 요리에 사용하는 바질은 크게 세 종류가 있다. 타이 바질은 아시아 식료품점에서 쉽게 구할 수 있는 반면 홀리 바질, 레몬 바질은 오직 태국 상점에서만 찾을 수 있다. 바질을 하루 정도만 보관할 경우에는 굳이 냉장할 필요 없이 젖은 천으로 감싸기만 하면 된다. 더 오래 보관하려면 냉장고에 보관하는 것이 좋지만 시간이 지나면서 향이 무뎌진다. 잎은 사용하기 직전에 딴다.

Thai basil bai horapha ใบโหระพา 타이 바질
언뜻 이탈리아 바질처럼 보이지만 짙은 보라색 줄기와 하얀 꽃봉오리가 있는 점이 다르다. 신선할 때는 아니스와 같은 맛과 향을 풍성하게 뿜어낸다.

holy basil bai grapao ใบกระเพรา 홀리 바질
이 바질은 정향의 알싸함과 함께 태국 바질보다 훨씬 선명한(날카로운) 맛이 난다.

lemon basil bai manglaek ใบแมงลัก 레몬 바질
레몬 바질의 연두색 잎과 줄기는 레몬 껍질의 매혹적인 향과 단맛을 낸다. 아쉽게도 이 풍미는 오래 지속되지 않아서 하루 정도 지나면 거의 다 사라지게 된다.

BEAN CURD dtao huu เต้าหู้ 두부
두부는 끓는 물과 함께 퓌레로 만든 콩에 소금을 넣어 마치 석고처럼 굳혀서 압착한 응고물 또는 단단해진 단백질이다. 두부는 그 종류가 매우 다양하다.

silken bean curd dtao huu orn เต้าหู้อ่อน 연두부
이 두부는 가장 부드럽고 섬세하고 연한 특성이 있지만 쉽게 으스러지므로 다룰 때는 주의를 요하지만 그만한 가치는 충분하다.

yellow bean curd dtao huu leuang เต้าหู้เหลือง 노란 두부
이 두부는 좀 더 단단한 종류이며 압착한 다음 노란 염료에 담근다. 빨간색의 중국 로고가 찍혀 있는 경우가 많고 아시아 이외의 지역에서는 구하기가 매우 어려우므로 없을 경우에는 일반 두부를 사용하면 된다.

fermented bean curd dtao huu yii เต้าหู้ยี้ 삭힌 두부
이 톡 쏘는 풍미의 두부는 중국 청주나 향신료, 드물게는 쌀 곰팡이에 숙성시켜서 만든다. 빨간색과 흰색 두 가지 종류가 있는데 둘 다 중국 상점에서 쉽게 구할 수 있다. 나는 대체로 크림처럼 하얗고 깊은 맛이 나며 냄새도 덜한 흰색 두부를 좋아하는데 빨간색 두부는 겉 보기에 화려하고 이국적이라 할지라도 그 풍미가 너무 강하다고 생각한다.

BITTER MELON mara มะระ 여주
여주는 길 들여지지 않은 짐승과도 같다. 그 맛에 익숙해진 사람들도 있지만 나는 반드시 전 처리를 해야 먹을 만해진다고 믿고 있다. 여주는 반으로 가른 후에 씨, 특히 하얀 속을 긁어낸 다음 소금으로 문질러서 30분 간 그대로 두면 쓴맛이 조금 빠져나온다. 이를 잘 씻어서 요리한다. 어떤 요리사들은 진한 소금물에 담그기도 하지만 강인한 입맛을 가진 용감한 요리사들은 이처럼 자질구레한 것들에는 아무런 신경을 쓰지 않는다.

CARDAMOM 카다멈
태국 요리에는 여러 종의 카다멈이 사용된다.

Thai cardamom luk grawarn ลูกกระวาน 태국 카다멈
이 책에서 선택한 카다멈으로, 작고 둥그스름하며 까만 씨앗이 들어 있는 황백색의 줄무늬가 있는 껍질이다. 보통 구운 다음 향기로운 씨앗은 사용하도록 그대로 둔 채 겉껍질을 털어낸다. 태국 식료품점이나 중국 약재상에서 찾을 수 있다. 좀 더 흔한 녹색 카다멈, 인도 카다멈을 대신 사용할 수도 있지만 이들의 맛이 더 강하고 매워서 태국 카다멈 분량의 ⅓ 이하

로 사용하면 된다.

Chinese black or brown cardamom luk chakoo ลูกชักโก
중국 검은 카다멈 또는 갈색 카다멈
아모멈(amomum)이라고도 알려져 있는 검은 카다멈 또는 갈색 카다멈은 퀴퀴한 냄새가 나면서 줄무늬가 있는 짙은 색의 씨앗으로 그을린 향과 시큼한 맛을 만들어낸다. 대부분의 중국 식료품점에 있는 향신료 코너에서 쉽게 찾을 수 있다.

cardamom leaves bai grawarn ใบกระวาน 카다멈 잎
주로 무슬림식 커리에 사용되며 태국 남부를 제외하면 그리 흔하지 않다. 태국 밖에서는 아시아 식품점에서 말레이/인도네시아어로 다운 살람(daun salam)이라는 것을 찾을 수 있지만 말린 월계수 잎으로 대체할 수 있다.

CASSIA BARK op cheoi อบเชย 계피
계피는 가난한 자의 시나몬이라고도 하지만 나는 계피가 몸값 비싸서 더 잘 알려진 사촌보다 더 달고 깊은 맛이 난다고 생각한다.

CHICKEN STOCK nahm soup gai น้ำซุปไก่ 닭 육수
오래된 닭 육수로는 낼 수 없는 단맛과 특유의 향이 있으므로 갓 만든 육수를 사용하는 것이 가장 좋다고 생각한다. 육수를 미리 만들어두는 것이 더 실용적이라고 생각한다면 냉장 2~3일, 냉동 1달을 넘기지 말아야 한다. 육수를 데울 때는 약간의 생강과 마늘을 조금 넣어 맛과 향을 되살려준다. 나는 주로 닭 뼈를 사용하지만 태국에서는 돼지 뼈로 만든 육수 또한 인기가 많다. 돼지로 육수를 만들려면 다리 또는 골반 뼈를 사용하면 된다.

냄비의 크기에 따라 육수 2~3리터 정도 만들기
닭 뼈 2kg – 닭을 통째 사용해도 된다.
소금 넉넉한 1자밤
생강과 마늘 약간
쪽파, 양배추, 고수 줄기 자투리 – 어떤 것이든
껍질을 벗기고 얇게 썬 작은 무(mooli) 1개

닭 뼈를 씻어서 절구나 무거운 물건으로 약간만 부순다. 커다란 냄비 또는 육수 전용 냄비에 닭 뼈를 넣고 찬물을 붓는다. 소금을 넣고 끓일 때까지 가열한 다음 채소를 넣고 부유물을 걷어내면서 2시간 정도 끓인 다음 거른다.

CHILLI JAM nahm prik pao น้ำพริกเผา 고추 잼
고추 잼은 튀긴 샬롯, 마늘, 고추, 말린 새우로 맛있게 양념해서 다용도로 사용할 수 있도록 만든 그다지 맵지 않으면서도 매캐한 향이 나는 재료다. 병에 담아 냉장하면 거의 영구 보관할 수 있다.
대부분의 아시아 상점에서 미리 만들어놓은 제품을 찾을 수 있는데 일반적으로 공산품 커리 페이스트보다 더 괜찮은 편이지만 직접 만들면 더 깊은 맛을 낼 수 있다.

약 1컵 분량
말린 홍고추 5~10개
건새우 ¼컵
튀김용 식용유
얇게 썬 붉은 샬롯 2컵
얇게 썬 마늘 1컵
갈랑갈 2조각
얇게 깎은 팜슈거 2~3큰술
진한 타마린드 물 3큰술
소금 넉넉한 1자밤 또는 피시 소스 1~2큰술

고추 꼭지를 따고 세로로 길게 잘라 씨를 긁어낸다. 고추가 부드러워지도록 물에 약 15분 정도 담갔다가 건져서 남아 있는 물을 최대한 짜낸다. 건새우를 씻어서 부드러워지도록 물에 몇 분간 담가둔다.

크고 안정감 있는 웍 또는 넓고 바닥이 두꺼운 팬에 튀김용 기름을 ⅔ 정도 높이까지 붓는다. 중고온의 화력으로 조리용 온도계가 180℃를 표시할 때까지 기름을 가열한다. 빵 조각 하나를 기름에 떨어뜨려보면 온도를 알 수 있는데 10~15초 안에 빵이 갈변하면 충분히 가열된 것이다.

샬롯, 마늘, 갈랑갈, 고추가 고르게 익도록 집게나 젓가락으로 저어주면서 노릇노릇해질 때까지 한 가지씩 따로 튀긴다. 샬롯과 마늘을 기름에 넣을 때는 거품이 생기므로 주의한다. 한 번에 조금씩 매우 잽싸게 넣는다. 고추를 넣을 때는 특히 주의해야 하는데 수분 때문에 기름이 튈 수도 있다.

튀긴 재료들을 종이 타월에 건져서 식힌다. 절구에 넣고 빻은 다음 물기를 뺀 새우를 넣고 아주 고운 페이스트로 만든다. 전동 블렌더에 넣고 잘 갈아지도록 튀길 때 사용한 기름을 약간 넣어 퓌레를 만들어도 된다. 기름은 적정량만 넣어야 하며 3~4큰술을 넘지 않도록 한다. 중간에 블렌더를 끄고 주걱으로 옆면을 긁어서 안쪽으로 모은 다음 다시 작동시켜서 페이스트가 완전히 퓌레 상태가 될 때까지 갈아준다.

페이스트를 작은 소스 팬에 옮겨 담고 끓을 때까지 가열한 다음 팜슈거, 타마린드 물, 소금, 피시 소스로 간을 한다. 기름기가 많아야 하며 튀김 기름을 몇 큰술 더 넣어야 할 수도 있다. 눌어붙기 시작하면 물 몇 큰술을 넣는다. 계속 저어주면서 매우 걸쭉해질 때까지 끓이되 설탕이 탈 수 있으므로 너무 오래 끓이지 않는다. 3~4분이면 충분하다.

완성된 '잼'은 걸쭉하면서 기름 층이 넉넉하게 있어야 하며, 달고 새콤하고 짭조름하며 매콤한 맛이 나야 한다.

CHILLIES prik พริก 고추
고추는 태국 길거리와 시장 여기저기에 널려 있다. 항상 보이는 몇 가지 품종이 있는데 냄비와 팬, 웍에 곧장 내던져질 준비가 된 상태다. 생고추는 다양한 색으로 나오지만 건고추는 완전히 익은 붉은 열매로만 만들 수 있다. 생고추보다 더 매콤하며 풍부한 맛이 난다. 태국에서 수입한 건고추는 풍미가 약간 다르므로 이 고추를 구입하도록 하자.

ROASTED CHILLI POWER 참조.

long chillies prik chii faa พริกชี้ฟ้า 길다란 고추
이 고추는 흔하게 볼 수 있는 평범한 품종이다. 붉은색과 녹색이 있고 미적인 관점과는 별개로 서로 바꿔가며 사용할 수 있다. 이들의 차이는 그저 익은 정도가 다르다는 것이다. 녹색 고추는 약간 떫은맛이 나는 덜 익은 것으로, 더 익으면 빨갛게 변한다. 어떤 사람들은 씨와 속에 있는 하얀 막을 제거하기도 하는데 이는 덜 맵게 하는 정제과정이라 할 수 있다. 나 또한 이렇게 하곤 했지만 지금은 있는 그대로의, 날카롭고 꺾이지 않는 그 배짱 두둑한 작열감을 더 좋아한다.

yellow chillies prik leuang พริกเหลือง 노란 고추
매우 드문 품종이다. 음… 적어도 태국 밖에서는 그렇다. 사촌격인 길다란 고추보다 더 뭉툭하고 더 맵고 더 떫지만 솔직히 말하자면 길다란 풋고추, 홍고추를 대신 사용해도 된다.

banana chillies prik yuak พริกหยวก 바나나 고추
넓고 납작하게 생겼지만 살이 두꺼운 이 고추는 표피가 라임 색이며 그다지 맵지 않다. 작은 피망과 비슷하게 생겼는데 실제로 이를 대신 사용하기도 한다.

bird's eye chillies prik kii nuu suan พริกขี้หนูสวน 새눈고추
녹색의 자그마한 이 고추는 꽤 사나울 수도 있다. 나는 애정을 담아 이들을 폭탄이라 부른다. 엄청나게 맵고 향기로우며 완전히 중독성이 있는 이 고추는 태국 주방 무기고에 있는 유쾌한 무기라 할 만하다. 태국 식품점이나 아시아 슈퍼마켓에서 쉽게 구할 수 있다.

dried long red chillies prik chii faa haeng พริกชี้ฟ้าแห้ง
말린 홍고추
이 고추는 통째로 사용하기도 하지만 커리와 같은 페이스트를 만드는 데 사용할 경우에는 꼭지를 따내고 씨와 흰색의 막을 빼내야 한다. 손이 민감한 사람들은 고추의 분말이 자극을 줄 수 있기 때문에 장갑을 끼고 다루는 것이 좋다. 그런 다음 고추를 물에 담가 부드럽게 만들고 톡 쏘는 맛을 줄인다.

dried bird's eye chillies prik kii nuu haeng พริกขี้หนูแห้ง
말린 새눈고추
이 고추는 물에 씻기만 하면 된다. 어떤 요리사도 좀처럼 씨를 빼내지 않으려 할 텐데 확실한 것은 이 고추의 씨를 건드리고 화장실에 가서 고통을 겪는 길거리 요리사는 없다는 사실이다. 뜨겁고, 피부 깊숙이 파고 들고, 뼛속 깊이 사무친다.

CHILLIES STEEPED IN VINEGAR prik nahm som พริกน้ำส้ม
초절임 고추
면과 함께 먹는 조미료에 빠질 수 없는 구성 요소다. 길다란 홍고추, 풋고추, 노란 고추를 잘게 썰어서 식초에 30분 정도 담가둔다. 오래 담글수록 점점 더 은은한 맛이 난다.

CHINESE LETTUCE(GREEN CORAL LETTUCE)
pak gart horm ผักกาดหอม 줄기 상추

녹색이면서 오돌오돌한 식감을 가진 이 상추는 맛이 순하다. 셀러드라고 불리기도 하며 겨자 잎과 버터 레터스를 합쳐놓은 듯한 모양새다. 아시아 식료품점에서 구할 수 있지만 녹색 상추라면 은근슬쩍 대체해서 사용할 수 있다.

CHINESE RICE WINE lao jin เหล้าจีน 청주

태국요리에서는 거의 사용하지 않지만 이를 사용하는 요리는 대체로 중국에서 유래됐다는 사실을 나타낸다. 중국 식품점에서 손쉽게 구할 수 있다.

CILANTRO 고수
CORIANDER 고수 참조

COCONUT mapraow มะพร้าว 코코넛

생코코넛을 살 때는 항상 크기에 비해 무거운 것을 골라야 한다. 무게는 성숙도를 나타내며 크림을 만들기에는 묵은 코코넛이 가장 좋다. 코코넛이 성숙할수록 껍데기에 붙어 있는 하얀색의 내벽이 두꺼워지며 풍성하고 투명해져서 크림의 양이 더 많아진다.

그러나 코코넛은 신선해야 한다. 앞뒤가 맞지 않게 들리겠지만 코코넛을 흔들어봤을 때, 안에 물이 들어 있으면 속살이 발효되었을 가능성이 적다. 발효가 시작되었다면 크림이 상했을 테고 그 정도에 따라 사용하지 못할 수도 있다. 코코넛 눈 주변으로 곰팡이가 보이면 부패되었다는 또 다른 표시다.

코코넛을 깨려면 코코넛 눈이 엄지손가락이나 새끼손가락을 향하도록 손바닥에 올려놓는다. 코코넛 물이 떨어져서 고이도록 오목한 그릇을 받치고 무거운 토막용 칼 등으로 코코넛의 한가운데를 강하게 후려쳐서 솜씨 좋게 쪼갠다. 겉 껍질이 바스러지도록 내리친 다음 재빨리 들어올린다. 한 번 내리칠 때마다 코코넛을 90도로 돌리면서 계속 강하게 내리친다. 서너 번 또는 다섯 번 정도 반복한다. 일단 코코넛에 금이 가면 손바닥에 닿지 않도록 손가락 끝으로 쥐어야 한다. 껍데기의 균열에 충격이 가해지면서 다시 맞물리는데 코코넛에 물릴 것이라고는 아무도 예상치 못할 테고 또 좋아하지도 않을 테니 말이다. 절반으로 쪼갠 코코넛을 씻어서 변색되었거나 곰팡이가 핀 부분을 제거한다.

"토끼"라 불리는 태국의 전통적인 코코넛 강판은 끝에 여러 갈래로 나뉘어진 날카로운 날이 달린 작은 걸상이다. 그러나 손으로 돌리는 회전식 강판 또는 껍질 칼도 사용할 수 있는데 긴 가닥으로 만들려면 기구를 껍데기와 직각을 이루도록 쥔 채 코코넛 단면을 따라 끌어당기고 짧은 채를 만들려면 코코넛 단면의 가운데부터 테두리까지 깎아낸다. 코코넛을 규칙적으로 돌려주면 일정한 크기의 가닥을 만들 수 있다. 갈아놓은 코코넛으로 코코넛 크림을 만든다면 껍데기와 속살 사이에 자리잡은 갈색의 껍질 층이 들어가지 않도록 해야 하는데 이 껍질은 크림의 단맛을 죽일 뿐만 아니라 색을 탁하게 만든다.

긴 가닥들은 대부분 디저트에 장식용으로 사용한다. 이를 위해 태국 요리사들은 맛이 꽉 차 있으면서도 부드러운 속살의 반숙성(semimature) 코코넛을 사용한다. 이런 종류의 코코넛은 태국 이외의 지역에서는 찾아보기 힘들며 속살을 갈아 쓰기에는 너무 덜 익은 녹색의 풋 코

코넛과 혼동하지 말아야 한다.

COCONUT CREAM hua gati หัวกะทิ
AND COCONUT MILK hang gati หางกะทิ
코코넛 크림과 코코넛 밀크

신선한 코코넛 크림의 맛은 비교할 수 없을 정도로 감미롭고 풍성한데, 내 생각에 그 깊은 풍미는 이를 생산하는 데 들이는 노력이 헛되지 않았음을 보여준다. 전통적으로 코코넛을 갈 때는 같은 양의 따뜻한 물과 함께 몇 분간 손으로 작업하며 −요리에 따라, 태국 자스민 꽃 또는 판단 잎으로 향을 내기도 한다− 일부 요리사들은 갈아놓은 코코넛에서 직접 크림을 추출하기도 한다. 이렇게 하면 가장 깊은 맛의 걸쭉한 크림을 만들 수 있지만 시장에서 코코넛을 다루는 소녀들처럼 손과 손목의 센 힘이 필요하다. 불행히도 내게는 그런 악력이 없다.

하지만 나는 블렌더로 성공을 거두었는데, 갈아놓은 코코넛을 블렌더에 넣고 따뜻한 물을 부어서 몇 분간 갈아주면 된다(코코넛 워터는 코코넛 크림 또는 밀크를 시큼하게 만들기 때문에 사용하면 안 된다).

갈아놓은 코코넛으로 크림 또는 밀크를 추출할 때는 항상 면포로 유리, 도자기 또는 플라스틱 그릇에 짜낸다(금속 재질에서는 크림이 변색된다). 죽기살로 쥐어짜서 이 새하얀 자양분을 최대한 많이 뽑아낸다. 가라앉아서 분리되도록 20분간 그대로 둔다. 크림은 더 걸쭉하고 불투명한 액체로 좀 더 연한 액체인 밀크 위에 분리되어 떠 있다. 아무리 많은 물을 넣어도 크림은 밀크에서 분리되기 때문에 산출량은 언제나 거의 같다. 일반적으로 품질 좋은 코코넛 한 개에서 한 컵 정도의 코코넛 크림이 나온다. 짜는 과정을 반복하기도 하는데, 두 번째 과정에서는 크림보다 밀크가 더 많이 나오게 된다.

크림, 밀크 둘 다 몇 시간 내에 사용해야 가장 좋다. 냉장하면 더 오래 보관할 수는 있지만 크림이 굳어져서 섞어 쓰기 힘들고 특히 디저트에는 사용하기 힘들어진다. 그러니 이러한 사실들을 감안하면 사용하기 직전에 만드는 것이 가장 좋다.

위에 서술한 모든 내용들은 코코넛 크림, 코코넛 밀크를 직접 만들려는 사람들을 위한 것이다. 또한 나로서는 당연히 그렇게 하라고 권하겠지만 내 경우엔 다양한 주방에서 요리사들이 나를 위해 만들어주는 호사를 누리거나 내가 태국에 있을 때는 시장에 갈 수 있는 여건이 된다. 아마도 여러분들은 안하거나 못할 테지만. 많은 사람에게 통조림 제품은 좀 더 현실적인 대안이다. 특히 분리된 코코넛 크림을 꼭 사용해야 하는 커리를 만들고 있다면 유화제가 들어 있지 않은 제품을 찾아야 하며 캔을 흔들지 말고 맨 위에 있는 걸쭉한 크림만 사용하는 것도 좋은 방법이다.

태국 요리사들이 통조림 제품을 사용할 때는 코코넛 크림을 넣기 전 기름 한 큰술에 커리 페이스트를 먼저 볶는다. 이렇게 하면 커리가 필요로 하는 유지를 보태주면서 크림에 더 풍성한 맛을 내주기 때문이다.

CORIANDER pak chii ผักชี 고수

태국 요리에서는 이 허브의 모든 부위를 사용한다. 씻어서 물기를 제거한 다음 약간의 줄기와 함께 뿌리를 뜯어내고 잎과 줄기를 다진다. 귀하신 몸의 요리사 외에는 잎만 따로 골라서 사용하는 요리사는 거의 없다.

뿌리는 모든 종류의 페이스트와 탕에 들어가므로 절대 버리면 안 된다. 표피가 얇을 경우에는 굳이 벗길 필요는 없지만, 나는 늘 껍질을 벗기

는 편이다. 표피를 긁어낸 다음 잘 씻는다. 물에 담가두면 사이사이에 숨어 있는 흙이 쉽게 녹아내리거나 떨어져 나간다. 물기를 잘 뺀 다음 사용한다.

CURRY POWDER pong gari ผงกระหรี่ 커리 가루
사실 대부분의 태국 사람들은 시장에 가서 미리 만들어놓은 커리 가루를 구매한다. 여러분도 당연히 그렇게 할 수 있는데, 다만 커리 가루가 아주 순한 맛인지 확인하고 원래의 상태를 더 오래 유지할 수 있도록 냉장고에 보관한다는 전제하에서다. 직접 만들어 사용하고 싶은 사람들은…

curry powder for beef pong gari samrap neua
ผงกระหรี่สำหรับเนื้อ 소고기와 어울리는 커리 가루

약 ½컵 분량
긴 후추(인도 상점에서 피팔리 'pipalli' 또는 피파르 'peepar'라는 이름으로
    판매하고 있음) – 선택 사항
검은 통후추 1작은술
고수 씨앗 1½작은술
커민 씨앗 1큰술
정향 1작은술
펜넬 씨앗 1작은술
외피를 털어낸 태국 카다멈 꼬투리 7개 또는 녹색 카다멈 꼬투리 4개
터메릭 가루 2큰술
갈아놓은 생강 1½큰술

전동 분쇄기 또는 절구로 통 향신료를 갈아 가루로 만든다. 터메릭, 생강을 넣고 섞어서 가루를 체에 내린다. 냉장고에 보관한다.

curry powder for chicken pong gari samrap gai
ผงกระหรี่สำหรับไก่ 닭고기와 어울리는 커리 가루

약 ½컵 분량
말린 홍고추 2개 – 선택 사항
고수 씨앗 1큰술
커민 씨앗 1큰술
펜넬 씨앗 2작은술
태국 카다멈 꼬투리 5개 또는 녹색 카다멈 꼬투리 3개
정향 5개
3cm 길이의 계피 조각
강판에 간 넛멕 ½개
갈아놓은 생강 2큰술
터메릭 가루 1큰술

고추를 사용한다면 꼭지를 따고 세로로 길게 반을 잘라서 씨를 긁어낸다. 고추가 부드러워지도록 15분 정도 물에 담가둔 다음 물기를 제거하고 말린다. 바닥이 두꺼운 팬에 통 향신료를 한 가지씩 따로 넣고 타지 않도록 팬을 흔들어주면서 향기가 날 때까지 덖는다. 카다멈 외피를 털어낸다.

전동 그라인더 또는 절구로 덖은 통 향신료와 말려놓은 고추를 가루로 만든다. 넛멕, 생강, 터메릭을 넣고 섞어서 가루를 체에 내린다. 냉장고에 보관한다.

curry powder for seafood pong gari samrap arharn tarlae
ผงกระหรี่สำหรับอาหารทะเล 해산물과 어울리는 커리 가루

약 ¾컵 분량
백 통후추 1큰술
고수 씨앗 1½작은술
커민 씨앗 1½작은술
펜넬 씨앗 1½작은술
태국 카다멈 꼬투리 5개 또는 녹색 카다멈 꼬투리 3개
2cm 길이의 계피 조각
강판에 간 넛멕 ½개
갈아놓은 생강 3큰술
터메릭 가루 4큰술

바닥이 두꺼운 팬에 통 향신료를 한 가지씩 따로 넣고 타지 않도록 팬을 흔들어주면서 향기가 날 때까지 덖는다. 전동 그라인더 또는 절구를 사용해서 가구로 만들고 넛멕, 생강, 터메릭을 넣어 섞는다. 아주 고운 가루를 만들려면 체에 내린다. 지루한 과정이 분명하지만 겨를 걸러낸 그 결과물은 맛은 충분한 보상이 되고도 남는다. 냉장고에 보관한다.

DEEP-FRIED GARLIC 튀긴 마늘
    GARLIC 마늘 참조

DEEP-FRIED SHALLOTS 튀긴 샬롯
    RED SHALLOTS 붉은 샬롯 참조

DRIED CHILLIES 건고추
    CHILLIES 고추 참조

DRIED PRAWNS gung haeng กุ้งแห้ง 건새우
이 작고 예쁘게 생긴 새우는 신선한 상태라면 짭조름하면서 매우 맛있다. 상업적으로는 껍질을 벗긴 작은 새우를 소금물에 쪄서 그대로 말려서 생산한다. 하지만 너무 오래 보관하면 노화되어 색이 바래는데 암모니아 냄새가 희미하게 나곤 한다. 이 상태로 팔리는 경우도 많다. 냉동된 상품을 찾자. 분홍색을 띠면서 달콤한 냄새를 풍긴다. 물론 신선도와 품질을 확신할 수 있도록 직접 만들어서 사용하는 것이 더 좋다.

작은 생새우 30마리
소금 ½작은술
피시 소스 또는 연한 간장 1큰술 정도
백설탕 1자밤

새우의 껍질을 벗기고 내장을 제거한 다음 잘 씻는다. 소금, 피시 소스 또

는 간장, 설탕을 섞어서 새우에 붓고 약 2시간 정도 재워둔다.

쟁반에 호일을 깔고 식힘 망을 올려서 그 위에 새우를 놓는다(이렇게 하면 더 깔끔하게 떨어진다). 우리가 먹기도 전에 벌레나 새들이 먹어 치우지 않도록 면포를 덮은 채로 직사광선 아래에서 하루 또는 이틀 정도를 말려야 가장 좋다. 또는 점화용 불을 켜놓은 오븐에 넣고 부스러지지 않을 정도로 마를 때까지 하룻밤 정도 말려도 된다.

건새우는 몇 주 정도 냉장 보관할 수 있다. 필요에 따라 분쇄하거나 빻아서 사용한다.

DRIED TANGERINE OR ORANGE PEEL peu som haeng
ผิวส้มแห้ง 말린 편귤 또는 오렌지 껍질

아시아 식품점이라면 어느 곳에서나 찾을 수 있다. 직접 만들려면 흰색 내피를 제거한 편귤, 감귤, 오렌지 껍질을 길게 조각내어 따뜻한 곳에서 하루 정도 말리기만 하면 된다. 밀폐 용기에 담아 보관한다.

EGG NOODLES sen ba mii เส้น บะหมี่ 에그 누들

이 국수는 강력분과 달걀을 치대어 뻣뻣한 반죽으로 만든 다음 밀어서 가닥으로 잘라 만든 것으로 산지와 별도의 요구사항에 따라 납작하게도 또 동그랗게도 만든다. 예를 들어, 중국 요리에 사용하는 에그 누들은 보통 얇고 납작하거나 동그란 모양인 경우도 있지만 치앙마이 국수 요리(카오 소이)의 에그 누들은 훨씬 두꺼우며 대체로 납작한 모양이다.

생면 에그 누들을 살 때는 밀가루를 덧뿌려 놓았는지 확인해야 한다. 3~4일 정도 냉장 보관할 수 있다.

보통 사용하기 전에 한 번 데치는데, 꼼꼼한 요리사들은 전분기를 씻어내기 위해 면을 따뜻한 물에 헹궈주면서 두 번 데치기도 한다.

건면 에그 누들을 사용한다면 제조업체의 표기 사항에 따르면 된다.

EGGPLANT makreua มะเขือ 가지

태국 요리에는 많은 종류의 가지가 사용되지만 아마도 사과 가지와 완두콩 가지 품종이 가장 흔히 사용되리라 생각하며 둘 다 이 책에 소개되는 요리에 등장한다.

apple eggplant makreua pok มะเขือเปราะ 사과 가지

주로 커리와 샐러드에 사용되는 이 가지는 그 생김새로 인해 이런 이름으로 불리게 되었다. 작고 동그랗게 생긴 열매로 보통 표피에 녹색과 흰색의 얼룩 무늬가 아로새겨져 있다. 신선할 때는 속살이 하얗고 매우 아삭거리지만 이렇다 할 맛은 없다. 쉽게 산화되고 빨리 갈변되므로 필요한 만큼만 썰어서 사용해야 한다. 이러한 변색을 늦추기 위해 썰어놓은 가지를 소금물에 담그는 요리사들도 있다.

pea eggplant makreua puang มะเขือพวง 완두콩 가지

이 올리브색의 자그마한 가지는 커다란 완두콩처럼 생겼다. 송이로 자라며 반드시 줄기째 따서 씻어야 한다. 가지에 붙어 있는 꽃봉오리는 물에 몇 분 동안 담가두면 모두 떨어진다. 매우 신선할 때는 약간 떫지만 단맛이 나는데 세상의 많은 것이 그러한 것처럼 노화되면 그냥 쓴맛만 난다. 커리, 특히 코코넛 크림이 들어가는 커리를 만들 때 주로 사용한다. 어떤 요리사들은 요리를 할 때 맨 마지막에 이 가지를 넣어 딱 좋을 정도의 쓴

맛과 아삭한 식감을 그대로 유지하는 반면 다른 요리사들은 차와 같은 풍미를 내기 위해 끓여서 익히기도 한다. 여러분이 이 가지를 찾을 가능성이 가장 높은 아시아 식품점에 있는 것들은 아마도 꽤 노화되었을 것이 분명하므로 이 경우에는 좀 더 오래 끓이는 것이 최선이라 생각한다.

FERMENTED BEAN CURD 삭힌 두부
BEAN CURD 두부 참조

FISH SAUCE nahm plaa น้ำ ปลา 피시 소스

피시 소스는 태국 요리에서 혈액이나 다름 없는 존재다. 소금에 절인 작은 생선을 발효시켜서 만드는데 이 액체를 몇 달 동안 숙성시켜서 걸러준 다음 햇볕 아래에 두고 살균한다. 한때는 거의 모든 가정, 모든 마을에서 고유의 피시 소스를 직접 담그기를 고집했지만 지금은 대부분 시장에서 사다 쓰고 있다. 태국에는 여러 가지 종류의 피시 소스가 있으며 각 지방에서 사용되는 특정 어류에 따라 지역별로도 그 형태가 달라진다.

태국 밖에서는 두세 개의 회사가 시장을 장악하고 있으며 그 품질도 상당히 우수한 편이다. 일부 회사들은 이제 유기농 또는 최고급의 피시 소스를 내놓고 있는데 어떤 브랜드로 결정하든 산화되어 맛이 밋밋해지기 전에 다 사용할 수 있을 정도의 작은 병을 사는 것이 좋다. 개봉한 뒤에는 수분이 증발해서 병 바닥에 소금 결정체가 생길 수 있다. 유리처럼 생겼지만 유리 파편이 아니므로 걱정할 필요는 없다. 나는 소스가 너무 짜거나 퀴퀴한 냄새가 날 때는 물을 조금 넣어주면 원상태에 가깝게 되돌릴 수 있다는 사실을 알아냈다. 찬장에 둬도 괜찮긴 하지만 그래도 냉장고가 더 안전하다.

태국 사람들 가운데에는 특히나 북동부에서 전해진 커다란 물 벌레 (Lethocerus indica)로 향을 낸 태국어로 맹따(maengdtaa)라고 하는 피시 소스를 좋아하는 사람들도 있다. 논에서 흔히 볼 수 있는 이 곤충은 잡아서 깨끗하게 손질한 다음 그 일부를 피시 소스에 첨가한다. 끔찍하게 들릴 수도 있지만 아주 맛있고 그 결과물인 소스는 향이 좋기로 유명하다. 운이 좋다면 상점의 피시 소스 코너에서 아주 작은 병에 든 것을 찾을 수도 있다. 아껴 쓰자.

FIVE-SPICE POWDER pong parlow ผงพะโล้ 오향 가루

오향 가루는 중국 요리법에서 매우 중요한 요소라 할 수 있는데 지방이 많은 육류, 그중에서도 돼지고기와 오리고기의 진한 맛을 균형 있게 맞추는 역할을 한다. 다섯 가지의 향신료로 만들어서 오향 가루라 칭하는 것이 아니라(대부분 6가지, 7가지 향신료들이 섞여 있다) 중국 문화 전반에 걸쳐 깊이 자리잡고 있는 다섯 가지 요소, 즉 땅, 바람, 철, 불, 물을 의미하는 향신료를 적어도 하나씩은 함유하고 있기에 오향이라고 칭하는 것이다. 이와 같은 균형에 대한 필요성은 체내의 조화를 증진하는 성분을 신중하게 사용하는 방식으로 요리계에 그대로 반영된다. 그래서 오향 가루는 중국 약전(藥典)에 따라 맵고 달고 시고 쓰고 달고 짠 성분들이 혼합된 것이다. 몇몇 요리사들은 백후추, 고수 씨앗, 갈색 카다멈과 같은 몇 가지 다른 종류의 향신료를 사용하기도 한다.

상점에서 손쉽게 구입할 수도 있지만 나는 사실 그 상품들이 오래된 것은 아닐지 걱정스럽다. 간단하게 직접 만들 수 있으니 가능하면 만들어 보자. 이 경우 요리의 맛도, 먹는 사람의 건강도 더 나아지리라 생각한다.

약 ½컵 분량
스촨 페퍼(초피) 1큰술
팔각 10개
2 x 8cm 크기의 계피 조각
펜넬 씨앗 1½작은술
정향 3개
백 통후추 1작은술

바닥이 두꺼운 팬에 스촨 페퍼, 팔각, 계피, 펜넬 씨앗, 정향을 한 가지씩 따로 넣고 타지 않도록 흔들어주면서 향기가 날 때까지 살짝만 덖는다. 전동 분쇄기 또는 절구에 백 통후추와 함께 넣고 갈아서 가루로 만든다. 체에 내려서 밀폐 용기에 담아 가급적 냉장고에 보관한다.

GALANGAL khaa ข่า 갈랑갈
갈랑갈은 생강과 비슷하게 생겼지만 맛은 상당히 다른데, 맵싸하고 톡 쏘는 맛이 나면서 선명한 향이 있다. 어릴 때는 껍질이 얇고 하얀색이며 가끔씩 분홍 빛을 띠기도 한다. 속살은 미색에 가깝다. 탕 요리에 가장 좋을 때가 바로 이 때다. 시간이 지나면서 껍질은 노랗게 심지어 붉은색으로도 변하며 살은 더 단단해진다. 이런 상태라면 커리 페이스트용으로 좋다. 생갈랑갈은 아시아 식품점에서 찾을 수 있다.

GALANGAL POWDER khaa bon ข่าป่น 갈랑갈 가루
갈랑갈 가루는 아시아 식품점에 가면 쉽게 구할 수 있지만 오래되어 상태가 좋지 않은 것들이 많다. 직접 만들기도 쉬운데 그 맛은 비교를 불허한다. 껍질을 벗긴 갈랑갈을 얇게 썰어서 햇볕에 두고(또는 문을 약간 열어둔 채 점화용 불씨만 남겨둔 오븐처럼 따뜻한 곳에 두고) 말린다. 완전히 마르면 전동 분쇄기 또는 절구로 갈아서 고운 가루로 만든다. 밀폐 용기에 담아 냉장보관한다.

GARLIC gratiam กระเทียม 마늘
태국 마늘은 서양에서 흔히 사용하는 마늘보다 훨씬 작고 단맛이 강하다. 나는 이 마늘을 접할 때마다 햇마늘 또는 물마늘이 생각난다. 물론 일반 마늘도 좋지만 사용하는 마늘이 생각보다 톡 쏘고 매운맛이 강하다면 레시피에서 요구하는 마늘의 양을 줄이면 된다. 원물 그대로도 광범위하게 사용될 뿐만 아니라 여러 요리에 알맞도록 마늘을 손질하는 몇 가지 방법도 있다.

deep-fried garlic gratiam jiaw กระเทียมเจียว 마늘 튀김
마늘 튀김은 아시아 식료품점에 가면 쉽게 구할 수 있지만 공산품은 대개 노화된 상태이며 방부제로 간신히 버티고 있어서 그다지 쓸모가 없다. 따라서 집적 만드는 편이 좋은데 더 저렴하고 더 신선하고 더 맛있다.

　마늘을 세로로 같은 두께로 거의 종이 두께처럼 얇게 썰어서 준비한다. 작은 웍 또는 바닥이 두꺼운 팬에 튀김용 기름을 넉넉하게 붓고 중고온의 화력으로 조리용 온도계가 180℃를 표시할 때까지 기름을 가열한다. 온도계가 없을 경우 빵 조각 하나를 기름에 떨어트렸을 때 10~15초 안에 빵이 갈변하면 충분히 가열된 것이다. 마늘을 넣고 화력을 조금 줄인다. 마늘의 색이 노릇하게 변하면서 고소한 냄새가 날 때까지 집게나

젓가락으로 계속 저어주면서 튀긴다. 다 튀겨진 마늘을 종이 타월에 건져내어 기름을 뺀다. 식으면 밀폐 용기에 담아서 2~3일간 보관할 수 있다. 마늘 향이 밴 기름을 체에 걸러 찌꺼기를 제거한 다음 튀김이나 볶음용으로 사용할 수 있다.

garlic deep-fried in oil or with pork scratchings
gratiam jiaw gart muu กระเทียมเจียวกากหมู
기름에 튀기거나 돼지 껍데기와 함께 튀겨서 그 기름에 담가놓은 마늘 튀긴 마늘은 모든 종류의 국수에 잘 어울린다. 요리에 더욱 풍성한 맛을 내준다. 전통적으로 마늘을 튀길 때 사용하는 기름은 순하고 부드러운 맛을 내주는 돼지기름이지만 현대 요리사들은 주로 식용유를 사용한다. 식용유 또는 돼지 지방에 재운 마늘은 보존성이 좋아서 적어도 일주일 정도는 보관할 수 있다. 대부분의 태국 사람은 상온 보관을 아무렇지 않게 생각하지만 나는 다소 걱정이 되어 살며시 냉장고에 넣어두곤 한다. 물론 사용하기 전에는 반드시 다시 데워야 한다.

⅓ 컵 분량
잘게 다진 돼지기름 약 100g(대략 ½컵) – 등 지방 추천 또는 식용유 1컵
소금
껍질을 벗긴 마늘 2~3쪽

돼지 지방을 사용한다면 씻어서 소금 한 자밤과 함께 작은 냄비에 넣는다. 물을 붓고 끓을 때까지 가열한 다음 지방이 눌어붙지 않도록 규칙적으로 저어주면서 물이 증발할 때까지 끓인다. 계속 저어주면서 지방이 노릇한 색으로 변하고 맛있는 냄새가 날 때까지 튀긴다(이때쯤이면 물이 모두 증발해서 튀겨져야 한다). 돼지 지방의 색이 너무 진해지거나 타지 않도록 주의한다. 이 경우 기름에 그 색이 배어 나와 못 쓰게 된다. 주의해서 거른 다음 녹인 지방과 바삭해진 껍데기 둘 다 잘 보관한다.

　마늘을 소금과 함께 으스러트려서 입자가 굵은 페이스트로 만든다. 절구에 넣고 빻거나 칼로 곱게 다져도 상관없다.

　작은 냄비에 녹인 돼지 지방 또는 식용유를 넣고 가열한 다음 마늘을 넣고 노릇하게 튀긴다. 불을 끈 다음 튀겨놓은 돼지 껍데기 약 3~4큰술을 넣고 저어준다(남은 돼지 껍데기는 맥주와 함께 먹어야 하니 잘 보관한다). 뚜껑을 덮어서 냉장 또는 상온 보관한다.

GINGER king ขิง 생강
생강은 중국에서 유래된 요리, 특히 볶음 요리에 널리 사용되는데 느끼한 맛과 비린 맛을 잡아주기 때문에 해산물과 함께 사용하는 경우가 많다. 오래될수록 뿌리줄기의 맛은 선명하고 매콤해지는데 때로는 그 맛이 너무 강해지기도 한다. 그럴 때는 생강을 다져서 물에 헹궈내면 톡 쏘는 맛을 없앨 수 있다.

GLASS(BEAN THREAD)NOODLES wun sen วุ้นเส้น 당면
녹두 가루로 만드는 이 국수는 가는 낚싯줄처럼 생겼다. 건조된 상태로는 매우 질기지만 따뜻한 물에 15분 정도만 담가두면 훨씬 부드럽고 다루기 쉬워진다. 이들은 다발로 포장되어 판매되는데 아시아 식품점에서 쉽게 구할 수 있다.

GRACHAI(WILD GINGER) กระเทียม 야생 생강

이 뿌리줄기는 중국 열쇠, 야생 생강, 손가락 뿌리 등을 비롯해서 꽤 많은 이름을 가지고 있다. 적갈색의 작은 교차 뿌리에서 손가락처럼 생긴 뿌리가 싹트기 때문에 이 이름들은 꽤 사실적이라 할 수 있다. 진흙 속에 자라는 장뇌, 생강과 비슷한 풍미를 가지고 있으며 커리와 볶음 요리를 만들 때 누린내와 비린내를 없애는 용도로 사용한다. 드물긴 하지만 태국 상점에서 가끔씩 날것으로 구할 수 있다. 대부분의 경우 절여놓은 것을 병에 담아 판매하며 물기를 빼고 헹궈서 사용한다.

GREEN ASIAN MELON fak ก 박

박은 속살이 많은 멜론의 한 종류로 중국 식료품점에서 몇 가지 종을 판매하고 있다. 아시아 박으로도 알려져 있으며 꽤나 차가운 성질이라 고추의 작열감을 잘 달래준다. 차요테(chayote) –흔히 말하는 늙은 초코(choko)- 를 대신 사용할 수 있다.

HOISIN SAUCE sauce prung rot hoisin ช้อสปรุงรสอ้อยชิน 호이신 소스(해선장)

이 소스는 아시아 식료품점에서 쉽게 구할 수 있으며 발효시킨 콩, 참깨, 흑설탕, 마늘, 식초로 만든다. 더러는 맛이 튀면서 묽고 방부제가 다량 함유되어 있는 제품도 있으므로 신중히 골라야 한다.

JASMINE WATER nahm dok mali น้ำ ดอกมะลิ 자스민 워터

태국 자스민 꽃은 수많은 디저트에 매혹적인 향을 내는 용도로 사용된다. 혹시라도 묘목장에서 태국 자스민(Jasminum sambac)을 보게 된다면 일단 기르자. 따뜻한 날씨에 꽃이 대량으로 만개하는 작은 관목인데 일반적인 자스민은 같은 용도로 사용할 수 없을 듯하다. 그 강렬한 향에도 불구하고 물에 담그면 향이 미약해진다. 개화하지 않은 꽃이 가장 좋은데 향이 더 강렬하기 때문이다. 양 손바닥 사이에 꽃을 하나씩 넣고 눌러서 꽃잎을 벌린다. 물 4컵에 자스민 꽃 10~20개 정도가 필요하다. 벌려놓은 꽃잎을 아래로 향하게 한 채 물에 띄워서 뚜껑을 씌우고 하룻밤 그대로 담가둔다. 꽃을 건져내고 물을 거른다. 자스민 물은 향이 빨리 사라지므로 당일에 모두 사용해야 한다.

　태국 자스민 꽃을 구할 수 없으면 판단 잎으로 향을 내도 된다(다음 페이지). 아시아 상점에서 파는 자스민 에센스를 사용할 수도 있는데 향이 좋지 않아서 사용할 때 주의가 필요하다. 나는 차라리 품질이 좋은 장미수 또는 오렌지 꽃물이 더 적당한 대안이 아닐까 생각한다.

KAFFIR LIME LEAVES bai makrut ใบมะกรูด 카피르 라임 잎

폭넓게 사용할 수 있는 재료로 샐러드 양념, 수프, 커리, 볶음 등의 태국 요리에 기가 막힌 향을 선사한다.

KAFFIR LIMES luk makrut ลูกมะกรูด 카피르 라임

진녹색의 울퉁불퉁한 껍질이 특징인 이 과일은 매우 자극적인 향이 난다. 중과피(흰색 막)는 너무 써서 보이는 대로 제거해야 하지만 껍질은 커리 페이스트를 만들 때 사용된다. 신맛의 미끈미끈한 즙은 샐러드나 커리에 사용되기도 한다. 카피르 라임은 아시아 식품점에서 구할 수 있다.

KANOM JIN NOODLES sen kanom jin เส้นขนมจีน 카놈진 국수

이 국수는 물이 끓는 통에 발효시킨 쌀 퓌레를 압출해서 만든 태국 토종 국수다. 상온에서 다양한 소스와 여러 가지 채소를 조합해서 차려내는데 생면은 태국 이외의 지역에서는 쉽게 접할 수 없지만 반 칸(banh canh)이라 불리는 쌀 전문으로 만든 베트남 쌀국수가 매우 유사하다. 이들은 카놈진 국수와는 달리 더 두꺼우면서 발효 과정을 거치지 않지만 조만간 같은 방식으로 만들게 될 듯하다. 건면 카놈진 국수도 태국, 아시아 식품점에서 점점 더 많이 보이는 추세다.

LEMONGRASS dtakrai ตะไคร้ 레몬그라스

주로 커리 페이스트와 탕을 만들 때 사용하는 레몬그라스는 그 활용 범위가 매우 넓다. 레몬그라스를 준비할 때는 겉잎을 벗겨내고 밑부분과 ⅓ 정도에 해당하는 줄기를 잘라낸다. 이 부분은 아주 상쾌한 향의 차를 만들 수는 있지만 사실 별다른 맛이 없고 질기다.

LIME PASTE bun daeng ปูนแดง 라임 페이스트

조개 껍질로 만든 이 페이스트는 생석회라고도 한다. 이 페이스트는 초절임을 만들거나 밀가루 기반의 반죽을 바삭하게 만들 때, 디저트를 만들 때도 사용된다. 또한 껌처럼 씹는 한입 거리 베텔(구장나무 잎)의 재료 중 하나로 그 기원은 대단히 오래되었지만 그다지 흔치 않은, 하지만 날이 갈수록 찾는 사람이 많아지고 있는 기호식품이다. 아시아 상점에 가면 작은 병에 흰색과 분홍색으로 구분되어 팔고 있는데 대부분의 태국 사람들은 분홍색을 선호한다. 흰색 페이스트는 구장나무 잎 껌 알갱이를 만드는 반죽을 만들 때 사용한다. 요리 목적으로 라임 페이스트를 사용하려면 물에 풀어서 약 15분 정도 침전시켜야 한다. 용기 바닥에 아주 고운 흰색 또는 붉은색 찌꺼기가 쌓였을 때 사용하면 된다. 물은 맑거나 연한 분홍색이어야 하며 그 색은 페이스트에 따라 달라진다. 물은 다 사용하되 가라앉은 찌꺼기는 사용하지 않는다.

MACE dork jaan ดอกจัน 메이스

메이스는 육두구를 뒤덮고 있는 외피다. 날것일 때는 강렬한 붉은색이지만 숙성되면서 은은한 갈색으로 변한다. 메이스는 육두구보다 약하면서 달콤하고 좀 더 꽃 향기에 가까운 향이 나지만 갈아놓으면 급속도로 향이 변한다. 믿을 만한 가게에서 통 향신료로 구매할 수 없다면 차라리 넛멕를 사용하는 것이 좋다.

MALTOSE bae sae แบะแซ 엿당

곡물 발효의 부산물인 이 제품은 무색과 호박색 두 가지가 있는데 고소한 맛의 호박색이 더 잘 알려져 있다. 두 가지 모두 중국 상점에 가면 통에 든 형태로 구입할 수 있고 물엿이나 포도당으로도 대체할 수 있다.

MUNG BEAN FLOUR blaeng tua kiaw แป้งถั่วเขียว 녹두 가루

대부분의 중국 식료품점에서 구할 수 있으며 말린 녹색 녹두를 그저 가루로 만들어놓은 것이다. 페이스트리를 더 가볍게, 반투명하게 익도록 만드는 역할을 한다.

NOODLES 국수 다음 항목 참조.
EGG NOODLES 에그 누들
GLASS (BEAN THREAD) NOODLES 당면
KANOM JIN NOODLES 카놈진 국수
RICE NOODLES 쌀국수

PALM SUGAR nahm dtarn bip น้ำตาลปีบ 팜슈거 (종려당)
갓 만들어낸 순수한 팜슈거는 놀랍도록 깊은 맛을 가진 유연한 질감의 잘 부스러지는 사탕과 같은 설탕으로, 나는 사실 이 팜슈거야말로 태국의 원조 디저트 중 하나였다고 생각한다. 하지만 아쉽게도 태국 이외의 지역에서 구할 수 있는 대부분의 팜슈거는 백설탕과 섞은 것이다. 그러나 본연의 그윽한 풍미는 남아 있어서 짭조름한 음식이든 단 음식이든 넣기만 하면 더 풍부한 맛이 나게 만든다. 팜슈거는 아시아 상점과 슈퍼마켓에서 쉽게 구할 수 있다.

PANDANUS LEAVES bai dtoei ใบเตย 판단 잎
아시아 식품점에서 구입할 수 있는 이 푸른 색의 칼날처럼 생긴 잎사귀는 수많은 태국 디저트에 향을 내는 용도로 사용되며 경우에 따라 삶아서 만드는 요리에서 나는 강하고 불쾌한 냄새들을 없애기 위한 용도로도 사용된다. 또한 한동안 그 향이 그대로 남아 있도록 특정의 육수와 커리를 만들 때 넣기도 한다. 잎이 날것일 때는 향이 거의 나지 않지만 열이 가해지면 매혹적인 견과류 향을 풍긴다.
태국 디저트에 사용하는 판단 잎을 우려낸 향물을 만들려면, 물 1컵에 판단 잎 3~4장을 넣고 몇 분간 뭉근하게 끓였다가 그대로 체온 정도까지 식혀서 잎을 제거한 다음 사용하면 된다.

PICKLED MUSTARD GREENS pak gart dong ผักกาดดอง
절인 겨자 잎
생겨자 잎을 소금에 절여서 만들며 중국 식품점에 가면 두 가지 종류를 구할 수 있다. 하나는 단맛이 나고 다른 하나는 짠맛이 나는데 짠맛이 나는 종류를 선택해야 한다.

PRESERVED CHINESE VEGETABLE dtang chai ตั้งฉ่าย
중국식 채소 절임
잘게 썰어서 소금, 흑설탕, 고추, 갈랑갈에 절인 배추로 아시아 상점에서 쉽게 구입할 수 있다. 하지만 나는 공산품의 경우 너무 짜고 맛도 별로라고 생각한다. 이를 잘 씻어서 약간의 흑설탕, 백후추, 갈랑갈 가루, 중국 청주에 버무리면 맛이 좋아진다.

RED SHALLOTS horm daeng หอมแดง 붉은 샬롯
자그마한 분홍색 샬롯은 회색 또는 갈색 샬롯보다 맛이 뛰어나다. 주로 커리용 페이스트를 만들 때 사용하는데 얇게 썰어서 샐러드에 넣으면 특유의 장밋빛으로 식욕을 돋군다. 아시아 상점에 가면 쉽게 구할 수 있지만 구하지 못했을 경우에는 일반 샬롯으로 대체해도 된다. 맛이 좀 더 강하긴 하지만 적양파로 대체할 수도 있는데 4등분한 다음 매우 가늘게 자르면 된다. 태국 사람들은 샬롯의 예쁜 모양이 더 잘 유지되도록 언제나 세로로 길게 자른다.

deep-fried shallots horm jiaw หอมเจียว 튀긴 샬롯
튀긴 샬롯은 아시아 상점에서 구입할 수 있지만 대부분 오래된 것일 가능성이 크다. 직접 만들려면 샬롯을 세로로 가늘게 같은 굵기로 썰어서 준비한다. 작은 웍 또는 바닥이 두꺼운 냄비에 튀김용 기름을 넉넉히 붓고 중고온의 화력으로 조리용 온도계가 180℃를 표시할 때까지 기름을 가열한다. 빵 조각 하나를 기름에 떨어트려보면 온도를 알 수 있는데 10~15초 안에 빵이 갈변하면 충분히 가열된 것이다. 화력을 살짝 높이고 주의해서 샬롯을 넣는다. 기름이 부글부글 끓는다. 집게나 젓가락으로 계속 저어주면서 색이 나기 시작할 때까지 튀긴다. 튀기는 내내 오일을 매우 뜨겁게 유지해야 하는데 그렇지 않으면 샬롯이 기름을 먹어서 눅눅해진다. 다 튀겨진 샬롯은 종이 타월에 건져낸다. 식으면 밀폐 용기에 담아서 이틀 정도 보관할 수 있다.

RICE kao ข้าว 쌀
쌀 경작은 태국 사회와 문화 그리고 요리를 만들어냈다. 태국 사람들이 쌀을 사용한다면 그 쌀은 무조건 태국 쌀이다. 예외는 없다. 혹자들에게는 논란의 대상이 될 수도 있지만 태국 사람들은 자신들의 쌀이 세계 최고라 믿고 있으며 태국 요리에 사용하는 유일한 쌀은 의심할 여지 없이 바로 태국 쌀이다. 이 쌀은 여타의 쌀과는 다른 향과 특징으로 구별된다. 이 책에는 몇 가지 품종이 등장한다.

jasmine rice kao horm mali ข้าวหอมมะลิ 자스민 라이스
길고 가늘고 다재다능한 이 쌀은 태국 쌀의 주요 품종 중 하나다. 1년에 한 번 수확하며 대부분은 수확한 그해에 판매되고 소비된다. 전년도에 수확한 쌀인 묵은 쌀은 몇몇 요리에 한해서 더 잘 어울리는 경우도 있는데 특히 닭고기와 쌀밥(kao man gai)이 그렇다. 맛이 더 강하고 살짝 퀴퀴한 냄새가 나며 대부분의 중국 식품점에서 찾을 수 있긴 하지만, 있는지 물어보는 것이 좋다. 장립종 쌀을 익히는 가장 좋은 방법은 흡수법으로, 쌀을 씻어서 물을 붓고 재빨리 끓인다. 그런 다음 냄비 뚜껑을 덮고 화력을 매우 약하게 낮춰서 가열한다. 이 상태로 약 10~15분 정도 뭉근하게 끓이다가 불에서 내린 다음 10분 정도 뜸을 들인다. 쌀을 익힐 때 물을 계량하려면(일반 냄비든 밥솥이든 상관없다) 집게손가락 끝을 쌀 표면에 놓고 물을 손가락 첫마디까지 올라오도록 부으면 된다.

white sticky rice kao niaw ข้าวเหนียว 백찹쌀
차진 쌀이라고도 하는 이 품종은 낱알이 짧고 통통하며 익으면 끈적거린다. 찌기 전에 하룻밤 물에 불려야 한다. 백찹쌀은 태국 북부와 북동부의 주산물로 여러 디저트에도 다양하게 사용된다.

black sticky rice kao niaw dam ข้าวเหนียวดำ 흑찹쌀
흑찹쌀은 검은 가지색의 겨 층을 그대로 남겨둔 것으로, 익혔을 때 백찹쌀처럼 끈적이지 않게 해주는 역할을 한다.

rice flour blaeng kao jao แป้งข้าวเจ้า
and sticky rice flour blaeng kao niaw แป้งข้าวเหนียว
쌀가루와 찹쌀가루
쌀가루는 주로 디저트에 바삭한 식감을 부여하는 용도로 사용되는 입자

가 고운 순백색의 가루다. 찹쌀가루는 백찹쌀을 갈아놓은 것으로 대체로 디저트에 풍성하고 끈적한 식감을 부여하는 용도로 사용된다. 둘 다 아시아 식품점에서 구할 수 있다.

RICE NOODLES sen guay tio เส้นก๋วยเตี๋ยว 쌀국수

쌀국수는 쌀가루와 물로 만드는데 묽은 반죽을 면포 위에다 얇은 판 모양으로 펴 발라서 반죽 판(나중에 국수가 된다)이 서로 들러붙지 않도록 기름을 발라서 찐다. 거의 불투명하고 희미한 광택이 나는데 상온에 보관하는 것이 가장 좋으며 하루 이틀 정도는 신선한 상태를 유지한다. 냉장하면 3~4일 정도 그 수명을 연장할 수 있지만 딱딱해져서 쉽게 부서진다. 국수가 차가워졌으면 1분 정도 쪄서 상온 상태로 식혔다가 사용하면 좋다.

볶음용으로 건면 쌀국수를 사용할 경우에는 차가운 물에 15분 정도 담갔다가 물기를 뺀 다음 웍에 넣는다. 볶을 때 국수가 엉켜서 끊어질 수도 있는데 이를 방지하려면 끓는 물에 잠깐 담갔다가 물기를 잘 빼고 웍에 넣으면 된다. 탕에 넣을 건면은 포장지에서 빼낸 다음 그대로 넣으면 된다.

쌀국수는 두께가 다양하다.

wide rice noodles sen yai เส้นใหญ่ 넓은 쌀국수
2cm 넓이로 자른 이 국수는 대체로 볶음이나 탕에 넣어 먹는다.

thin rice noodles sen lek เส้นเล็ก 가는 쌀국수
건조된 상태일 때는 쌀 막대라고도 불리는 이 국수는 탕이나 팟타이를 비롯한 볶음 요리에 두루 사용된다.

rice vermicelli sen mii เส้นหมี่ 쌀 버미첼리
매우 가는 쌀국수로 탕, 락사, 볶음에 사용된다. 혹자들은 팁팁한 맛이 난다고도 하지만 나는 이 국수를 무척 좋아한다.

ROASTED CHILLI POWDER prik bon พริกป่น 구운 고춧가루
말린 고추를 갈아 만든 이 가루는 소스, 커리, 국수와 볶음 등에 양념으로 사용된다. 이를 만들려면 말린 새눈고추 또는 말린 홍고추 1컵을 물기 없는 웍 또는 냄비에 넣고 타지 않도록 계속 저어주면서 색이 변할 때까지 중간 화력으로 덖는다. 식힌 다음 절구나 전동 분쇄기로 기호에 따라 굵직하게 또는 곱게 갈아서 사용한다.

밀폐 용기에 넣어 냉장 보관하면 오래 두고 사용할 수 있다.

SALTED DUCK EGGS kai kem ไข่เค็ม 염장 오리알
오리알을 한 달 정도 소금물에 절여서 만들며 대부분의 중국 식품점에서 구할 수 있다.

SAULTED RADISH hua chai po หัวไชโป๊ว
염장 무 – 후아 차이 포
이것은 무를 소금과 갈색 설탕에 절여서 만들며 중국 식료품점에 가면 통째로, 얇게 썰어서, 잘게 채 썰거나 다진 상태로 판매한다. 잘 헹궈서 물을 뺀 다음에 사용하는 것이 좋다.

SAUCE SIRACHA sauce prik Siracha ซ้อสพริกครีราซา
스리라차 소스
이 맛있는 칠리 소스는 모든 아시아 상점에서 구할 수 있으며 말린 고추와 마늘, 소금, 설탕, 식초와 함께 몇 시간 동안 끓여서 만든다. 태국만 동쪽에 있는 동명의 해안가 마을에서 그 이름을 따왔는데 이 지역에서 널리 알려진 아주 맛있는 해산물 요리에 곁들일 용도로 만들어졌다. 가급적 그 지역에서 생산된 제품을 추천하며 몇 가지 정도 사용해보고 기호에 맞는 것을 찾으면 된다.

SHIITAKE MUSHROOMS het horm เหด็หอม 표고버섯
태국 요리에서는 날것과 말린 것 둘 다 사용한다. 말린 버섯을 다시 원상태로 만들려면 뜨거운 물에 10분 정도 담그거나 약간의 굴 소스로 간을 한 물에 5분 정도 끓이면 된다. 생표고버섯은 아시아 식품점과 일부 슈퍼마켓에서 구할 수 있다. 건표고버섯은 중국 식품점에 가면 항상 구할 수 있는데 갓에 살과 주름이 많고 표면이 갈라져 있는 것을 찾으면 된다. 질긴 줄기는 날것이든 되살린 것이든 제거하곤 하지만 육수에 풍미를 내는 용도로 사용하기도 한다.

SHRIMP PASTE gapi กะปิ 새우 페이스트
태국에서는 가피로 알려져 있는 이 페이스트는 태국 요리의 영혼이라고 할 만하다. 태국에서는 해안 지방마다 고유의 형태가 있는데 다른 곳에서는 선택의 여지가 거의 없고 밀가루를 섞어서 만들기도 한다. 깊은 맛이 나면서 부드럽고 향기가 좋으며 너무 짜지 않은 것을 찾아야 한다. 태국 새우 페이스트는 아시아 식품점에서 쉽게 구할 수 있다.

SIAMESE WATERCRESS (WATER SPINACH) pak bung ผักบุ้ง
시암 물냉이, 물 시금치
옹초이(ong choi) 또는 캉쿵(kang kung)이라고도 알려져 있는 녹색 채소로 비어 있는 줄기와 길쭉한 잎사귀는 아시아 전역에서 사용되고 있다. 중국 시장과 식품점에서 큰 묶음으로 판매되고 있다.

SNAKE BEANS tua fak yaow ถั่วฝักยาว 줄콩
장두(yard-long bean)라고도 하는 이 아삭한 녹색 콩은 샐러드에 아삭한 식감을 내기 위해 사용되며 드물긴 하지만 커리에도 사용된다. 일반적인 깍지콩 또는 풋강낭콩을 대신 사용해도 된다.

SOY SAUCE nahm si iew น้ำซีอิ๊ว 간장
간장은 태국에서 수백 년 동안 만들어진 유서 깊은 조미료다. 콩을 쪄서 말린 다음 통에 넣고 물과 함께 몇 달 동안 발효시킨다. 숙성되면서 물이 증발하여 다양한 밀도의 장이 만들어지는 것이다. 나는 보통 연한 등급, 그러니까 짜지 않고 살짝 단맛이 나며 섬세해서 다용도로 사용할 수 있는 등급을 선호한다. 진한 장은 좀 더 걸쭉하고 색이 짙으며 더 강한 맛이 나는데 일부 소스를 만들거나 드물지만 국수 요리에 한정적으로 사용된다. 모든 아시아 식품점에서 여러 가지 종류와 브랜드를 구할 수 있다.

STICKY RICE 찹쌀
RICE 쌀 하단 참조

STOCK 육수
    CHICKEN STOCK 닭 육수 참조

TAMARIND PULP makaam bliak มะขามเปียก 타마린드 펄프
태국에서 재배되는 대부분의 타마린드는 그 과육이 흑갈색으로 변하고
표피가 깨질 때까지 햇볕에 건조시킨다. 표피를 벗긴 다음 과육을 녹여서
소스와 탕에 사용하는 타마린드 물을 만든다.

　　　태국 이외의 지역에서는 타마린드를 벽돌 모양의 덩어리, 플라스틱
통 또는 농축해서 병에 담은 형태로 구할 수 있는데 편하다고 혹하면 안
된다. 반드시 펄프를 사야 한다. 펄프로는 타마린드 물을 만들기도 쉽고
반값으로도 더 좋은 맛을 낼 수 있다.

TAMARIND WATER nahm makaam bliak น้ำมะขามเปียก
타마린드 물
타마린드 물을 만들려면 일단 필요한 양만큼의 펄프를 떼어내야 한다.
½컵의 펄프와 ½컵의 물로 ¾컵이 약간 넘는 타마린드 물을 만들 수 있
다. 펄프를 씻어서 표면에 있는 효모를 제거한 다음 같은 양의 따뜻한 물
을 부어서 물러지도록 몇 분간 그대로 둔다. 펄프를 짜서 물에 풀어 녹이
고 이를 걸러서 섬유질과 씨앗은 버리고 액체만 사용한다. 묽은 타마린드
물은 뭔가를 보탤 때마다 희석되므로 가장 진하게 만들어두는 것이 좋다.
남은 타마린드 물은 냉장고에서 하루 또는 이틀 정도 보관이 가능하다.

TAPIOCA FLOUR blaeng man แป้งมัน 타피오카 가루
카사바를 가공해서 만든 식품으로 특정 소스를 걸쭉하게 만들거나 끈적
한 질감을 내는 용도로 사용한다. 또한 페이스트리나 케이크에 바삭한 식
감을 내기도 한다.

TARO peuak เผือก 타로
대부분의 아시아 상점에서 구입할 수 있는 타로는 거친 흑갈색 표피와 검
거나 보라색 점으로 얼룩진 크림 같은 흰색의 속살이 특징이다. 생타로에
는 옥산살칼슘이 함유되어 있어서 피부에 자극을 줄 수 있으므로 이를 손
질할 때는 장갑을 착용하는 것이 좋다. 일단 익히면 더 이상 신경 쓸 필요
없다.

THAI CARDAMOM 태국 카다멈
    CARDAMOM 카다멈 하단 참조

THAI SHRIMP PASTE 태국 새우 페이스트
    SHRIMP PASTE 새우 페이스트 참조

TURMERIC kamin ขมิ้น 터메릭
생생한 오렌지 색의 작은 뿌리 줄기로 톡 쏘는 향기와 강렬하면서도 살짝
약물 같은 맛을 가지고 있다. 주로 태국 남부 또는 이슬람 교도의 커리 페
이스트를 만들 때 사용되며 일부 아시아 상점, 특히 인도 요리에 특화된
곳에서 구할 수 있다.

TURMERIC POWDER pong kamin ผงขมิ้น 터메릭 가루
터메릭 가루를 구입할 때는 신중히 골라야 한다. 옥수수가루를 섞어서 양
을 늘리는 경우가 허다하기 때문인데 그 맛도 엉망이다. 신선한 터메릭만
구할 수 있으면 직접 만들기도 쉬운데 그저 껍질을 벗긴 다음 얇게 썰어
서 햇볕 아래 또는 점화용 불씨만 남겨놓고 문을 약간 열어놓은 오븐 속
처럼 따뜻한 곳에서 말리기만 하면 된다. 완전히 마르면 전동 분쇄기 또
는 절구를 이용해서 가루로 만든다. 여타의 공산품처럼 본연의 진한 향과
맛을 유지할 수 있도록 밀폐 용기에 담아서 냉장한다.

VINEGAR nahm som น้ำส้ม 식초
태국 사람들은 보통 쌀로 만든 흰 식초를 사용한다. 아시아 상점에서 손
쉽게 구할 수 있지만 가능하면 천연 발효 제품을 구하는 것이 좋다.

WONTON SKINS paeng gio แป้งเกี๊ยว 완탕 피
완탕 피는 달걀 면에 사용되는 것과 비슷한 반죽으로 만들지만 밀가루의
비율이 높다. 반죽을 4cm 크기의 사각형으로 매우 얇게 밀어서 밀가루
를 뿌린다. 100개들이 포장으로 나오면 냉장 상태로 며칠 정도 보관이 가
능하다. 냉동하면 몇 개월 정도 보관할 수 있지만 쉽게 찢어지며 튀기면
얼룩덜룩하게 변한다.

YELLOW BEAN SAUCE dtao jiaw เต้าเจี้ยว 황두장
발효시킨 노란 대두로 만든 소스로 고소하면서도 깊이 있는 향이 매력적
이다. 아시아 식품점에서 쉽게 구할 수 있다. 나는 콩이 통째 들어 있는
것을 더 좋아하는데 그 콩을 으깨거나 퓌레로 만들거나 그대로 사용할 수
도 있기 때문이다. 특정 요리의 경우 깔끔한 맛을 내도록 콩을 씻어서 염
도와 톡 쏘는 맛을 줄이기도 한다. 모든 요리사가 이렇게 하지는 않기에
전적으로 여러분의 의지에 달렸다.

YELLOW ROCK SUGAR nahm dtarn gruat น้ำตาลกรวด 황빙당
거의 모든 중국 식료품점에서 이 설탕 봉지를 찾을 수 있을 텐데 인후염
을 진정시키는 데 도움이 된다고 알려져 있다. 요리에 사용할 때는 주로
너무 달지 않으면서도 윤기를 내야 하는 조림 등에 넣는다.

감사의 글
ACKNOWLEDGEMENTS

태국의 시장과 길거리를 배회했던 이 여정은 함께 해준 동료들이 없었다면 절대 무사히 끝마칠 수 없었을 것이다.

이 책에 대한 최초의 아이디어는 내 듬직한 친구이자 출판사 사장인 줄리 깁스Julie Gibbs로부터 시작된 것으로, 그녀의 한결같은 비전과 확고한 방침은 독자들이 흥미를 잃었을지도 모를 지엽적인 내용을 다듬어, 처음부터 끝까지 날이 바짝 선 책의 구성을 가능케 했다.

내 편집자인 앨리슨 코웬Alison Cowan은 이 책이 말하고자 하는 바를 명료하게 드러냈으며 내 두서 없고 난해하기 짝이 없는 글에 담긴 몇몇 희미한 감성을 용케도 잘 살려주었다. 그녀의 너그러운 인내심은 특유의 예리한 감각과 수정용 빨간 펜의 기세마저 누그러뜨려서 나만의 목소리가 더 강하게 담긴 감성적인 텍스트를 이끌어 내도록 배려해주었다.

얼 카터Earl Carter의 아름다운 사진들이 내 글보다 뛰어나다는 것은 누구나 다 아는 사실이다. 그의 사진들은 시장의 삶, 웃음, 사람들과 사람들 사이의 교감을 매우 간결하면서도 우아하게 담아내어 단어의 조합만으로는 묘사하기 힘든 순간들을 잘 보여준다.

이 책의 실물을 구현해낸 디자이너인 다니엘 뉴Daniel New는 나의 까다로운 요청 사항들을 잘 반영하면서도 태국 길거리와 시장의 그 무질서한 본연의 색감을 마치 곡예를 부리듯 잘 표현해주었다.

내 에이전트인 프란 무어Fran Moore는 마음을 다스릴 와인 한 잔과 함께 내가 가장 필요로 할 때 기꺼이 내 눈과 귀가 되어주었다.

제인 알티Jane Alty는 레시피를 테스트할 때 언제나 열심히, 즐겁게 일하며 내 고약한 불평들을 견뎌냈다. 로버트 다니Robert Dahni와 아리 슬라킨Ari Slatkin 또한 인내심 많은 요리사들이었다. 이들은 마치 놀이를 하듯 즐기면서 레시피를 테스트했고 수도 없이 먹고 마셨다. 갑게이유 나즈피니즈와 그녀의 딸 닝Ning은 수많은 요리를 맛보게 해준 조력자였다. 요드와이Yordwai 가족 렉Lek, 따Dtaa, 녹Nok, 누와 뉴Nuu and New는 우리가 그들의 집에서 음식 사진을 찍도록 기꺼이 허락해주었다. 딜런 존스Dylan Jones는 이 사진들을 위한 음식을 만들 때 흔쾌히 그리고 능숙하게 도와주었다.

그러나 내게 가장 도움이 되었던 존재는 다름 아닌 시장과 길거리의 사람들이었다. 그들은 나의 끈질긴 호기심과 당황스러운 표정, 고지식한 질문들을 외면하지 않았다. 그들의 존재는 그 자체로써 이 책의 원천이자 영감이 되었다.

마지막으로 가장 소중한 사람은 내 파트너인 타농삭 요드와이Tanongsak Yordwai로, 태국 길거리와 시장, 나아가 태국 문화의 전반에 대해 정확한 정보를 제공해주었다. 그의 통찰력과 설명이 없었다면 나는 아직도 어느 시장, 길모퉁이를 헤매고 있을지도 모를 일이다. 하긴 타농삭의 차분한 지혜와 친절한 인내가 없었다면 내 인생도 순탄하지는 못했을 테니 말이다.

그런 이유로, 나는 이 책을 나의 사랑 타농삭 요드와이에게 바친다.

사진 : (좌로부터) 타농삭, 프라놈, 나 그리고 쿰 곱가유

찾아보기

index

표준 계량

1작은술	5ml
1큰술	15ml(3작은술)
1/4컵	60ml(4큰술)
1/3컵	80ml(약 5큰술)
1/2컵	125ml(약 8큰술)
1컵	250ml(약 16큰술)

유용한 단위 환산

생고추
1큰술 = 생고추 1/2개	12g
1컵 = 생고추 4개	100g

말린 홍고추
1큰술 = 씨를 빼고 물에 불린 말린 고추 1개	2g
1컵 = 씨를 빼고 물에 불린 말린 고추 15개	25g

새눈고추
1작은술 = 새눈고추 3개	6g
1컵 = 새눈고추 30개 이상	90g

레몬그라스
1큰술 = 레몬그라스 작은 줄기 1/3개	6g
1컵 = 레몬그라스 작은 줄기 6~10개	90g

갈랑갈, 생강, 터메릭
1큰술 = 얇게 썬 조각 10개	10g
1컵	150g

다지거나 얇게 썬 붉은 샬롯
1큰술 = 작은 샬롯 2개 또는 큰 샬롯 1개	10g
1컵 = 작은 샬롯 약 15개 또는 큰 샬롯 8개	150g

튀긴 샬롯
1큰술 = 작은 샬롯 4개 또는 큰 샬롯 2개	15g

다지거나 얇게 썬 마늘
1큰술 = 중간 크기의 마늘 2쪽 또는 작은 태국 마늘 5쪽	10g

튀긴 마늘
1큰술 = 중간 크기의 마늘 3쪽	15g

깨끗하게 손질해서 다진 고수 뿌리
1작은술 = 중간 크기의 고수 뿌리 1개	4g
1큰술 = 중간 크기의 고수 뿌리 3~4개	12g

강판에 간 카피르 라임 껍질
1작은술 = 카피르 라임 1/4개 분량 정도의 껍질	8g

새우 페이스트
1큰술	22g

흰 통후추
1작은술 = 통후추 7~8개	3g
1큰술 = 통후추 20개	10g

백설탕
1큰술	16g
1컵	230g

얇게 깎은 팜슈거
1큰술	22g
1컵	340g

타이 스트리트 푸드

1판 1쇄 발행일 2020년 7월 25일
1판 2쇄 발행일 2022년 9월 25일
지은이 | 데이비드 톰슨
사진 | 얼 카터
옮긴이 | 배재환
펴낸이 | 김문영
펴낸곳 | 시트롱 마카롱
등록 | 2008년 3월 28일 제301-2008-086호
주소 | 경기도 파주시 책향기로 320, 206호
전화 | 02-2235-5580
팩스 | 02-6442-5581
홈페이지 | http://www.esoope.com
페이스북 | facebook.com/citronmacaron
Email | macaron2000@daum.net
ISBN | 979-11-969845-1-9 03590
ⓒ 시트롱마카롱, printed in Korea.